MOST BEAUTIFUL WATER STATION

最美水站

生态环境部国家地表水水质自动监测站文化建设成果展示

生态环境部生态环境监测司
中国环境监测总站 ◎编

中国环境出版集团·北京

图书在版编目（CIP）数据

最美水站 / 生态环境部生态环境监测司，中国环境监测总站编. --北京：中国环境出版集团，2020.3

ISBN 978-7-5111-4313-6

Ⅰ. ①最… Ⅱ. ①生… ②中… Ⅲ. ①给水站－介绍－中国 Ⅳ. ①TU991.35

中国版本图书馆CIP数据核字(2020)第036449号

审图号：GS(2020)853号

出 版 人 武德凯
责任编辑 曲　婷
责任校对 任　丽
装帧设计 艺友品牌

出版发行 中国环境出版集团
（100062 北京市东城区广渠门内大街16号）
网　址：http://www.cesp.com.cn
电子邮箱：bjgl@cesp.com.cn
联系电话：010-67112765（编辑管理部）
010-67112736（第五分社）
发行热线：010-67125803，010-67113405（传真）
印　　刷 北京中科印刷有限公司
经　　销 各地新华书店
版　　次 2021年3月第1版
印　　次 2021年3月第1次印刷
开　　本 787×1092 1／16
印　　张 16
字　　数 220千字
定　　价 120.00元

《最美水站》编写指导委员会

主　任：

柏仇勇　陈善荣

副主任：

吴季友　陈金融　蒋火华　刘廷良　景立新　肖建军

委　员：

王业耀　李健军　孙宗光　邢　核

《最美水站》编写委员会

主　编：

姚志鹏　陈亚男　杨　凯

副主编：

刘　京　刘　允　李晓明

编　委：（以姓氏笔画为序）

王　亮　王明翠　王延军　刘　允　刘　京　刘喜惠　刘晓娟　孙宗光
孙斯祺　许朋琨　曲桂玉　闫铁娜　李芃芃　李晓明　李　曌　吴　伟
孟　飞　陈亚男　杨　凯　姚志鹏　姜佩岑　游　松

统　稿：

姚志鹏　李芃芃　王　亮　孟　飞

P 序言
reface

水是生命之源、生产之要、生态之基。习近平总书记强调，要坚持绿水青山就是金山银山的理念，坚持生态优先、绿色发展，以水而定，量水而行，要从全面建成小康社会、实现中华民族永续发展的高度，重视解决好水安全的问题。

做好水污染防治是落实习近平总书记指示，打好污染防治攻坚战的重要一环。水污染防治是一个复杂而系统的工程，国家地表水水质自动监测站（以下简称水站）是监测地表水水质现状，及时预警潜在环境风险的重要基础，是评估水污染治理成效，打好水污染防治攻坚战的重要支撑，也是监测为民、服务公众的重要平台。一直以来，生态环境部党组对于水站建设给予高度重视和大力支持。

在地表水监测事权上收过程中，2018 年 3 月，水站建设在全国范围同步迅速展开。短短的 5 个月时间里，国家地表水考核断面水站建设保质保量完成并联网运行。同年 5 月，为进一步强化国家水站文化建设，加强公共服务功能，赋予人文内涵和文化属性，生态环境部印发《国家地表水水质自动监测站文化建设方案（试行）》，为各地水站文化建设明确了指导思想、确立了基本原则。水站文化建设工作启动以来，全国各地积极响应，全力推进，取得了显著成效。为进一步激发各地参与水站文化建设的热情，发挥优秀水站的示范与带头作用，引导公众走进、了解、信任生态环境监测，树立国家生态环境监测品牌和权威，不断健全生态环境监测文化体系，生态环境部组织开展了本次最美水站推选活动。经各地推荐、网上投票、专家评审和公示，推选出生态环境部首批 100 个“最美水站”，并在部微博微信平台、中国环境报、中国环境网等平台对 100 个“最美水站”进行展播，集中展现国家水站文化建设成效，充分发挥国家水站的示范带头和科普宣传作用，有效提升国家生态环境监测品牌影响力。

本书重在通过分区域，以地图标注、图片展示、文字说明、定性点评等方式，集中展示这100个“最美水站”的建设、运维、绩效风采，突出“最美水站”所在地山川秀美和源远流长的水生态水文化，展现生态环境监测干部职工队伍特别能吃苦特别能战斗特别能奉献的生态环保铁军精神！

目 录
Contents

华北地区

东北地区

华东地区

华中地区

华南地区

西南地区

西北地区

1—南大荒桥	2—曹庄	3—小范桥	4—艾辛庄
5—定襄桥	6—王寨村	7—龙头	8—三盛公
9—万泰	10—兴国桥	11—河清	12—西崴子
13—海浪河口内	14—汤旺河口内	15—浙江路桥	16—蠡桥
17—汾湖大桥	18—黄埝桥	19—落蓬湾	20—盐河桥
21—射阳河闸	22—张楼	23—陈浅	24—沙段
25—塔下洲	26—北湖中心	27—双港口	28—均溪
29—大荆	30—汪溪	31—水厂取水口	32—施口
33—响洪甸水库出水口	34—公路桥	35—阜阳段下	36—山美水库库心
37—园头桥	38—八都	39—闽安	40—铅山
41—港口	42—塔城	43—禾水河口	44—鲇鱼山
45—赣县梅林	46—湖心岛	47—新夹河大桥	48—新薛河入湖口
49—临沂北大桥	50—南山	51—武陟渠首	52—南谷洞水库
53—尖岗水库	54—陶岔	55—漳河水库库心	56—富池闸
57—隔河岩水库坝上	58—陆溪口	59—陈家坡	60—杨家垱
61—江口	62—蒸水入湘江口	63—双牌水库	64—三角洲
65—邵水入河口	66—共和村	67—博罗城下	68—中山港码头
69—鸦岗	70—大麻	71—龙川城铁路桥	72—江城
73—石良角	74—那弄	75—大溪村	76—苏家
77—红花村	78—白帝城	79—马尔邦碉王山庄	80—福田坝
81—李家湾	82—沙溪	83—沱江大桥	84—倮果
85—赵家渡	86—三都桥	87—花山水库出水口	88—河口象鼻山吊桥
89—丙舍桥	90—永保桥	91—黑箐	92—黄金峡
93—潼关吊桥	94—六坝桥	95—玛曲	96—长庆桥
97—直门达	98—沙湖	99—雅马渡大桥	100—富蕴大桥

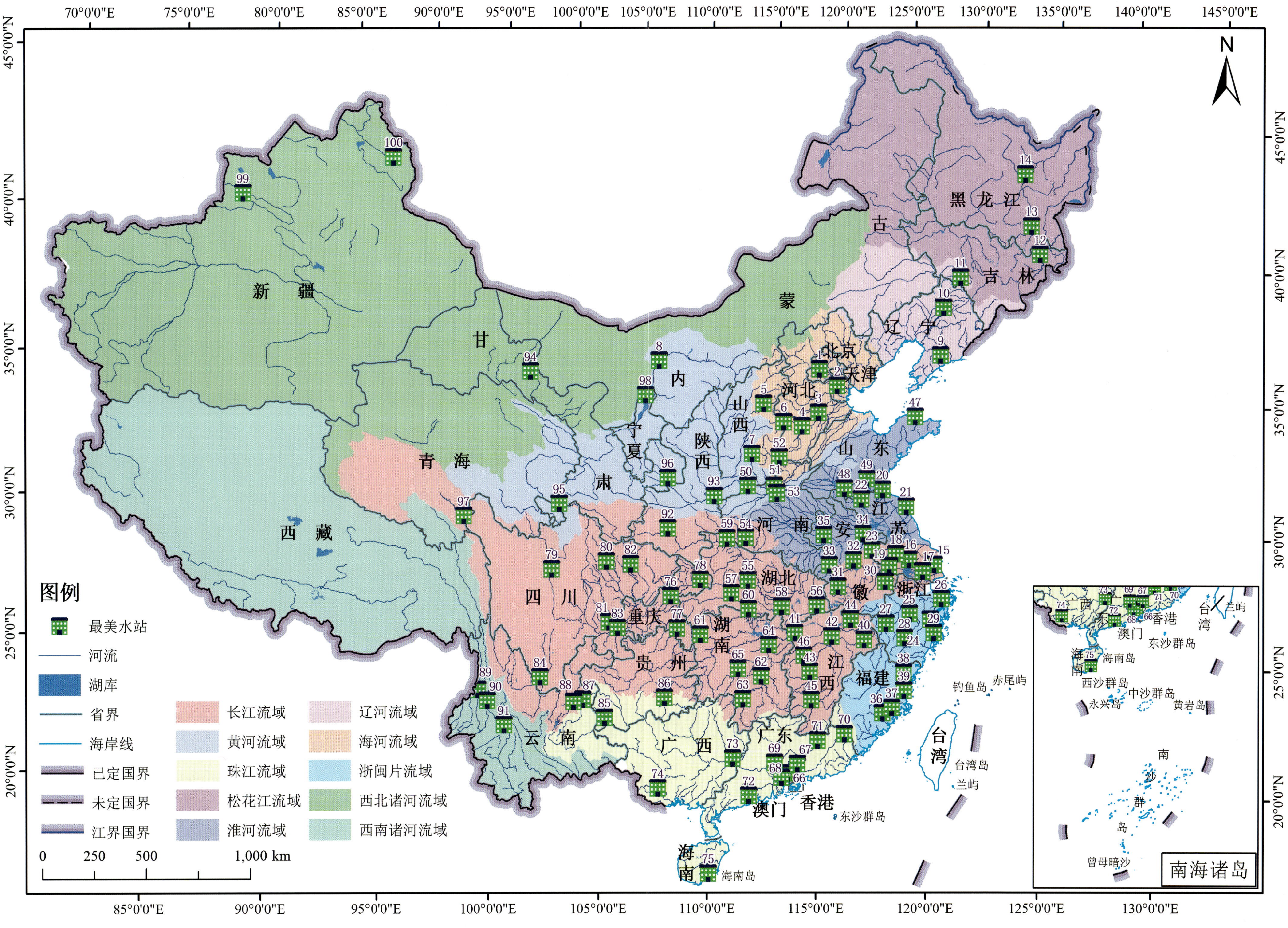
N
图例
最美水站
河流
湖库
省界
海岸线
已定国界
未定国界
江界国界
长江流域
黄河流域
珠江流域
松花江流域
淮河流域
辽河流域
海河流域
浙闽片流域
西北诸河流域
西南诸河流域
0 250 500 1,000 km
新 疆
西 藏
青 海
甘
肃
内
蒙
古
黑 龙 江
吉 林
辽 宁
北京
天津
河北
山
西
宁
夏
陕
西
山 东
河 南
江
苏
安
徽
浙江
湖北
四 川
重庆
湖
南
江
西
贵 州
福建
云 南
广 西
广东
澳门 香港
海
南
海南岛
台
湾
台湾岛
兰屿
钓鱼岛
赤尾屿
东沙群岛
南海诸岛
西沙群岛
中沙群岛
永兴岛
黄岩岛
南
沙
群
岛
曾母暗沙
70°0'0"E
75°0'0"E
80°0'0"E
85°0'0"E
90°0'0"E
95°0'0"E
100°0'0"E
105°0'0"E
110°0'0"E
115°0'0"E
120°0'0"E
125°0'0"E
130°0'0"E
135°0'0"E
140°0'0"E
145°0'0"E
45°0'0"N
40°0'0"N
35°0'0"N
30°0'0"N
25°0'0"N
20°0'0"N

华北地区

HUABEI
REGION

永定出西山，莲石润湖畔，水站做卫士，碧水绕京湾

南大荒桥站

石景山区　116.1731
海河流域　39.8996
永定河

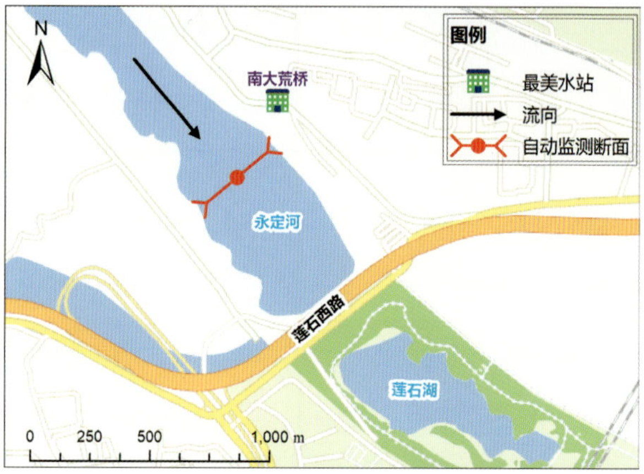

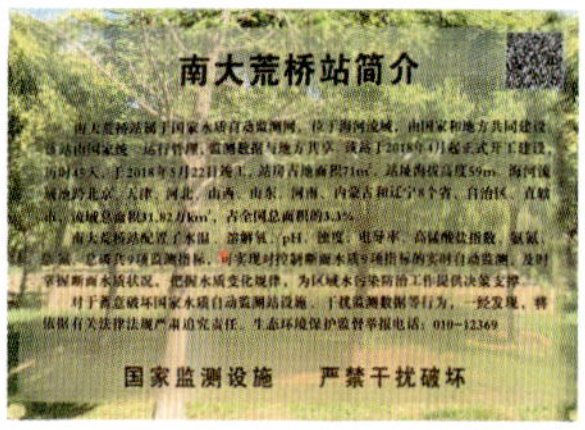

南大荒桥站位于北京市石景山西部的莲石湖，由北京市石景山区环境保护局 * 承建，2018 年 5 月 27 日竣工。该站建筑面积 70.3 平方米，建筑高度 3.6 米，钢筋混凝土框架结构，站房内依据国家要求，部署了自动消防系统、视频监控系统、采排水系统以及与光纤同步的数据信息传输系统。该站监测指标覆盖了水温、pH、溶解氧、电导率、浊度、高锰酸盐指数、氨氮、总磷、总氮。可实现对控制断面水质 9 项指标的实时自动监测，及时掌握水环境状况和变化趋势，为水环境管理和决策提供依据。

* 现更名为北京市石景山区生态环境局，水站建设时名称为环境保护局，全书同。

采样器

九河下梢，运河之畔，百年花乡，魅力曹庄

曹庄站

西青区　117.0910

海河流域　39.1411

南水北调天津段

曹庄站（又称曹庄子站）坐落于南水北调中线天津段曹庄泵站院内，该站 2016 年 10 月建成，总投资 640 余万元，监测指标覆盖水温、pH、电导率、溶解氧、浊度、高锰酸盐指数、化学需氧量、氨氮、总磷、总氮、叶绿素、蓝绿藻、铜、锌、砷、汞、镉、铅、挥发酚、氯化物、氟化物、氰化物、生物毒性、挥发性有机物等 51 项指标，是天津市监测指标最全面的水站，也是国内自动监测水平较高的饮用水水源地水站。为配合国家地表水监测事权上收，曹庄站于 2018 年 9 月底并入国家监测网，并网后运行稳定，可实时在线监控南水北调天津段水质状况，守护津门人民的饮水安全。

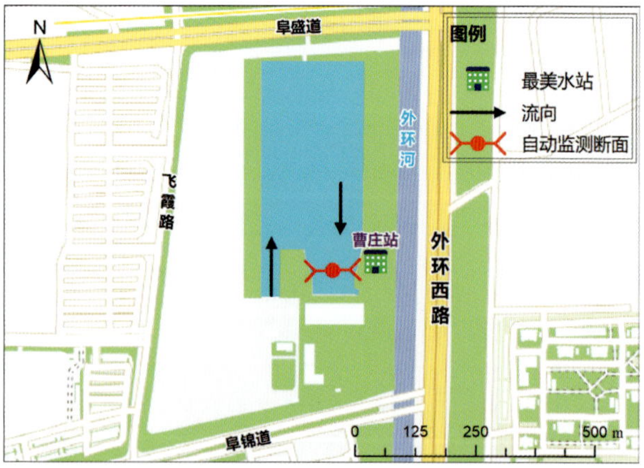

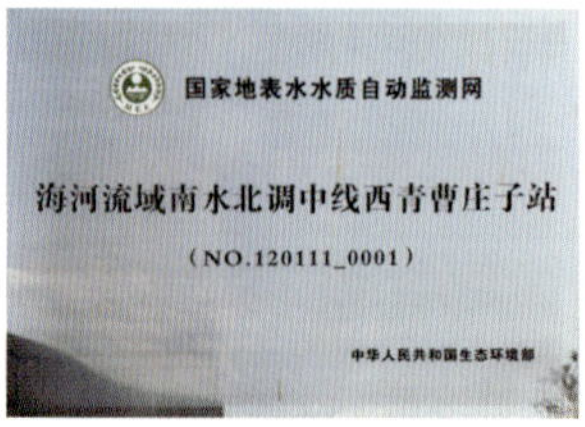

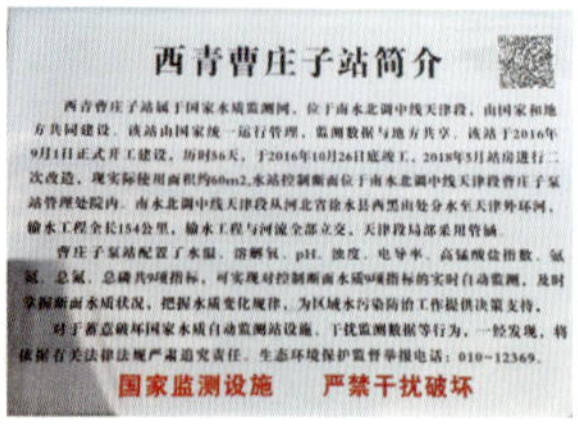

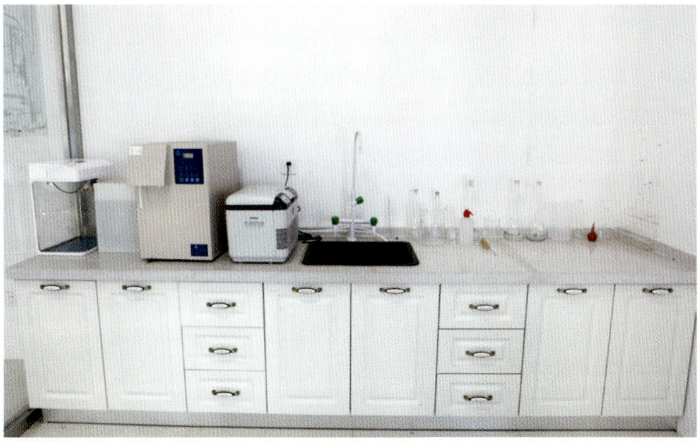

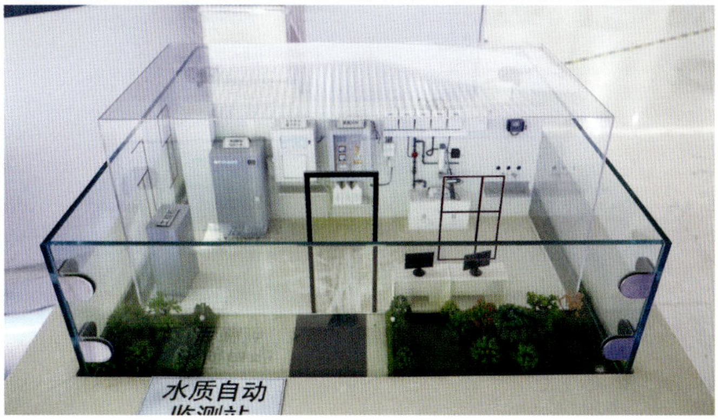
水质自动

水质自动站仪器设备运行维护保养制度

滏阳河畔，千年古县，文盛武强，碧水荡漾

小范桥站

衡水市
海河流域
滏阳河
115.9779
38.0413

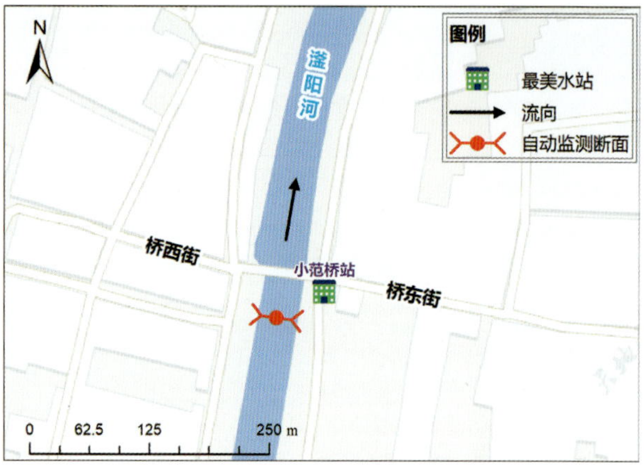

滏阳河发源于太行山东麓邯郸峰峰矿区滏山南麓，流经邯郸、邢台、衡水，在沧州地区的献县与滹沱河汇流后称子牙河。全长413千米，是一条防洪、灌溉、排涝、航运等综合利用的骨干河道。

小范桥站位于海河流域滏阳河，该站2018年5月由衡水市环境保护局武强县分局建设完成，占地面积544平方米，站房面积156平方米，由国家统一管理，委托第三方机构负责运维，实现“国家考核、国家监测、数据共享”。小范桥站配置有水温、pH、溶解氧、浊度、电导率、高锰酸盐指数、氨氮、总磷、总氮共9项监测指标，可实现对控制断面水质9项指标的实时自动监测，及时掌握水环境状况和变化趋势，为水环境管理和决策提供依据。

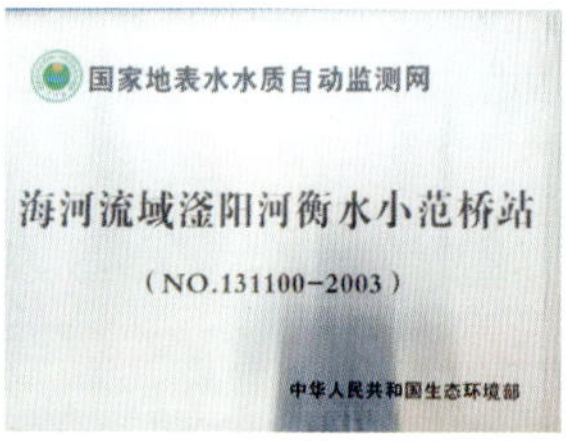

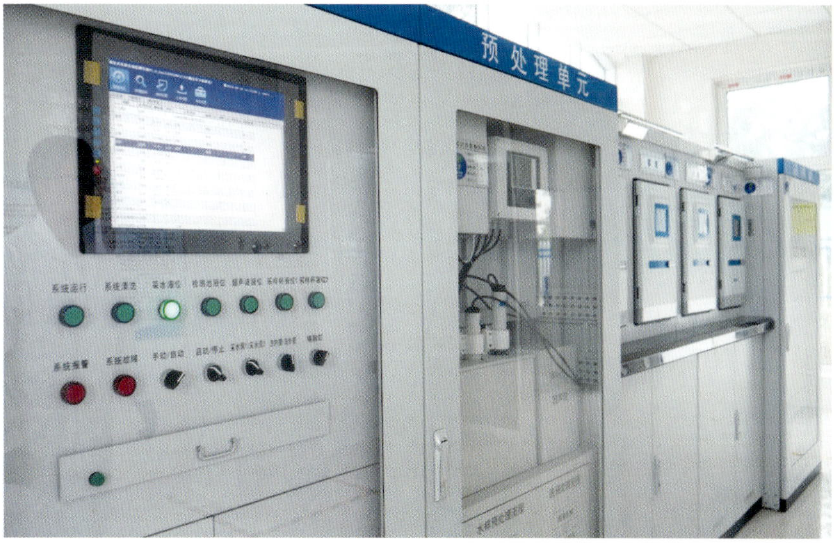
预处理单元

预处理单元
高锰酸盐指数
氨 氮
总 磷

水质自动监测站应急管理制度

艾辛庄站

邢台市　　115.0455
海河流域　　37.5026
滏阳河

艾辛庄站属于国家水质自动监测网，位于宁晋滏阳河段。该站于 2018 年 3 月正式开工建设，5 月 9 日竣工，站房占地面积 100 平方米，站址海拔 26 米。站房建设为两层楼，结构为混凝土结构，具有耐久、抗震、防止不均匀沉陷等性能。站内配置了水温、溶解氧、pH、浊度、电导率、高锰酸盐指数、氨氮、总氮、总磷共 9 项监测指标，可实现对控制断面水质 9 项指标的实时自行监测，及时掌握断面水质状况，把握水质变化规律，为区域水污染防治工作提供决策支撑。

艾辛庄站承载着监测地表水水质现状，及时预警潜在环境风险的重要职能，是评估水污染治理成效，打好水污染防治攻坚战的重要支撑。水站积极强化公共服务功能，赋予人文内涵，丰富和拓展文化属性，艾辛庄站不仅为区域水污染防治工作提供决策支撑，也是滏阳新河上一道美丽的风景。

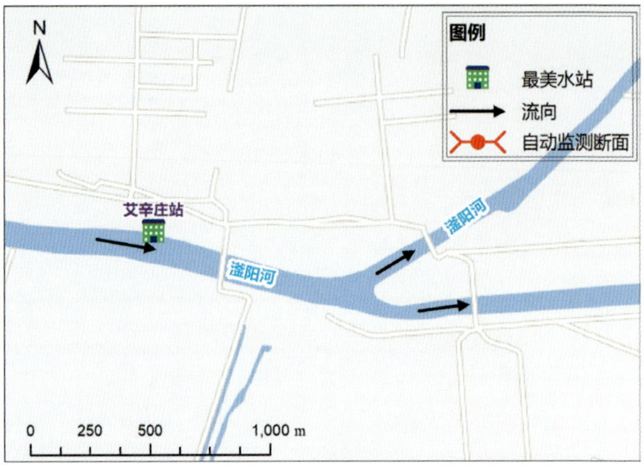

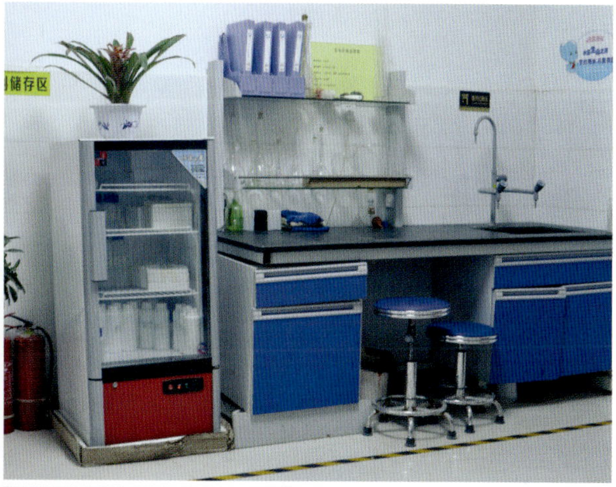

控制单元
视频监控箱

国家地表水水质自动监测网
海河流域滏阳河邢台艾辛庄站
(NO.11305000069F1)
中华人民共和国生态环境部

中国锻造，绿色铸魂，大美定襄，泛舟心灵

定襄桥站

忻州市　　112.9649
海河流域　　38.5213
滹沱河

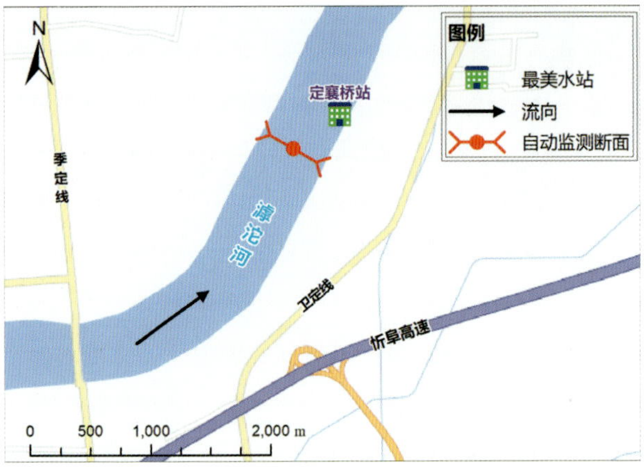

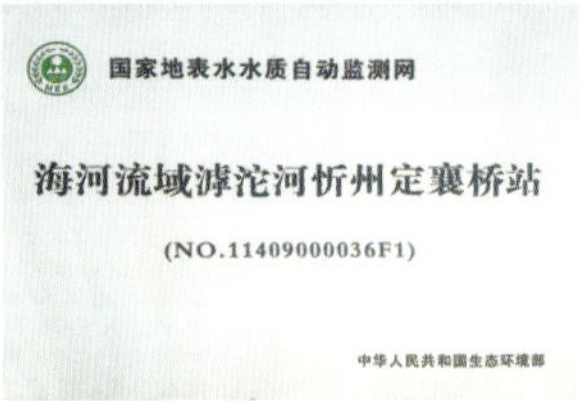

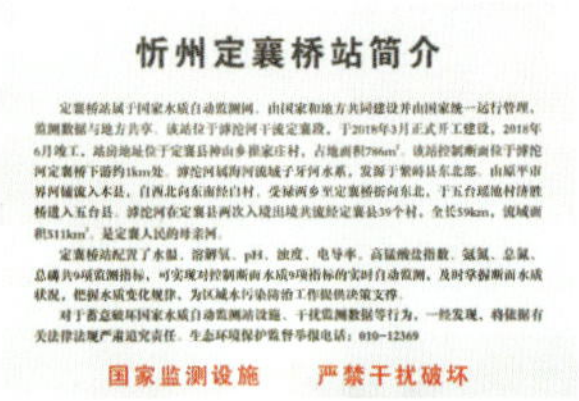

定襄桥站位于滹沱河干流定襄段崔家庄工业园区内，水站主体建筑由忻州桃园建筑设计有限公司设计，忻州市新亚装饰工程有限公司承担建设。该站于 2018 年 3 月开工建设，占地面积 786 平方米，6 月竣工，7 月仪器安装并进入试运行阶段，实现了“四通一平”。站房主体建设功能齐全，设有仪器室、质控室、值班室、休息室、展览室、门卫室、餐厅。站内办公设施齐全，照明、供电等基础设施能够满足仪器设备运行和质控室操作要求。该站配置有水温、pH、溶解氧、浊度、电导率、高锰酸盐指数、氨氮、总磷、总氮共 9 项监测指标，可实现对控制断面水质 9 项指标的实时自动监测，及时掌握水环境状况和变化趋势，为水环境管理和决策提供依据。

领导重视
国家生态环境监测
国家生
展

追求绿色时尚 拥抱绿色生活
定襄县环境保护局 宣

晋善晋美，太行脊梁，山水昔阳，户外天堂

王寨村站

晋中市
海河流域
松溪河
114.0480
37.7155

王寨村站是松溪河支流上的国家水质自动监测站，由国家统一运行管理，监测数据与地方共享。该站于 2018 年 3 月 20 日正式开工建设，6 月 10 日完工，总投资近 200 万元，建筑面积 130 平方米。该站配置有水温、pH、溶解氧、浊度、电导率、高锰酸盐指数、氨氮、总磷、总氮共 9 项监测指标，可实现对控制断面水质 9 项指标的实时自动监测，及时掌握水环境状况和变化趋势，为水环境管理和决策提供依据。

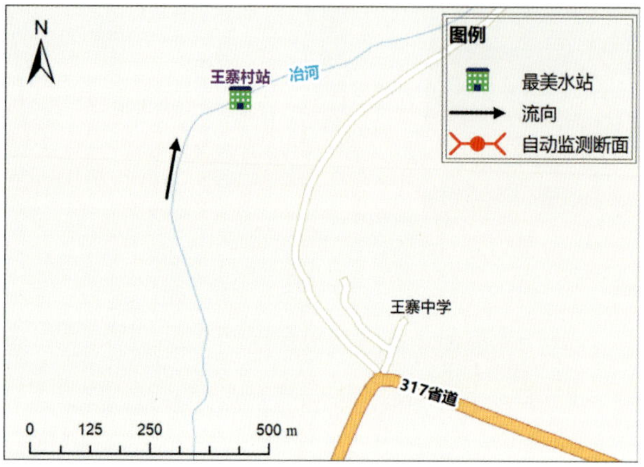

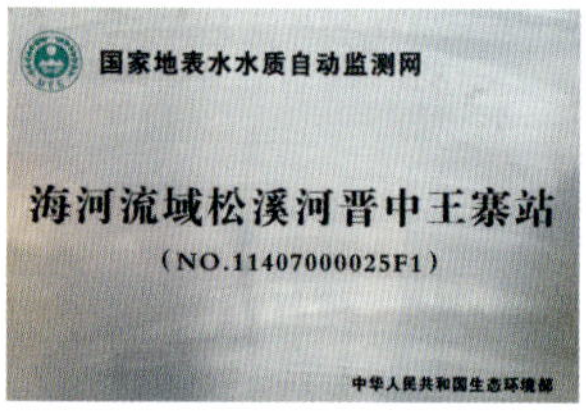

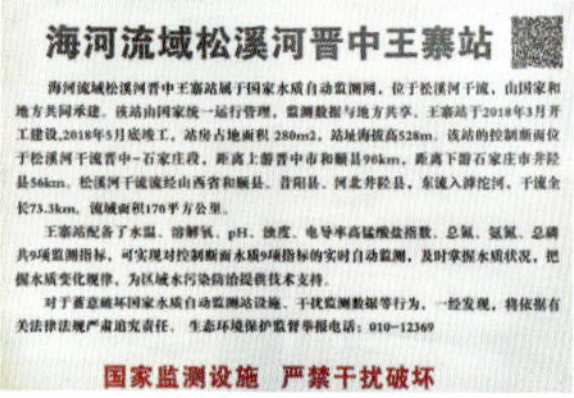

最美水站
华北地区
山西

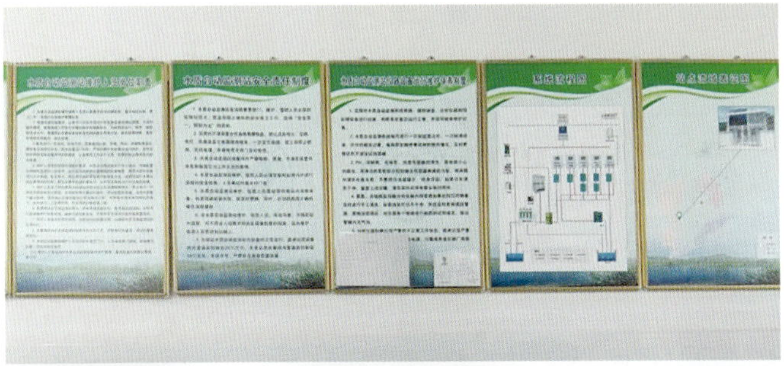

实验区

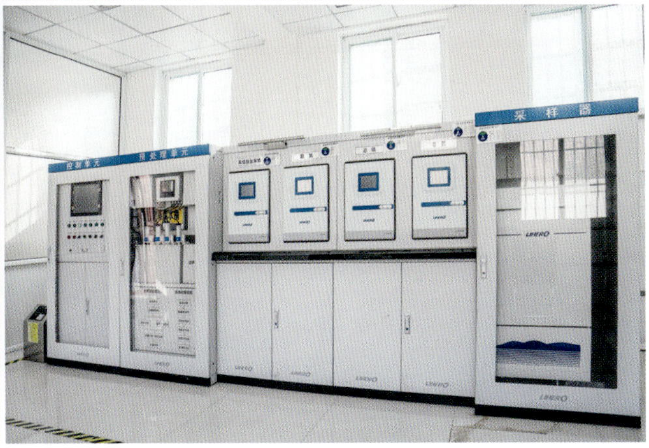
控制单元
预处理单元
采样器

绿色沁源，太岳明珠，绿韵沁河，沁人心脾

龙头站

长治市　112.2879
黄河流域　36.3944
沁河

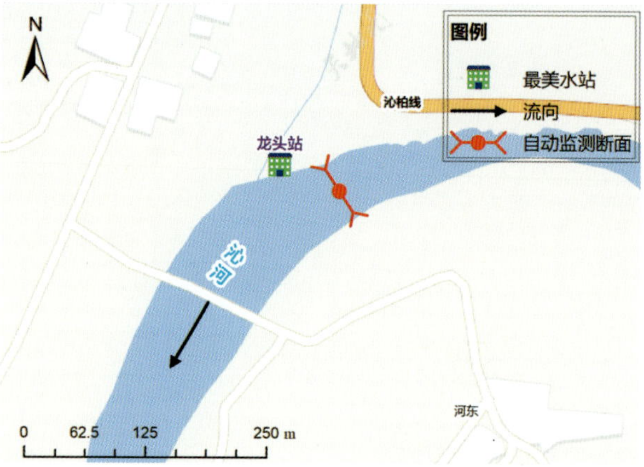

龙头站位于素有“花园中峪、金色龙头”称号的沁源县中峪乡龙头村。龙头村东临县城南交安泽，沁河水从这里蜿蜒出境，是沁源县“金菜花旅游文化节”举办之地。龙头站由国家和地方共同建设，由沁源县环境保护局承建，于 2018 年 3 月开工建设，同年 5 月竣工投入使用，站房占地面积 200 平方米，砖混结构三间二层，院落铁艺围栏，室内布局分为仪器间、化验台、值班室、卫生间，室内空调取暖，干净整洁。二层可供将来水站升级扩容使用。站房红瓦白墙、绿树环绕、宁静别致，是金色龙头标志建筑，该站由国家统一运行管理，监测数据与地方共享。龙头站设施设备配置全、标准高，可实现对控制断面水温、溶解氧、pH、浊度、电导率、高锰酸盐指数、氨氯、总氮、总磷共 9 项实时自动监测，及时掌握断面水质状况，把握水质变化规律，为区域水污染防治工作提供决策支撑。

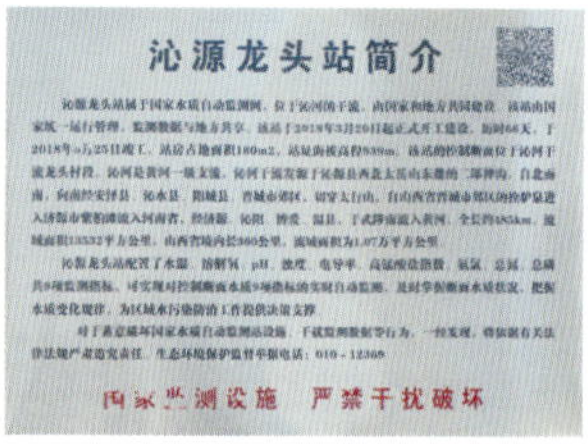

向污染宣战　享碧水蓝天
“百日会战”“百日攻坚”专项行动成果
“百日攻坚”专项行动工作目标
工作任务

坚决打好污染防治攻坚战

社会主义核心价值观

实验区

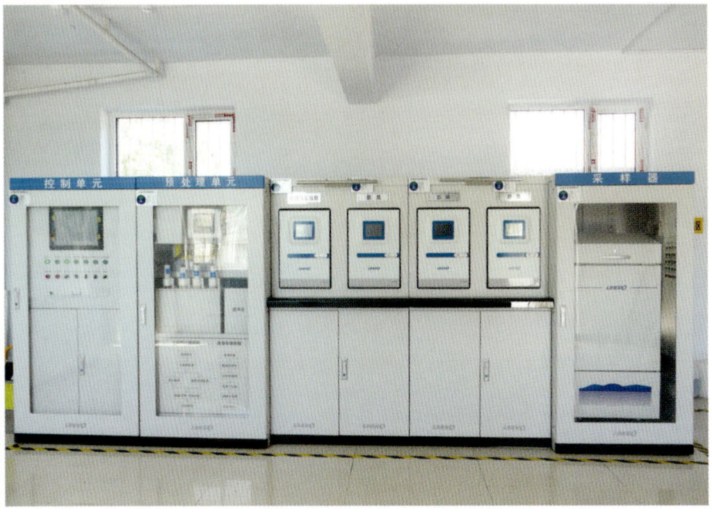
控制单元
预处理单元
采样器

河套灌区引水龙头，育塞上江南八百万亩良田

三盛公站

巴彦淖尔市　107.0299
黄河流域　40.3146
黄河

三盛公站位于内蒙古巴彦淖尔市磴口县，黄河三盛公水利枢纽工程左岸 300 米处。主体工程于 2018 年 5 月 29 日正式施工，6 月 30 日全部完工，承建单位为内蒙古黄河工程局股份有限公司。主体建筑由固定式站房、取排水设施设备、灌注桩及工程外围的防撞墙构成，总计使用钢筋 44.46 吨，混凝土 388.21 立方米。水站站房分为质控和仪器间、值班室两部分，其中质控和仪器间 40 平方米，泵房和值班室 20 平方米，总计 60 平方米。该站配置有水温、溶解氧、pH、浊度、电导率、高锰酸盐指数、氨氮、总氮、总磷 9 项指标的在线分析仪，可实现实时自动监测，及时掌握该断面水质状况及变化规律，为区域水污染防治提供科学的决策依据。

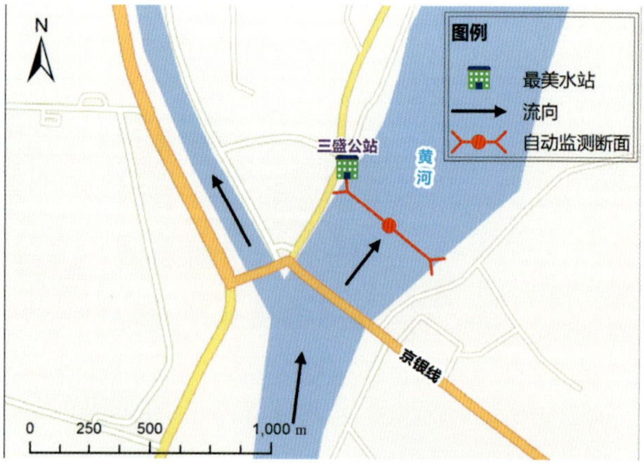

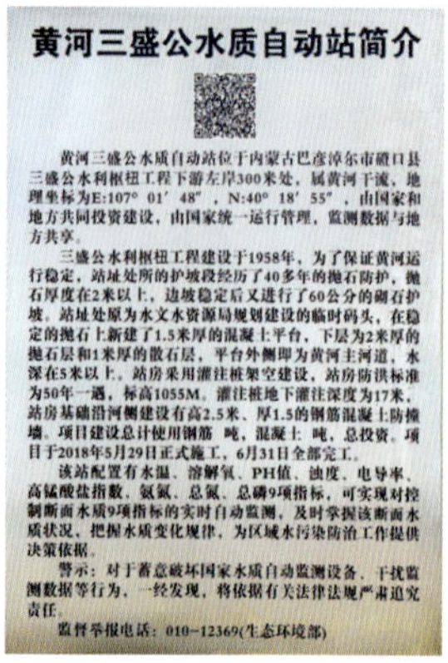

黄河三盛公水质自动站简介

黄河三盛公水质自动站位于内蒙古巴彦淖尔市磴口县三盛公水利枢纽工程下游左岸300米处，属黄河干流，地理坐标为E:107° 01′ 48″，N:40° 18′ 55″，由国家和地方共同投资建设，由国家统一运行管理，监测数据与地方共享。

三盛公水利枢纽工程建设于1958年，为了保证黄河运行稳定，站址处所的护坡段经历了40多年的抛石防护，抛石厚度在2米以上，边坡稳定后又进行了60公分的砌石护坡。站址处原为水文水资源局规划建设的临时码头，在稳定的抛石上新建了1.5米厚的混凝土平台，下层为2米厚的抛石层和1米厚的散石层，平台外侧即为黄河主河道，水深在5米以上。站房采用灌注桩架空建设，站房防洪标准为50年一遇，标高1055M。灌注桩地下灌注深度为17米。站房基础沿河侧建设有高2.5米、厚1.5的钢筋混凝土防撞墙。项目建设总计使用钢筋 吨，混凝土 吨，总投资。项目于2018年5月29日正式施工，6月31日全部完工。

该站配置有水温、溶解氧、PH值、浊度、电导率、高锰酸盐指数、氨氮、总氮、总磷9项指标，可实现对控制断面水质9项指标的实时自动监测，及时掌握该断面水质状况，把握水质变化规律，为区域水污染防治工作提供决策依据。

警示：对于蓄意破坏国家水质自动监测设备、干扰监测数据等行为，一经发现，将依据有关法律法规严肃追究责任。

监督举报电话：010−12369(生态环境部)

国家生态环境监测
National Ecology And Environment Monitoring
绿色文明 从我做起

ZTE INSTRUMENTS
ZTE INSTRUMENTS

东北地区

DONGBEI REGION

万泰站

大连市
辽河流域
英那河
123.0669
39.9593

万泰站位于庄河市塔岭镇石岭村 S203 省道英那河大桥东侧，英那河发源于鞍山市岫岩满族自治县龙潭乡老北沟，由北向南贯穿庄河市东部，经黑岛镇注入黄海，全长 95 千米，流域面积 1 004 平方千米，著名的冰峪沟风景区就在该河流域。万泰站于 2018 年 4 月 30 日开工建设，6 月 6 日竣工，站房建筑面积 101.51 平方米，内部主要包括仪器间、质控间、设备间三个部分。该站由国家和地方共同建设，国家统一运行管理，监测数据与地方实时共享。万泰站配置有水温、pH、溶解氧、浊度、电导率、高锰酸盐指数、氨氮、总磷、总氮共 9 项监测指标，可实现对控制断面水质 9 项指标的实时自动监测，及时掌控断面水质状况，为区域水污染防治工作提供决策支撑。

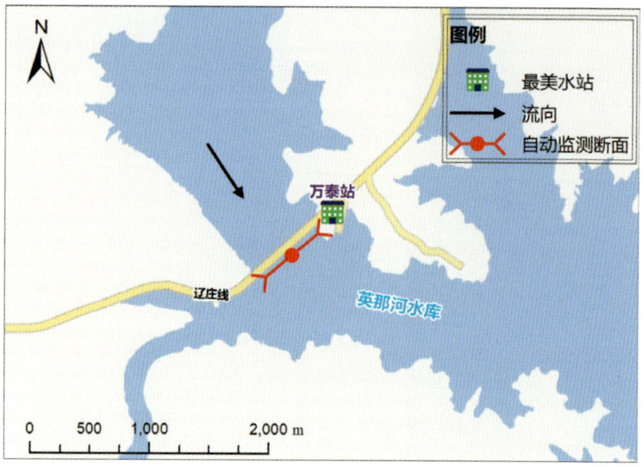

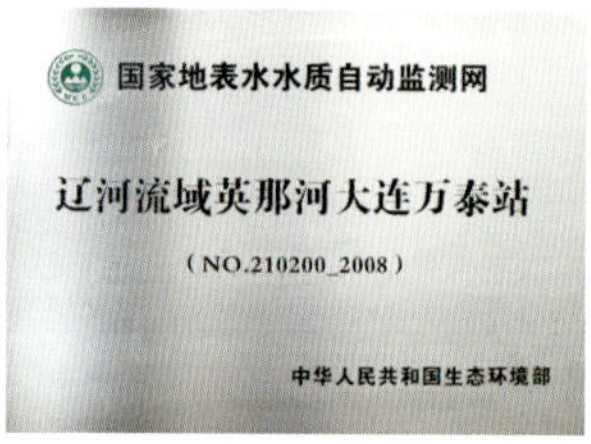

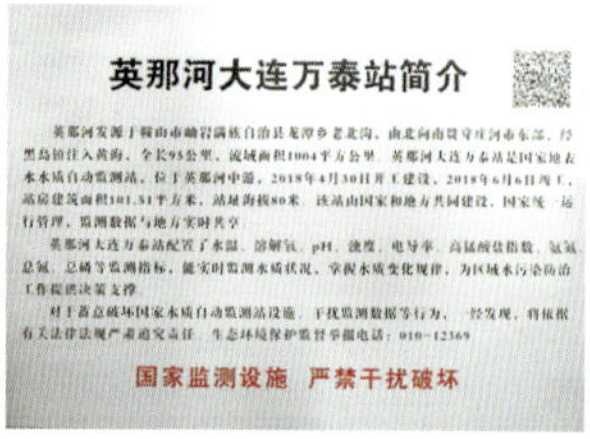

大连新闻网 报刊在线

首页 大连日报 大连晚报 新商报 地铁时报 大连法制报 海燕 东北之窗 爆料 订报

新商报 读到的魅力

2018年05月02日 星期三 往期报刊

种进春天里的2018故事

“奔跑”的大连水站

“奔跑”的大连水站

2018-05-02

上一版 下一版

第A02版：2018故事

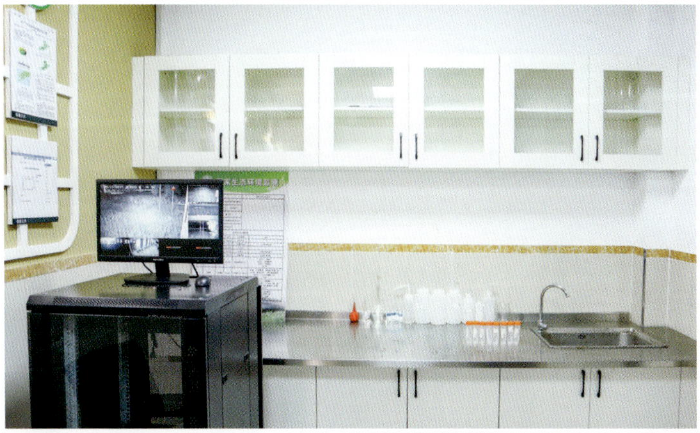

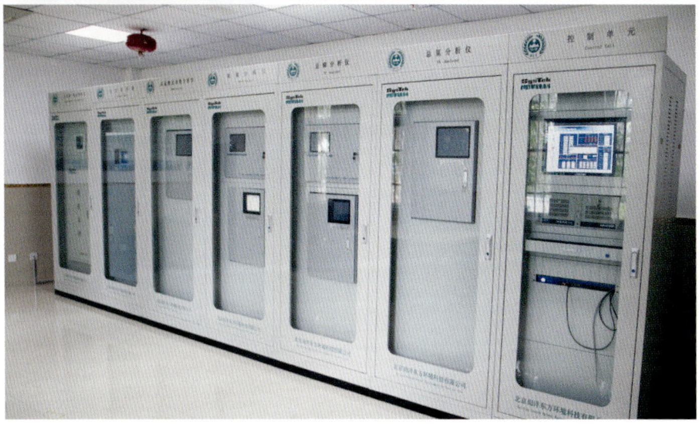

大连市将新建四个水质自动监测站

大连微环境 4月8日

点击“大连微环境”关注我们

为准确、客观掌握和评价地表水环境质量总体状况，根据国务院办公厅《生态环境监测网络建设方案》（国办发〔2015〕56号）、国家环保部《关于做好国家地表水环境质量监测事权上收工作的通知》（环办监测〔2017〕70号）等国家、省、市相关文件及环保部专家组实地考察结论，

为了碧水蓝天，环保人的“五一”假期这样过……

大连微环境 5月1日

点击“大连微环境”关注我们

“五一”假期，大连市环保局领导以上率下，由局长张海冰、副局长王浩带队，冒雨赶赴金普新区、庄河等地，督查大连4个国考断面水质自动监测站新建工作；全市环保系统丝毫不放松对环境安全隐患的巡查及应急值守工作，圆满完成了各项环境监察执法任务。环保系统的劳动者在劳动的岗位，度过了自己的“五一”假期。

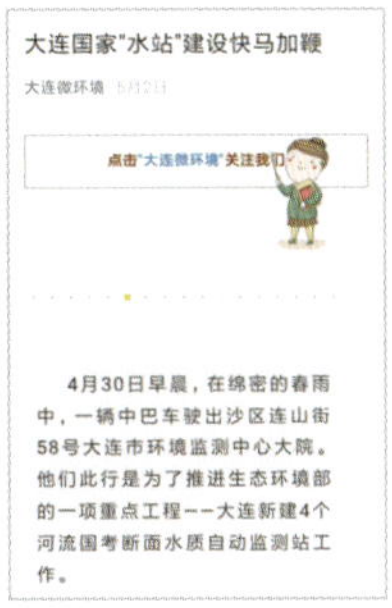
大连国家“水站”建设快马加鞭

大连微环境

点击“大连微环境”关注我们

4月30日早晨，在绵密的春雨中，一辆中巴车驶出沙区连山街58号大连市环境监测中心大院。他们此行是为了推进生态环境部的一项重点工程——大连新建4个河流国考断面水质自动监测站工作。

共和长子，振辽兴国，平湖望月，静美蒲河

兴国桥站

沈阳市　123.6171

辽河流域　41.9194

蒲河

兴国桥站位于蒲河上游棋盘山风景区，该站 2018 年 3 月 1 日正式开工建设，6 月 2 日竣工，站房占地面积 129 平方米。该站控制断面位于蒲河沈阳段上游。蒲河为浑河最大的一条支流河，发源于铁岭市，流经沈阳市沈北新区、于洪区、新民市后，于辽中区入浑河，河长 205 千米。该站配置有水温、pH、溶解氧、浊度、电导率、高锰酸盐指数、氨氮、总磷、总氮共 9 项监测指标，可实现对控制断面水质 9 项指标的实时自动监测，及时掌控断面水质状况，为区域水污染防治工作提供决策支撑。

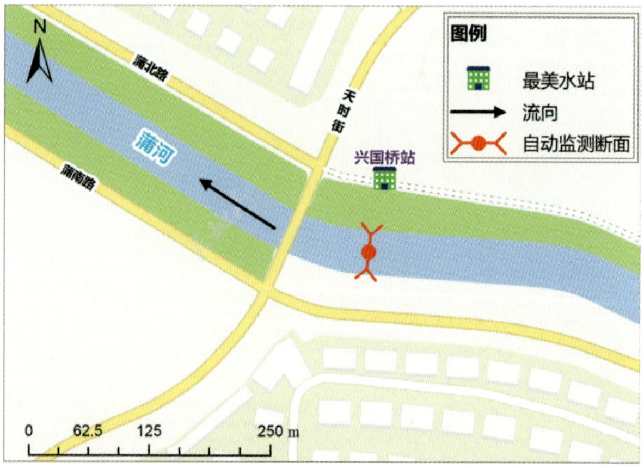

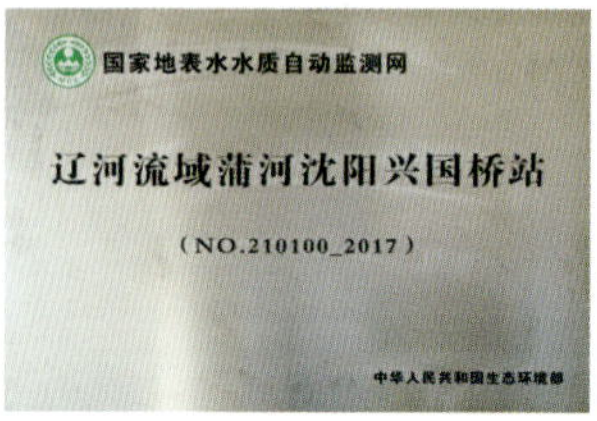

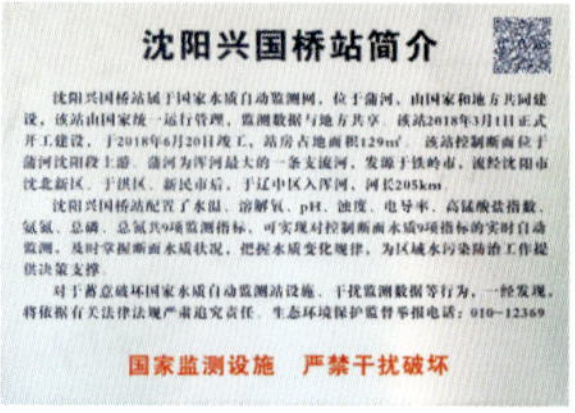

8 环保专刊

沈阳日报

沈阳将建成5座水质自动监测站

建设水质自动监测站 自动监测地表水环境

沈阳将新建5座 水质自动监测站

未来水环境监测 将以自动监测为主

沈阳市水系情况

沈阳市考核断面情况

新建水质自动监测站选址应遵循的原则及基本条件

长白山尾，辽河源头，生态鹿乡，星火辽源

河清站

辽源市　124.8631
辽河流域　43.0514
东辽河

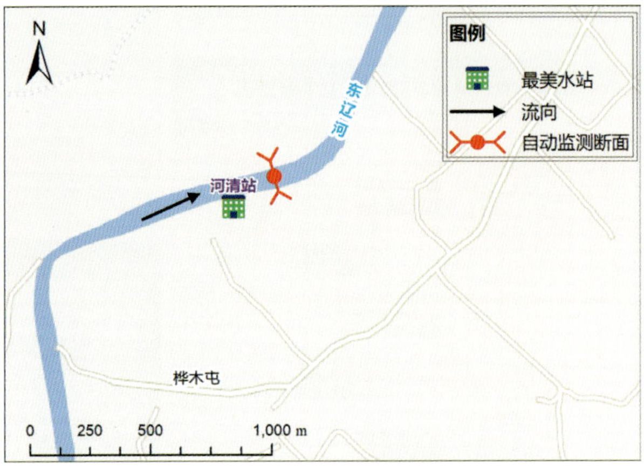

河清站位于辽河流域东辽河干流，由国家和地方共同建设。站房承建部门为辽源市环境保护局，于 2018 年 4 月底正式开工建设，历时 48 天，6 月 12 日竣工。该站由国家统一运行管理，监测数据与地方共享。站房占地面积 300 平方米，站址海拔 228.23 米，站房内部设有仪器间、质控间和生活区。该站配置了水温、溶解氧、pH、浊度、电导率、高锰酸盐指数、氨氮、总氮、总磷共 9 项监测指标，可实现对控制断面水质 9 项指标的实时自动监测，及时掌握断面水质状况，把握水质变化规律，为区域水污染防治工作提供决策支撑。

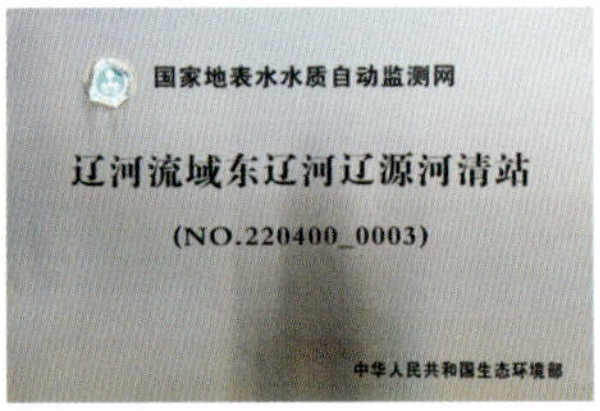

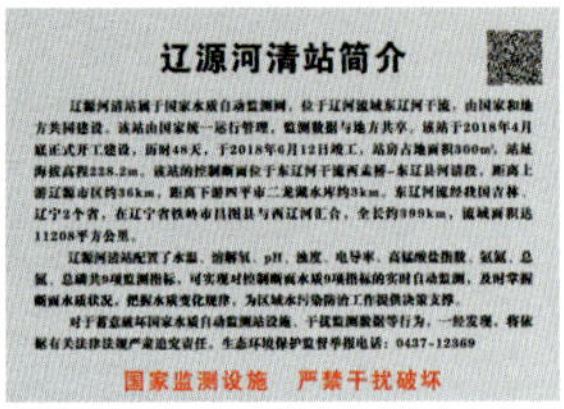

东辽县东辽河河长制公示牌

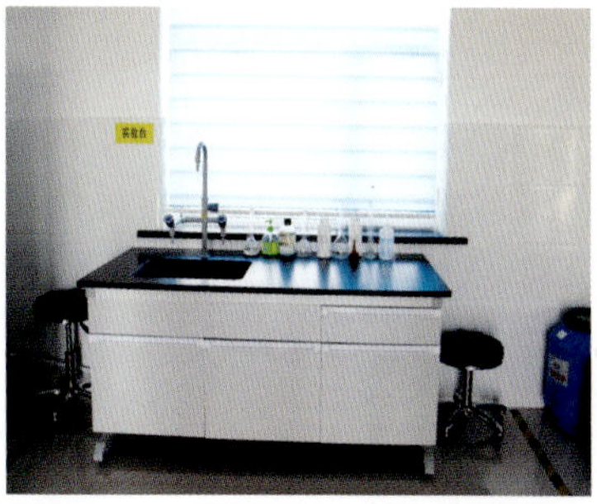

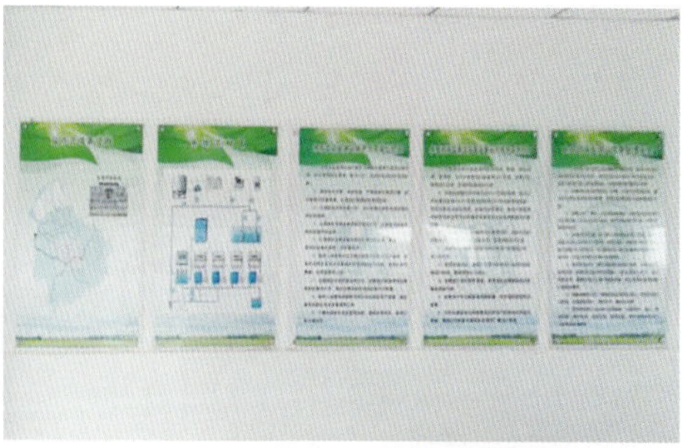

总磷
总氮

西崴子站

延边朝鲜族自治州
松花江流域
嘎呀河
129.6627
43.3260

西崴子站由汪清县环境保护局牵头，于 2018 年 5 月正式开工建设，总用地面积 636 平方米，建筑面积 158.12 平方米，采用二层结构，一楼质控间 27.42 平方米，生活间 51.64 平方米（含楼梯间、门厅、卫生间等公用建筑），二楼仪器间面积 45.58 平方米，楼梯间等公用建筑 33.48 平方米（含门厅、楼梯间）；庭院硬化 486 平方米；基础填方 500 立方米；围墙 102.6 米；深井 1 眼；堤坝 29.22 米；化粪池 10 立方米；以及项目相配套的给排水工程、电气工程、消防等基础设施配套工程。该站配置有水温、pH、溶解氧、浊度、电导率、高锰酸盐指数、氨氮、总磷、总氮共 9 项监测指标，可实现对控制断面水质 9 项指标的实时自动监测，及时掌控断面水质状况，为区域水污染防治工作提供决策支撑。

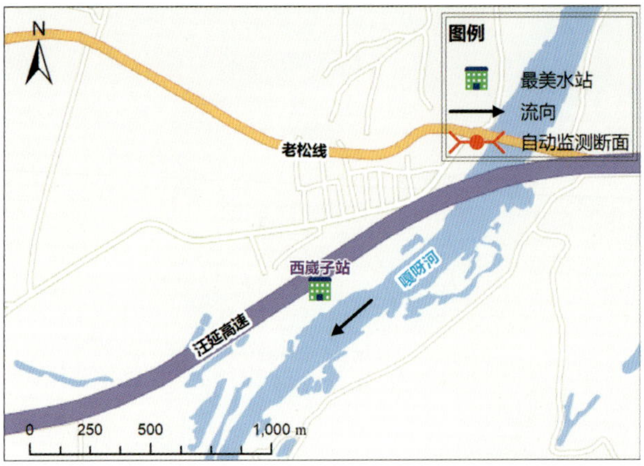

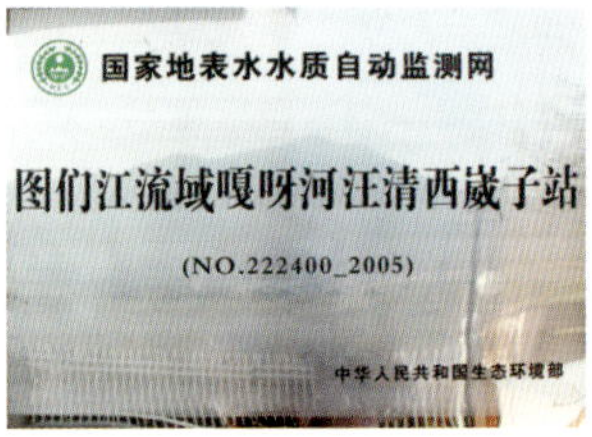

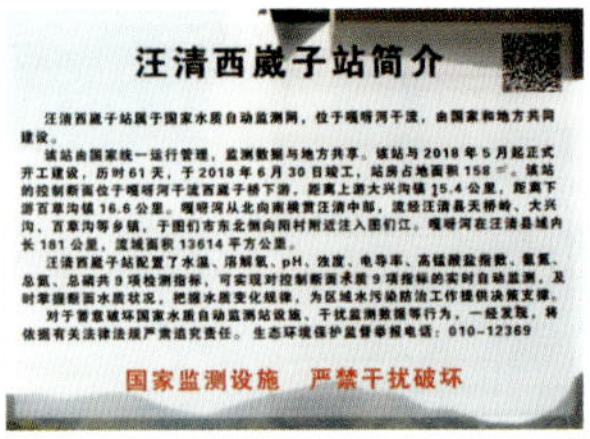

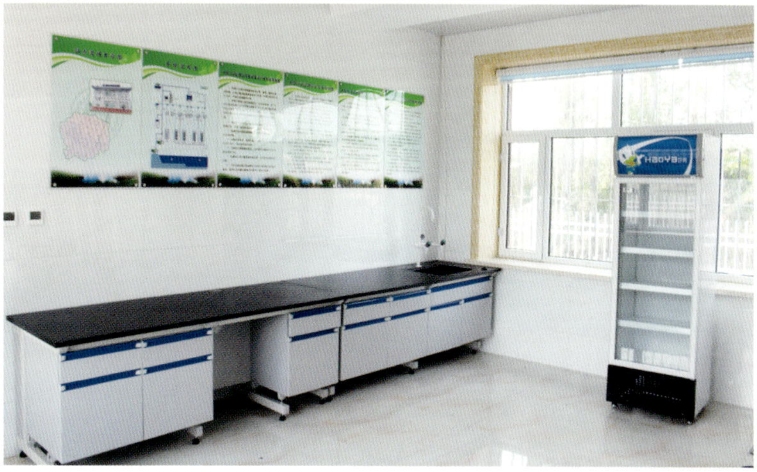

总氮分析仪
控制单元

中国雪乡，塞北江南，高山平湖，大美牡丹江

海浪河口内站

- 牡丹江市
- 松花江流域
- 海浪河
- 129.5363
- 44.5488

海浪河口内站承建于 2018 年 6 月 1 日，由牡丹江市西安区政府建设，站房面积为 117 平方米。水站建成特色是自主设计采水设备舱。设备舱距离水面 2 米处，一部分埋入地下，一部分建在地上，高 1.5 米，外墙宽 0.24 米，盖板采用钢板焊接，螺栓固定，盖板与箱体之间使用胶皮垫和密封胶，即使河水淹过箱体，也可保证箱体内不渗水，设备舱内设备正常运行。设备舱内安装自吸泵，吸上来的水能直接进入站房内。针对冬季气温偏低，设备舱内安装电暖气、电锅炉加热、地热管循环，对采水管道进行加热，保证采水管冬季正常作业。同时在地热管内加入防冻液，即使停电，采水管管道冻结，电锅炉供电后也能恢复采水作业。该站配备了水温、溶解氧、pH、浊度、电导率、高锰酸盐指数、氨氮、总磷、总氮 9 参数水质监测仪器，自动实时监测水质状况，为水污染防治工作提供保障。

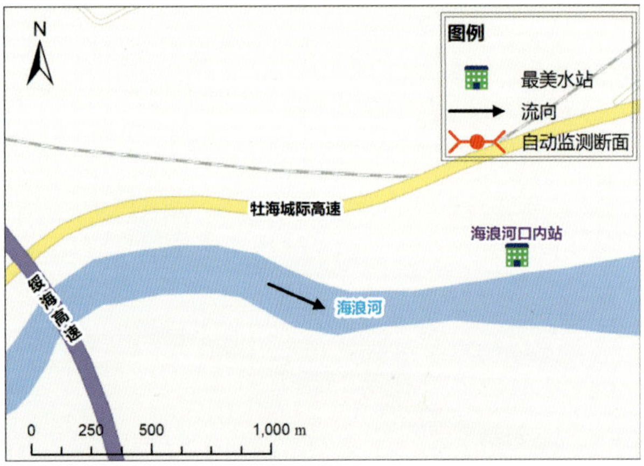

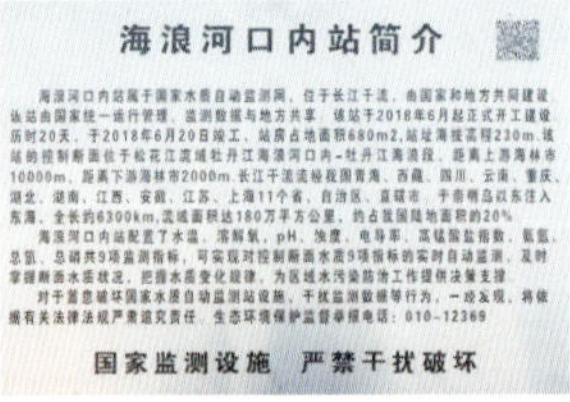

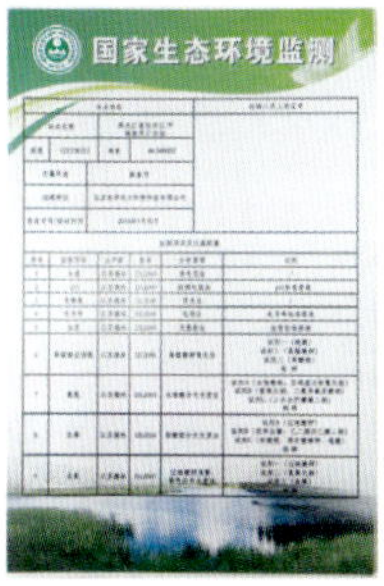
国家生态环境监测

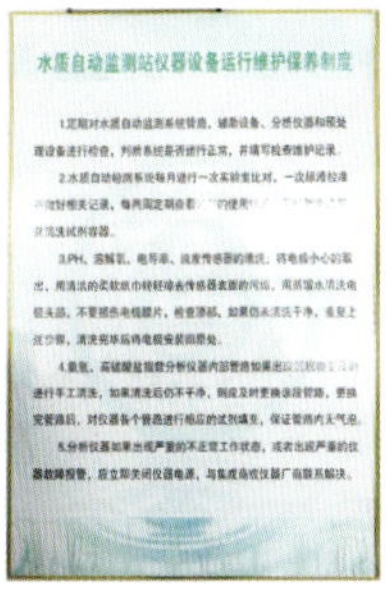
水质自动监测站仪器设备运行维护保养制度

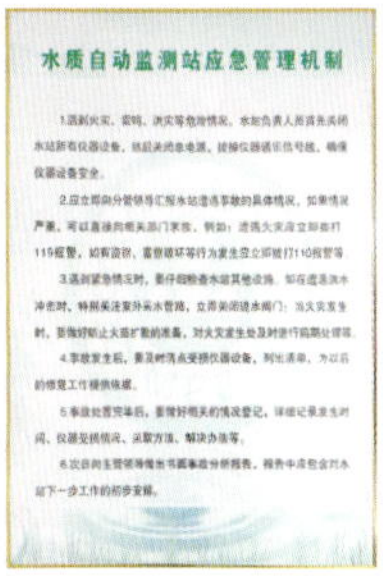
水质自动监测站应急管理机制

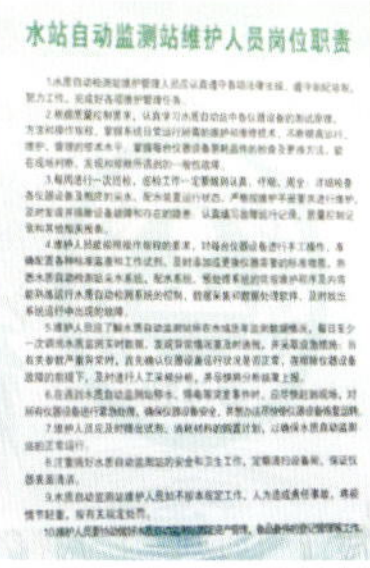
水站自动监测站维护人员岗位职责

总氮分析仪
控制单

红色抗联圣地，绿色休闲之都
水韵汤旺河畔，生态魅力汤原

汤旺河口内站

佳木斯市　129.8871

松花江流域　46.7016

汤旺河

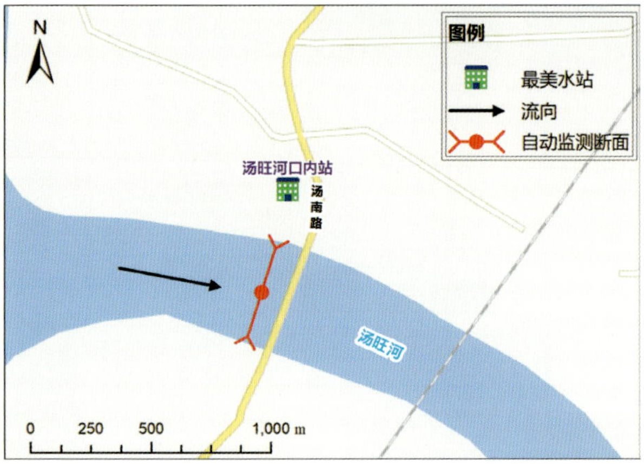

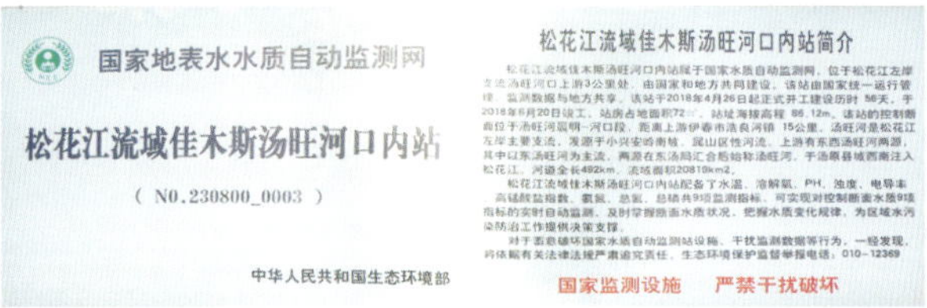

汤旺河口内站位于松花江左岸支流汤旺河口上游 3 千米处，由国家和地方共同建设，2018 年 4 月 26 日起正式开工建设，6 月 20 日竣工，历时 56 天。站房占地面积 72 平方米，站址海拔 86.12 米，为无人值守站房。该站配置有水温、pH、溶解氧、浊度、电导率、高锰酸盐指数、氨氮、总磷、总氮共 9 项监测指标，可实现对控制断面水质 9 项指标的实时自动监测，及时掌控断面水质状况，为区域水污染防治工作提供决策支撑。

汤旺河口内站充分考虑建设地点的自然条件、洪水水位等因素，采用立柱、承台梁设计，站房地面高程高于附近防洪堤约 10 厘米，确保遭遇百年一遇的洪水时，站内设施仍可继续运行。2018 年 7 月 27 日，汤旺河遭遇了 50 年一遇的洪水，水站仍正常运行。该站的建成，不但承担了汤旺河入江水质的监测任务，还兼具生态环境宣传功能，已经成为汤旺河畔一道亮丽的风景线。

控制单元
北京尚洋东方环境科技有限公司

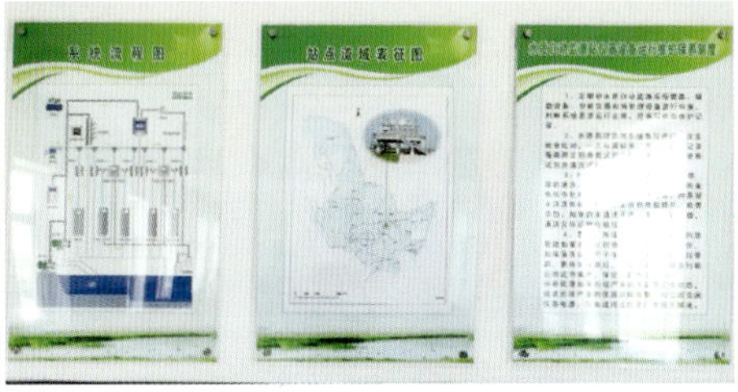

保护水资源 改善水环境

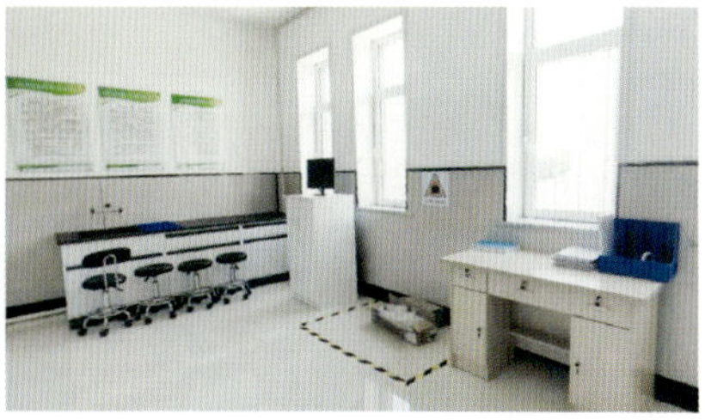

提示
此处为国家水质自动站采样设施，有水下电缆，上下游50米内禁止捕鱼、打捞作业，以免发生危险。岸上有监控。
汤原生态环境保护局

华东地区

HUADONG REGION

浦江之滨，古今交融，璀璨之城，东方之珠

浙江路桥站

静安区　　121.4833

长江流域　　31.2462

苏州河

浙江路桥站位于苏州河东段，毗邻乍浦路桥，距离下游黄浦江约 350 米，距离苏州河江苏省界约 40 千米。苏州河浙江路桥站于 2018 年 6 月由地方负责开工建设，历时 30 天，6 月 30 日竣工。站房占地面积 10 平方米，设置了一套地表水水质在线监测系统，配置了水温、溶解氧、pH、浊度、电导率、高锰酸盐指数、氨氮、总氮、总磷共 9 项监测指标。可实现对控制断面水质 9 项指标的实时自动监测，及时掌握断面水质状况，把握水质变化规律，为区域水污染防治工作提供决策支撑。

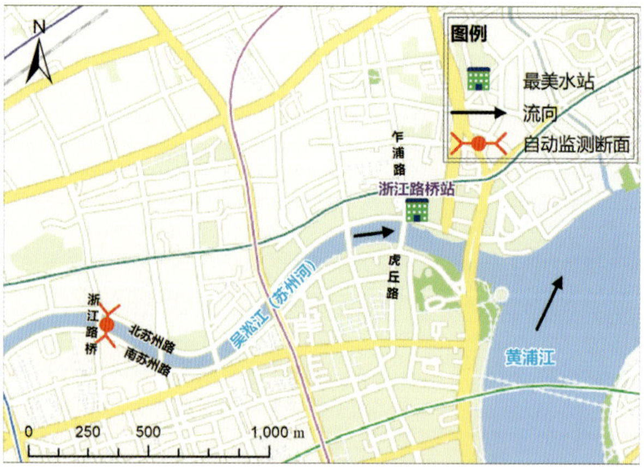

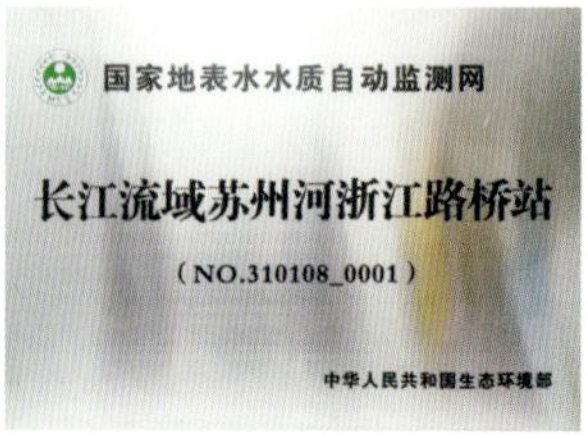

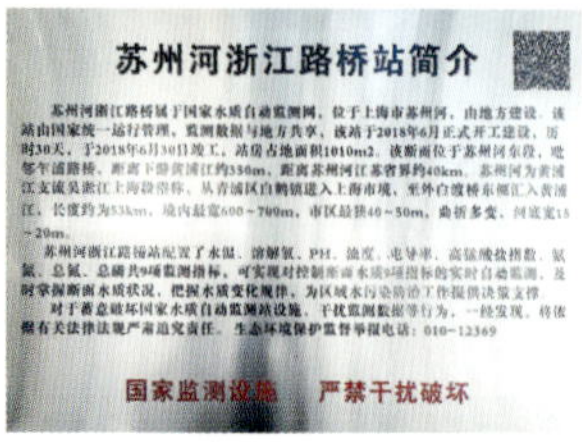

设备状态管理标识

杭州鼎林环保科技有限公司
DLW-6000水质在线监测系统

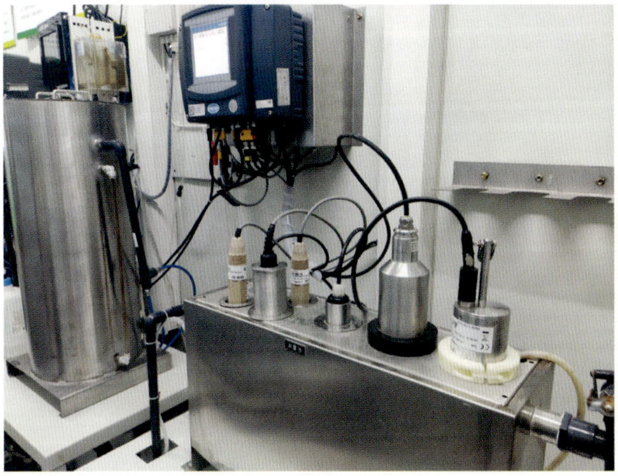

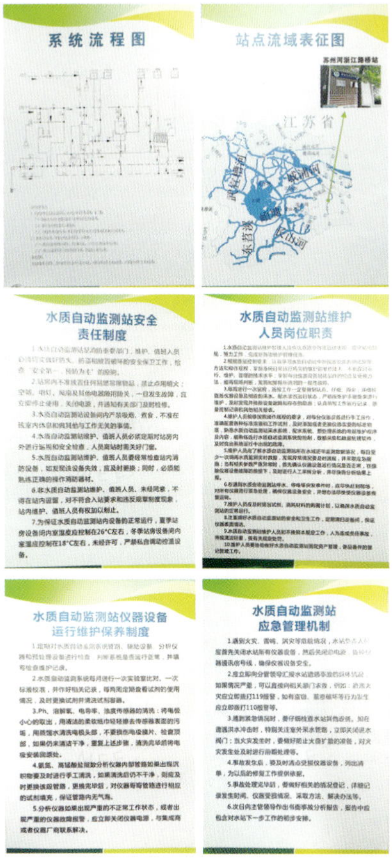
系统流程图
站点流域表征图
江苏省
水质自动监测站安全责任制度
水质自动监测站维护人员岗位职责
水质自动监测站仪器设备运行维护保养制度
水质自动监测站应急管理机制

太湖明珠，水韵梁溪

蠡桥站

无锡市
120.2380
太湖流域
31.5525
梁溪河

蠡桥站位于太湖流域梁溪河畔，由生态环境部和无锡市生态环境局共同建设，国家统一运行管理，监测数据与地方共享。该站于 2008 年 2 月起正式开工建设，历时 60 天，4 月 2 日竣工，2008 年 7 月完成系统改造及基础文化建设相关内容，2019 年完成了“最美水站”专项改造。站房占地面积 120 平方米，站址海拔 8 米。该站控制断面位于太湖流域梁溪河干流。蠡桥站配置了水温、溶解氧、pH、浊度、电导率、高锰酸盐指数、氨氮、总氮、总磷共 9 项监测指标，可实现对控制断面水质 9 项指标的实时自动监测，及时掌握断面水质状况，把握水质变化规律，为区域水污染防治工作提供决策支撑。

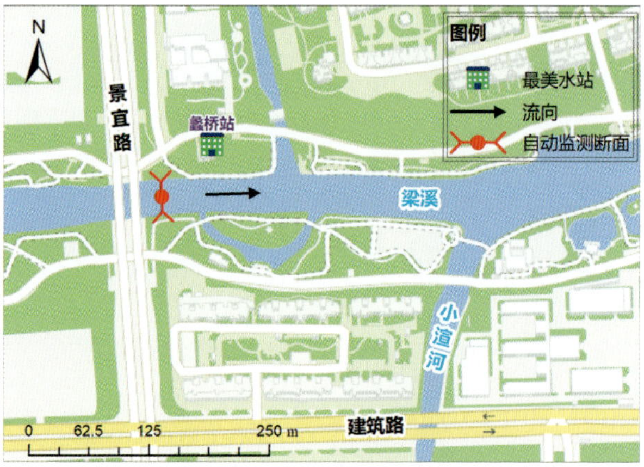

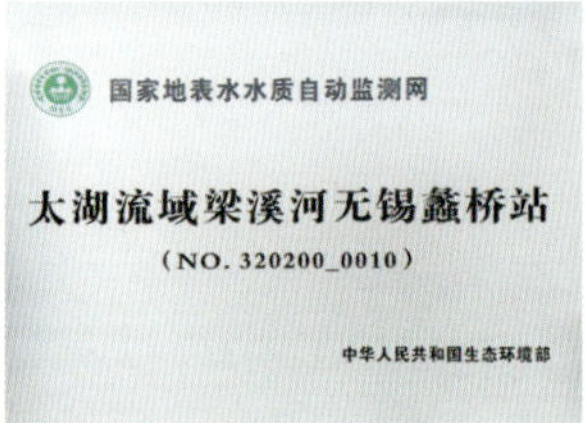

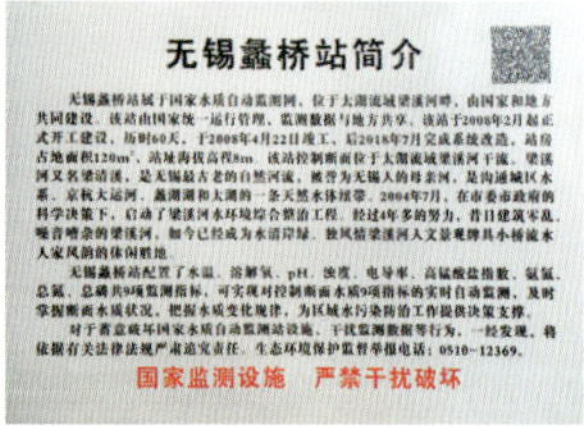

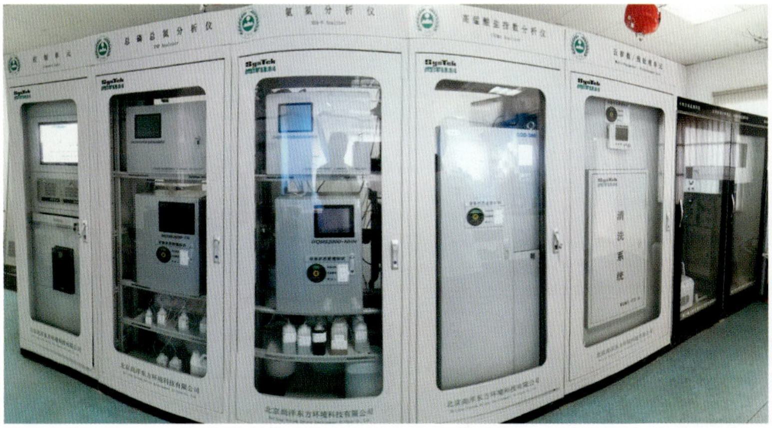

让我们都能
喝上放心水

领导关怀
以环境质量改善为目标导向
打好污染防治攻坚战

以环境质量改善为目标导向
打好污染防治攻坚战

乐居吴江，品绣汾湖，好水为界，极致为标

汾湖大桥站

苏州市　120.8743

太湖流域　31.0175

太浦河

汾湖大桥站位于太湖流域太浦河苏沪交界，该站控制断面位于太浦河汾湖大桥下游 550 米，是江苏省重要的出境断面。该站 2008 年由江苏省投资建设，2017 年 7 月进行站房翻新，8 月竣工，站房占地面积 667 平方米，建筑面积 180 平方米。该站由国家统一运行管理，监测数据与地方共享。汾湖大桥站配置了水温、溶解氧、pH、电导率、浊度、高锰酸盐指数、氨氮、总磷、总氮常规 9 参数和挥发性有机物、重金属等特征因子，实现了对该断面 41 项水质指标的实时监测，便于及时掌握断面水质状况，分析研判水质变化规律，为区域水污染防治工作提供了重要的决策支持。

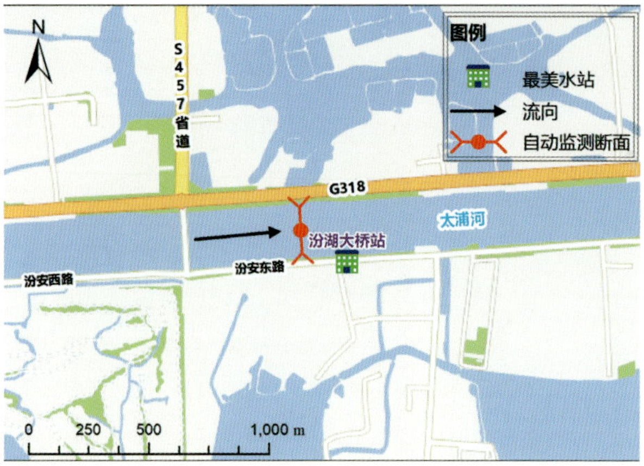

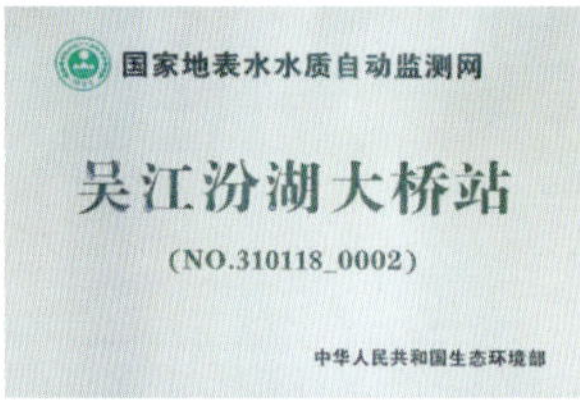

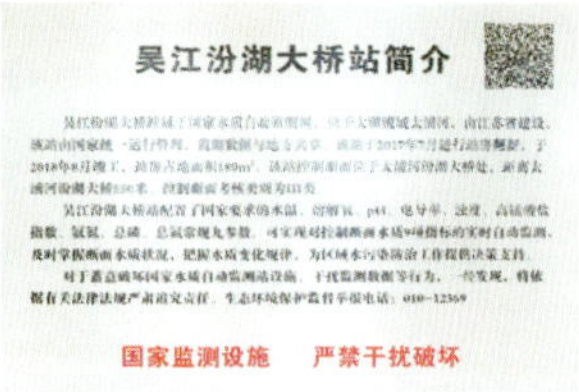

水质科普
SHUIZHIKEPU
氨氮
溶解氧
PH值
高锰酸盐指数

交界区域一体化治水工作情况

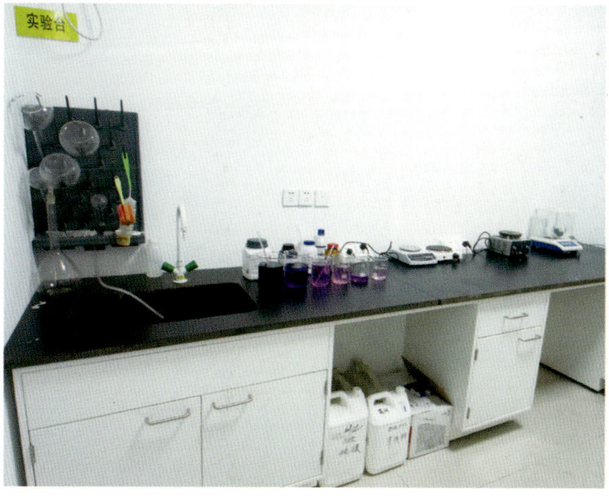
实验台

眼镜之都，水韵丹阳

黄埝桥站

镇江市
太湖流域
丹金溧漕河
119.6014
31.8331

黄埝桥站位于丹金溧漕河干流丹阳、金坛交接断面，距离上游丹阳市区 16 千米，距离下游金坛市区 11 千米。该站由丹阳市环境保护局和丹阳市珥陵镇人民政府合作建设，于 2018 年 4 月正式开工建设，2018 年 7 月竣工，站房总体占地面积为 285 平方米，其中主站房占地面积 153 平方米。该站配置了水温、溶解氧、pH、浊度、电导率、高锰酸盐指数、氨氮、总氮、总磷共 9 项监测指标，可实现对控制断面水质 9 项指标的实时自动监测，及时掌握断面水质状况，把握水质变化规律，为区域水污染防治工作提供决策支撑。

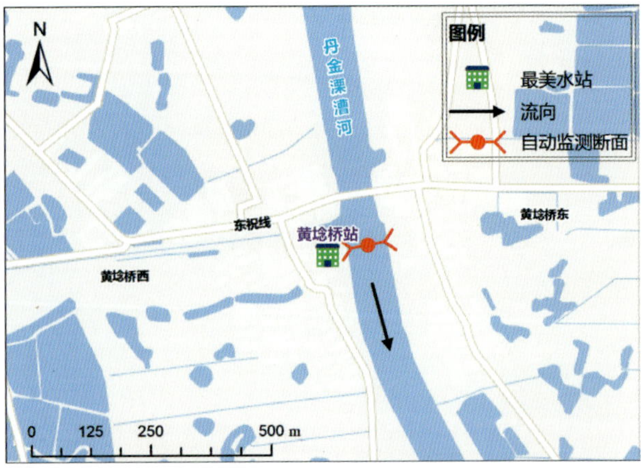

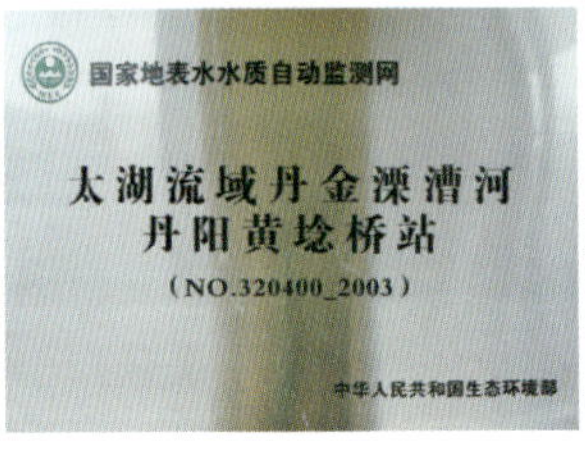

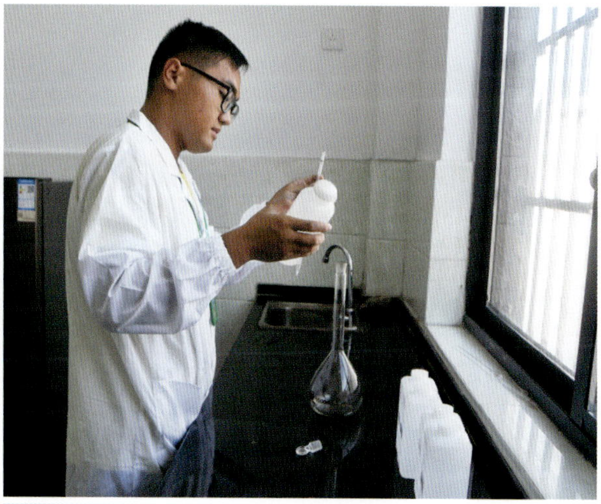

文化长廊
绿水青山
金山银
撸起袖子加油干
节约每一滴水

胥河水润，泊舟落蓬，自在茶香，美音溧阳

落蓬湾站

常州市　　119.2306
太湖流域　　31.3529
胥河

落蓬湾站位于常州市溧阳社渚镇胥河南岸的湖西村。胥河源出南京市高淳区固城湖，开凿于公元前 506 年（春秋时期），中国现有记载的最早运河，也是世界上开凿最早的运河，并且至今仍在发挥航运作用。该站由国家和地方共同建设，由国家统一运行管理，监测数据与地方共享。落蓬湾站占地面积约 250 平方米，站房于 2018 年 3 月开工建设，同年 9 月通过竣工验收。该站的控制断面位于胥河南京—常州交界溧阳一侧，距上游南京市（高淳区）约 500 米。该站配置有水温、pH、溶解氧、浊度、电导率、高锰酸盐指数、氨氮、总磷、总氮共 9 项监测指标，可实现对控制断面水质 9 项指标的实时自动监测，及时掌握水环境状况和变化趋势，为水环境管理和决策提供依据。

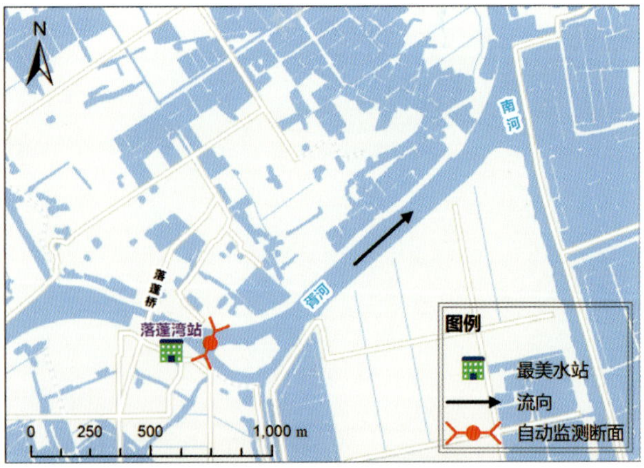

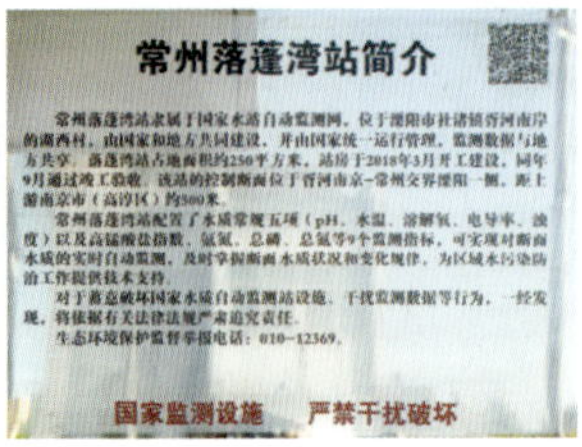

清洗系统

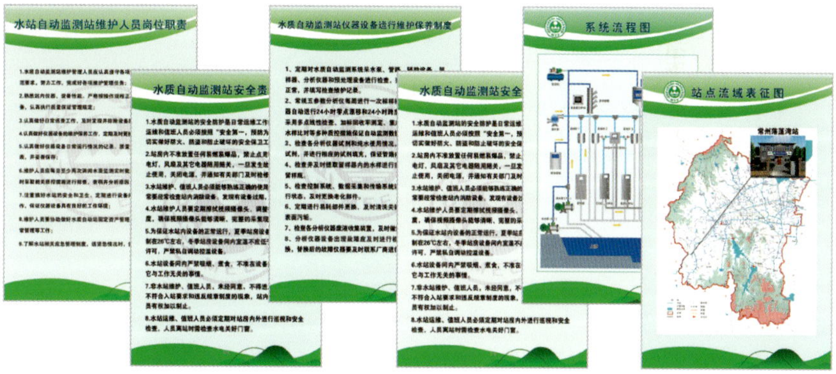
水站自动监测站维护人员岗位职责
水质自动监测站仪器设备进行维护保养制度
系统流程图
站点流域表征图

警示
小心碰撞

黄海之滨，港城连云，山海相依，盐河古道

盐河桥站

连云港市　　119.1661
淮河流域　　34.5968
盐河

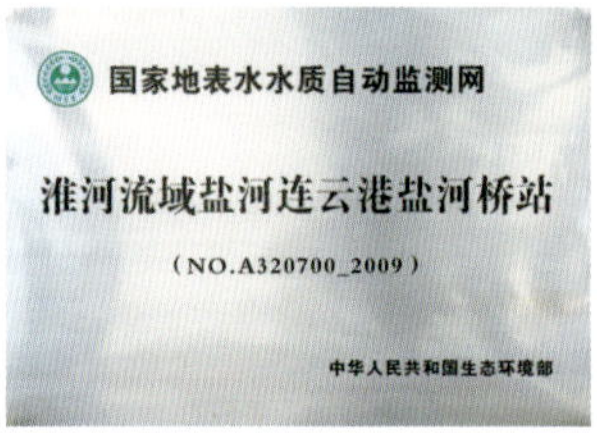

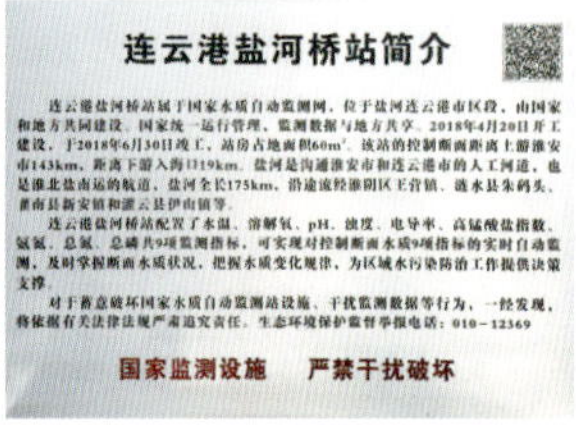

盐河桥站位于连云港市市区盐河上，由国家和地方共同建设。国家统一运行管理，监测数据与地方共享。2018 年 4 月 20 日开工建设，同年 5 月底站房建设完工，6 月底联网运行。站房占地面积 60 平方米，内部设有仪器间、质控间和值班室，配置有水温、pH、溶解氧、浊度、电导率、高锰酸盐指数、氨氮、总磷、总氮共 9 项监测指标，可实现对控制断面水质 9 项指标的实时自动监测，及时掌控断面水质状况，为区域水污染防治工作提供决策支撑。

盐河桥站的控制断面距离上游淮安市 143 千米，距离下游入海口 19 千米。盐河是沟通淮安市和连云港市的人工河道，也是淮北盐南运的航道，盐河全长 175 千米，沿途流经淮阴区王营镇、涟水县朱码头、灌南县新安镇和灌云县伊山镇等。

实验区
Experime area

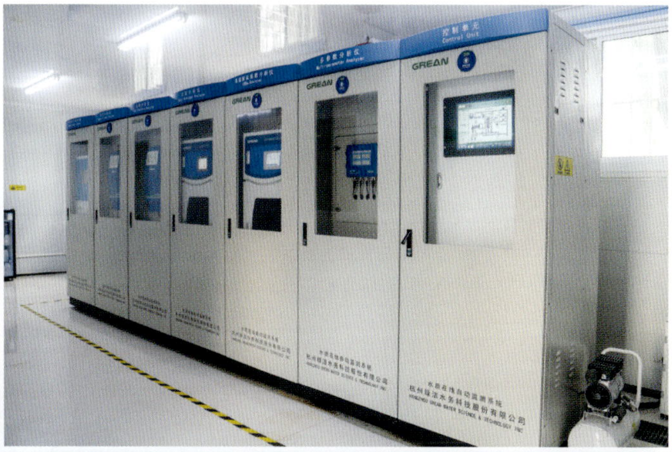
控制单元
Control Unit
GREAN

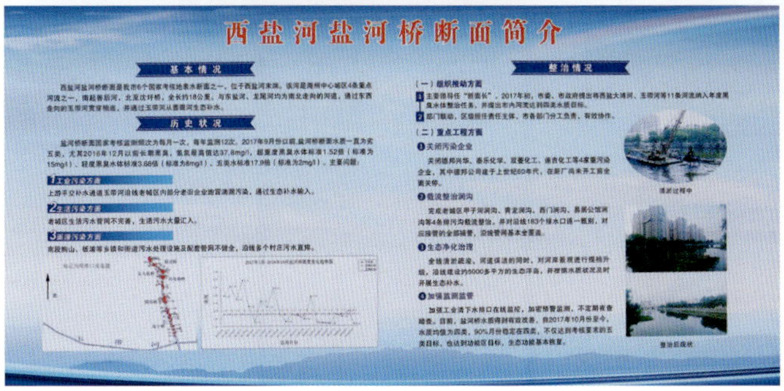
西盐河盐河桥断面简介
基本情况
历史状况
整治情况

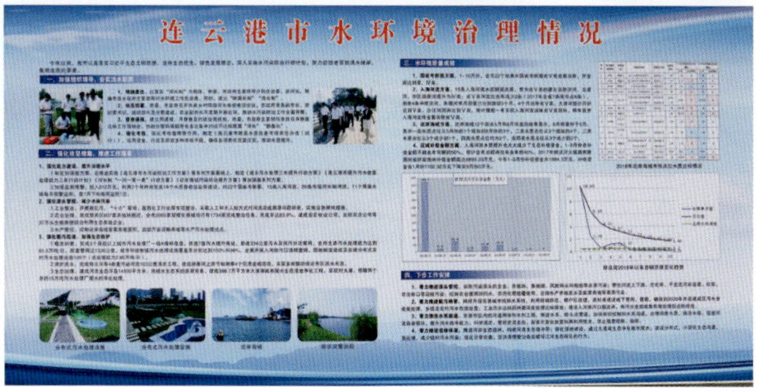
连云港市水环境治理情况

后羿传说，丹鹤天堂，美丽绿色在射阳

射阳河闸站

盐城市　　120.3329
淮河流域　　33.7998
射阳河

射阳河闸站位于射阳河末端入海口处，由国家和地方共同建设，国家统一运行管理，监测数据与地方共享。射阳河闸站于 2018 年 3 月启动前期建设的准备工作，2018 年 4 月由射阳黄海建筑工程有限公司正式开工建设，历时 100 天，7 月 15 日竣工。该站站房占地面积 100 平方米，站址海拔 3 米。该站点的控制断面位于射阳河闸处，距离上游扬州市 148 千米，下游为入海口。站房面积 72 平方米，设有仪器设备室、质量控制室和卫生间，内含办公桌、操作台、冷藏箱等，配置有水温、pH、溶解氧、浊度、电导率、高锰酸盐指数、氨氮、总磷、总氮共 9 项监测指标，可实现对控制断面水质 9 项指标的实时自动监测，及时掌控断面水质状况，为区域水污染防治工作提供决策支撑。

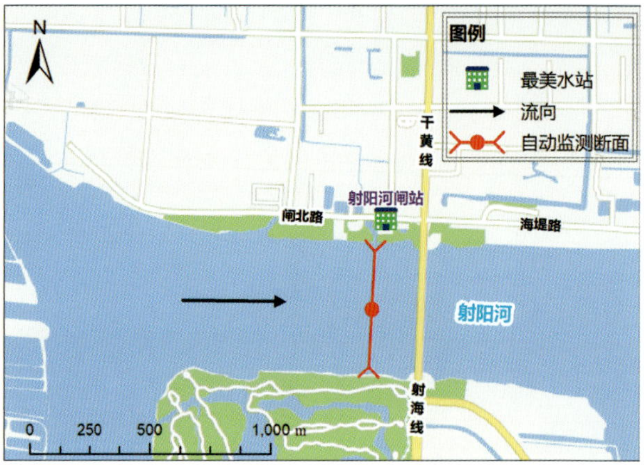

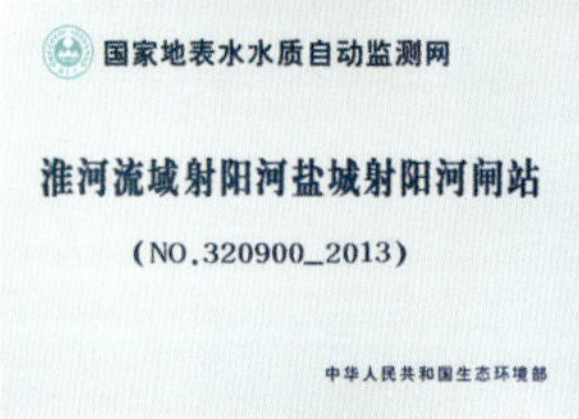

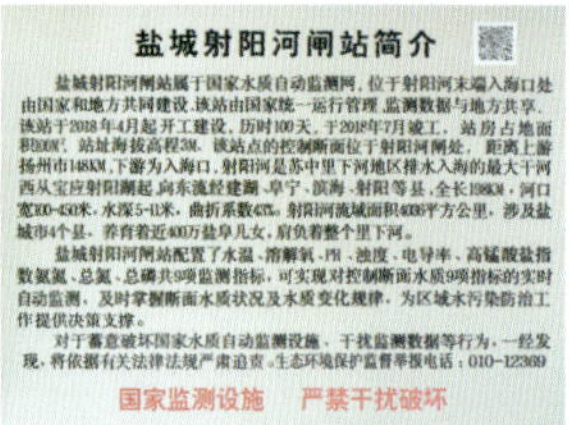

GREAN

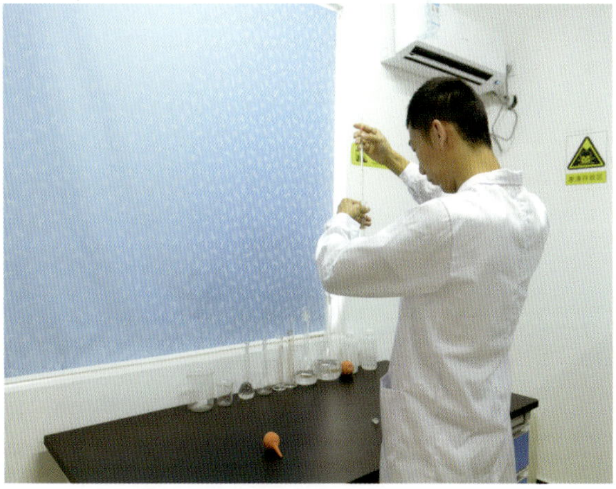

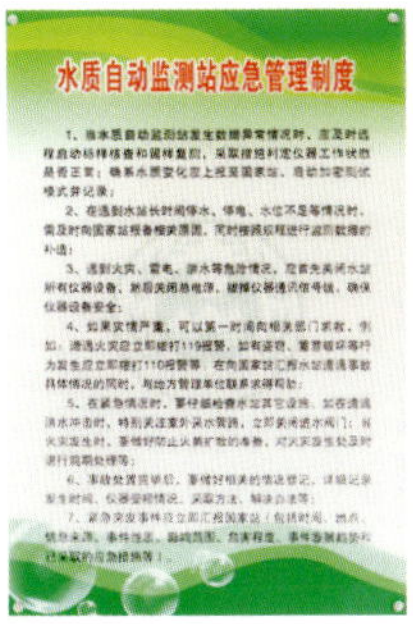
水质自动监测站应急管理制度

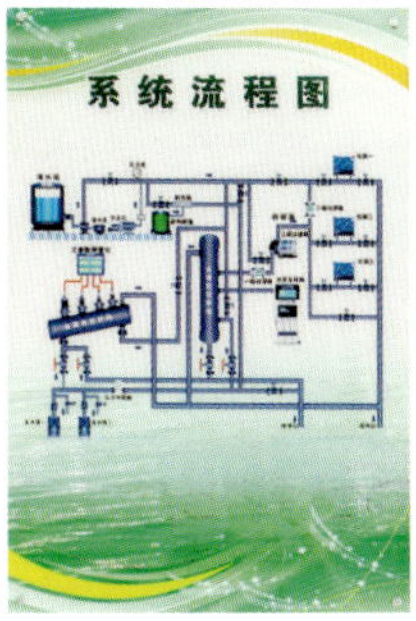
系统流程图

站点流域表征图

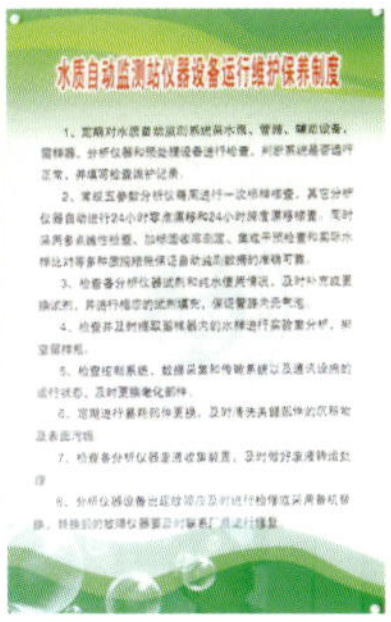
水质自动监测站仪器设备运行维护保养制度

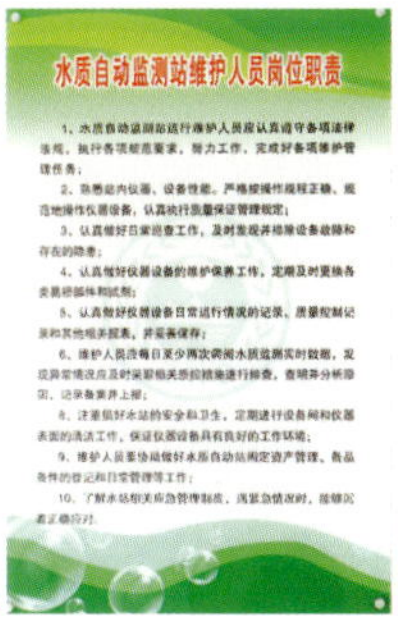
水质自动监测站维护人员岗位职责

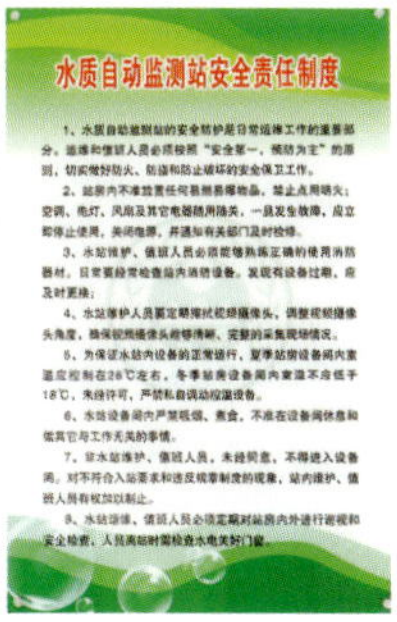
水质自动监测站安全责任制度

张楼站

徐州市　　118.0036

淮河流域　　34.2603

京杭大运河（中运河段）

张楼站由国家统一运维管理，监测数据与地方实时共享。该站于 2012 年 4 月开工建设，12 月正式投运。站房采用固定式永久性站房设计，标志标识及内部展示规范统一，保障宣传机制完备健全，站房占地面积 210 平方米，站址海拔 28 米。站内设有仪器间、实验间、储物间和值班室，配置有水温、pH、溶解氧、浊度、电导率、高锰酸盐指数、氨氮、总磷、总氮共 9 项监测指标，可实现对控制断面水质 9 项指标的实时自动监测，及时掌控断面水质状况，为区域水污染防治工作提供决策支撑。

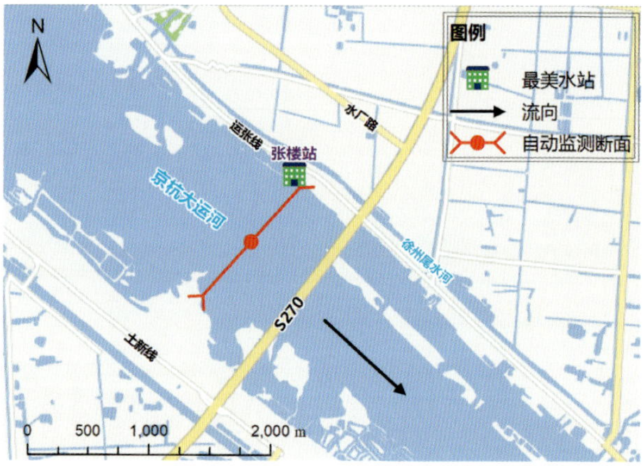

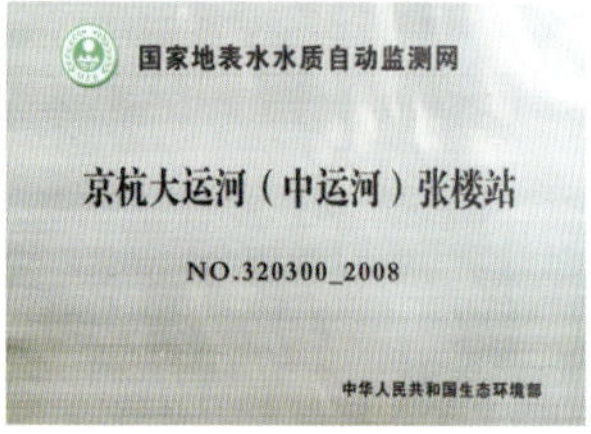

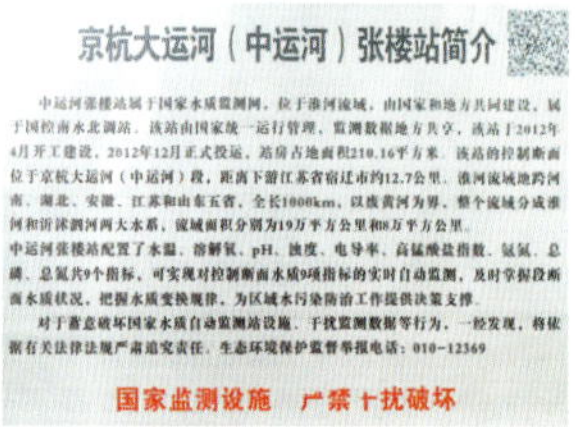

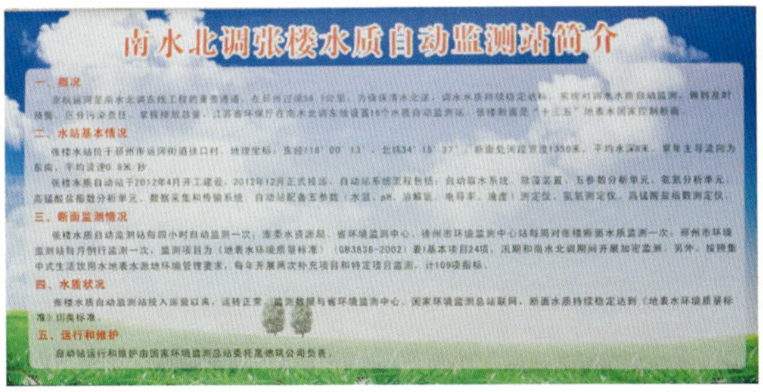
南水北调张楼水质自动监测站简介

京杭运河（邳州段）网箱拆除项目
项目简介

实验台
清洁工具

Sentech

涂水两岸绿，里话青山，十朝金陵梦，熠熠王气州

陈浅站

南京市　118.0036
长江流域　34.2603
滁河

滁河古称涂水，唐代改成滁河，河水发源于安徽省肥东县梁回附近，流经巢湖、含山、全椒、来安等县，经浦口六合区，于仪征市的大河口入长江，全长 269.2 千米，流域面积 8 057 平方千米，是南京市重要的行洪河道、灌溉输水通道和优良的水生态廊道，沿线自然景观独特，河沟纵横，湿地景观丰富。陈浅站位于江苏省南京市浦口区星甸街道滁河右岸，孟骆圩熊窑段，占地面积 262.5 平方米，站房建筑面积 118.4 平方米，由南京市生态环境局组织建设。该站具备水温、溶解氧、pH、浊度、电导率、高锰酸盐指数、氨氮、总氮、总磷共 9 项指标的监测能力，24 小时实时监测。由国家统一运行管理，监测数据与地方共享。该站的建成及运行可及时掌握断面水质状况，把握水质变化规律，为区域水污染防治工作提供决策支撑。

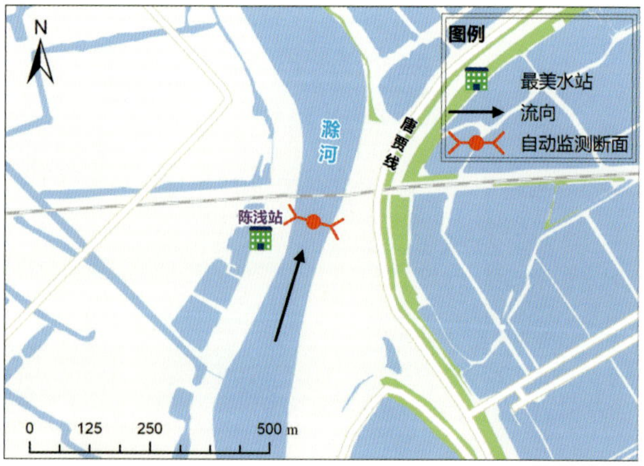

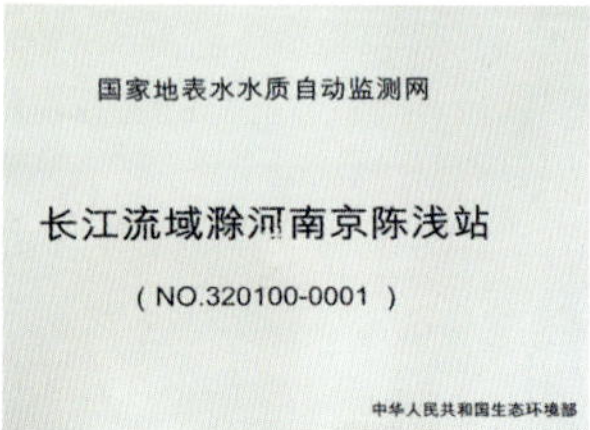

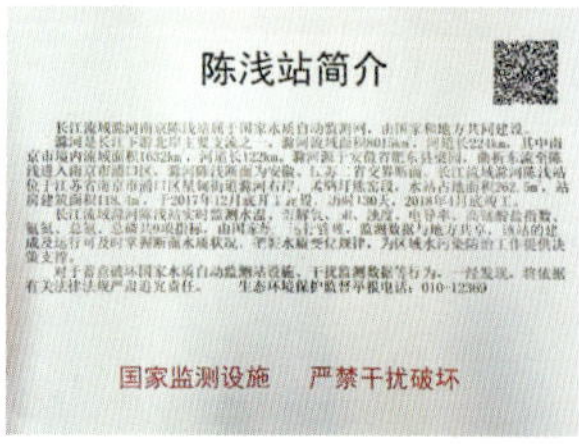

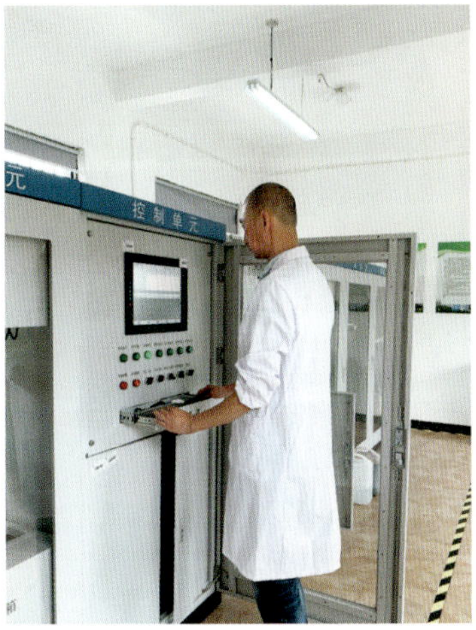
控制单元

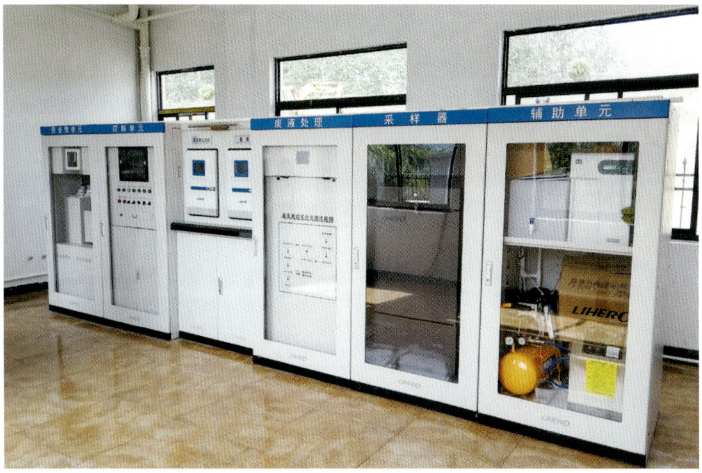
废液处理
采样器
辅助单元

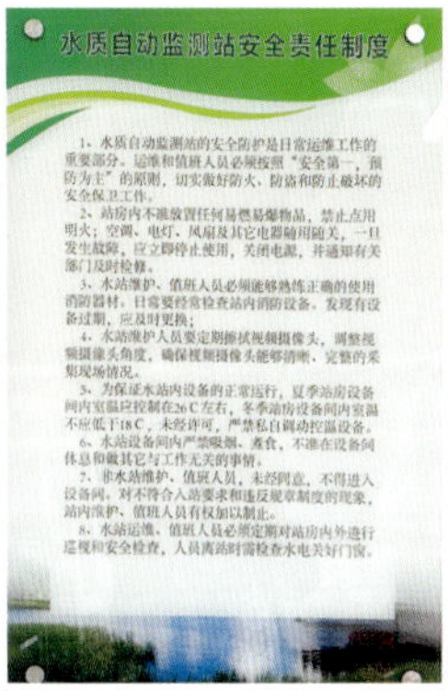
水质自动监测站安全责任制度
1、水质自动监测站的安全防护是日常运维工作的重要部分。运维和值班人员必须按照“安全第一，预防为主”的原则，切实做好防火、防盗和防止破坏的安全保卫工作。
2、站房内不准放置任何易燃易爆物品，禁止点用明火；空调、电灯、风扇及其它电器随用随关，一旦发生故障，应立即停止使用，关闭电源，并通知有关部门及时检修。
3、水站维护、值班人员必须能够熟练正确的使用消防器材，日常要经常检查站内消防设备，发现有设备过期，应及时更换；
4、水站维护人员要定期擦拭视频摄像头，调整视频摄像头角度，确保视频摄像头能够清晰、完整的采集现场情况。
5、为保证水站内设备的正常运行，夏季站房设备间内室温应控制在26℃左右，冬季站房设备间内室温不应低于18℃，未经许可，严禁私自调动控温设备。
6、水站设备间内严禁吸烟、进食，不准在设备间休息和做其它与工作无关的事情。
7、非水站维护、值班人员，未经同意，不得进入设备间，对不符合入站要求和违反规章制度的现象，站内维护、值班人员有权加以制止。
8、水站运维、值班人员必须定期对站房内外进行巡视和安全检查，人员离站时需检查水电关好门窗。

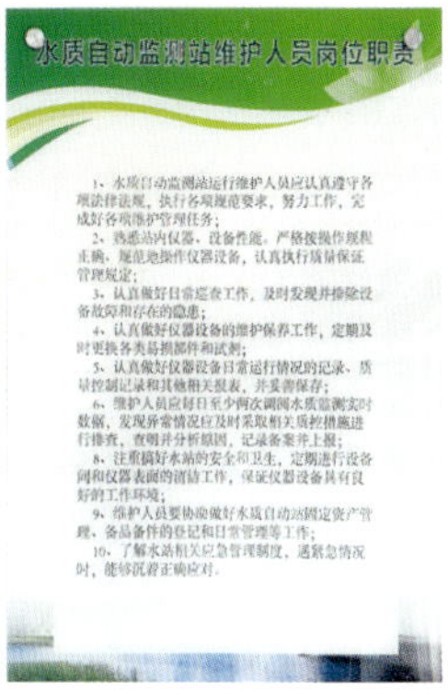
水质自动监测站维护人员岗位职责
1、水质自动监测站运行维护人员应认真遵守各项法律法规，执行各项规范要求，努力工作，完成好各项维护管理任务；
2、熟悉站内仪器、设备性能，严格按操作规程正确、规范地操作仪器设备，认真执行质量保证管理规定；
3、认真做好日常巡查工作，及时发现并排除设备故障和存在的隐患；
4、认真做好仪器设备的维护保养工作，定期及时更换各类易损部件和试剂；
5、认真做好仪器设备日常运行情况的记录、质量控制记录和其他相关报表，并妥善保存；
6、维护人员应每日至少两次调阅水质监测实时数据，发现异常情况应及时采取相关质控措施进行排查，查明并分析原因，记录备案并上报；
8、注重搞好水站的安全和卫生，定期进行设备间和仪器表面的清洁工作，保证仪器设备具有良好的工作环境；
9、维护人员要协助做好水质自动站固定资产管理、备品备件的登记和日常管理等工作；
10、了解水站相关应急管理制度，遇紧急情况时，能够沉着正确应对。

国家监测设施
严禁碰撞偷盗

千年古城忆临海，山水隽秀画始丰

沙段站

台州市
浙闽片河流
始丰溪
121.0649
28.9513

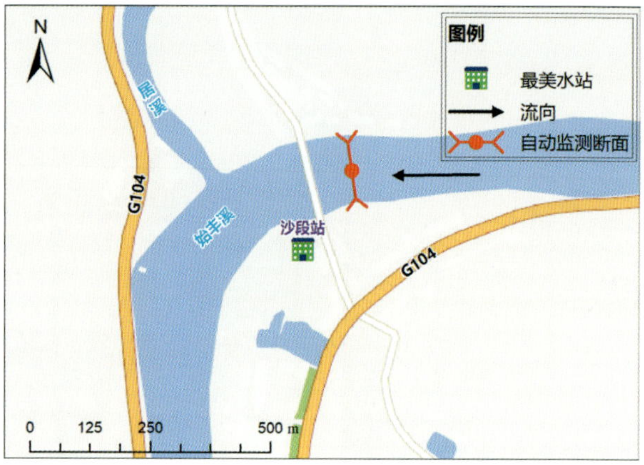

沙段站位于浙江省台州市临海市永丰镇沙段村沙段大桥南桥头，距临海市区约 16 千米。该站为新建站，2018 年 2 月开始站房和取水系统建设项目规划、设计、立项报批和施工招标工作，2018 年 4 月初开工建设，5 月底基本完成站房建设和监测仪器进场安装。站房主体为 3 层混凝土结构，总建筑面积 105 平方米，一层为架空层便于泄洪，同时用作水站文化宣传场所；二层为仪器室；三层为质控室兼值班室和露天观景平台。站房为无人值守站房，配备了烟感器、自动灭火器，安装了红外报警系统，并连同视频监控系统一起与公安天网工程联网，确保水站安全；取水管路沿沙段大桥边沿铺设，既节省了资金，又安全可靠。沙段站配置了水温、pH、溶解氧、电导率、浊度、高锰酸盐指数、氨氮、总磷、总氮等监测仪器和稳压系统、留样仪、质控仪等配套仪器。沙段站站房设计新颖，结构紧凑，功能完善，周边环境优美，河流水质优良。

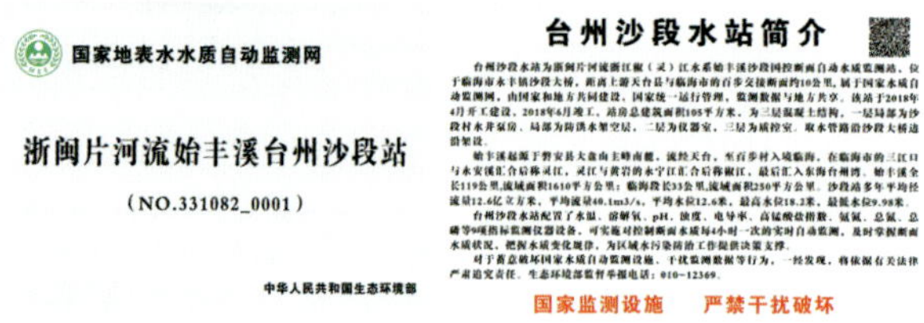

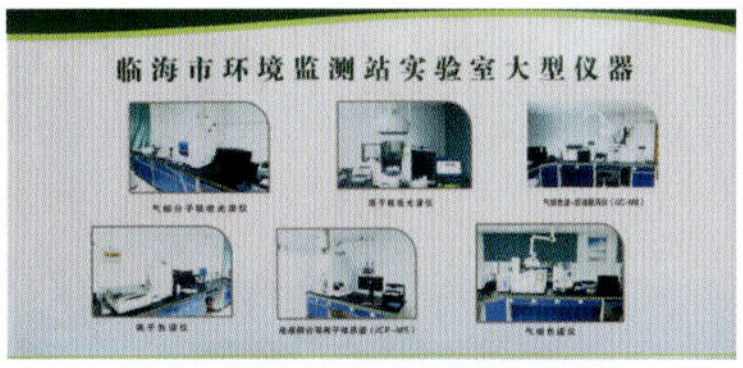
临海市环境监测站实验室大型仪器

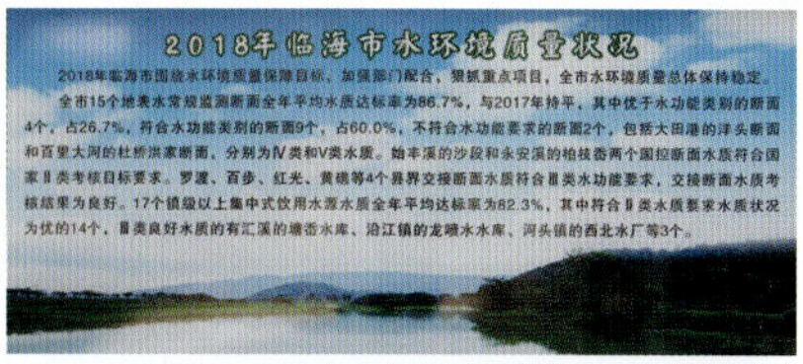
2018年临海市水环境质量状况

台州沙段水站简介

台州沙段水站建设施工过程

EST

EST
EST
EST
EST
EST
EST

青山共清波一色，蓝天与白塔相辉

塔下洲站

金华市　120.054724
浙闽片河流　29.281065
北江

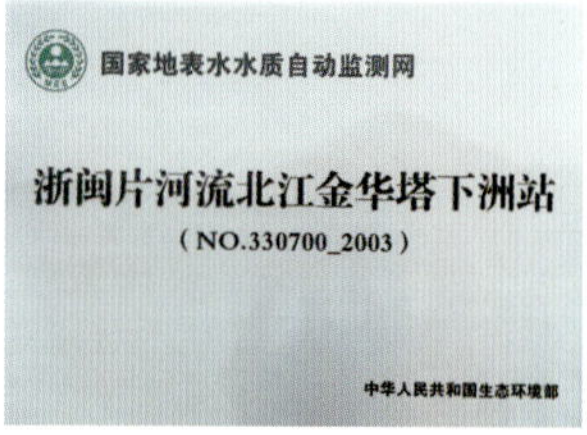

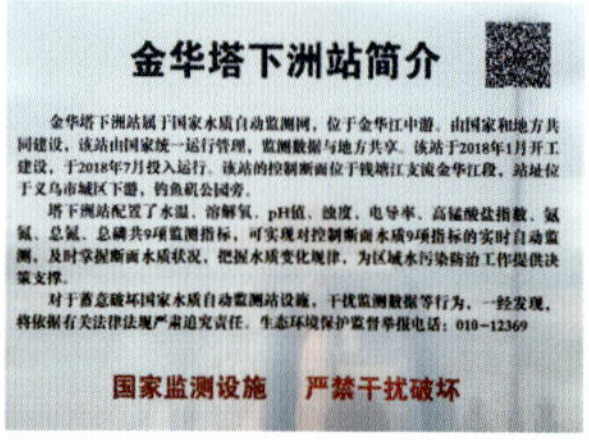

塔下洲站位于钱塘江支流义乌北江段，在义乌市主城区下游。该站于 2018 年 1 月开工建设，7 月建成运行，配置有水温、pH、溶解氧、浊度、电导率、高锰酸盐指数、氨氮、总磷、总氮共 9 项监测指标，可实现对控制断面水质 9 项指标的实时自动监测，及时掌握水环境状况和变化趋势，为水环境管理和决策提供依据。

塔下洲站建设遵循短期目标与长远规划相结合、简朴实用与美观大方相结合的原则，采用“固定站房 + 取水栈桥”建设模式，总投资 60 余万元，固定站房面积 40 平方米，配备了实验台、烟感器、自动灭火器和视频监控系统，取水栈桥长度 20 米，桥上配有亭台、栏杆，除取水口处，全部对市民开放。水站整体建筑以黄墙红瓦为主，周边铺设了 100 平方米的草坪，并种植大花月季、红叶石楠、麦冬等花木，巧妙地实现与所处的江滨绿廊景观带融为一体的同时又有所区隔。

预处理系统

国家生态环境监测
National Ecological And Environmental Monitoring
小记当先 未来无限
义乌新媒体小记者团

港通天下，魅力宁波，东方创智，生态钱湖

北湖中心站

宁波市　　121.6782
浙闽片河流　　29.7778
东钱湖

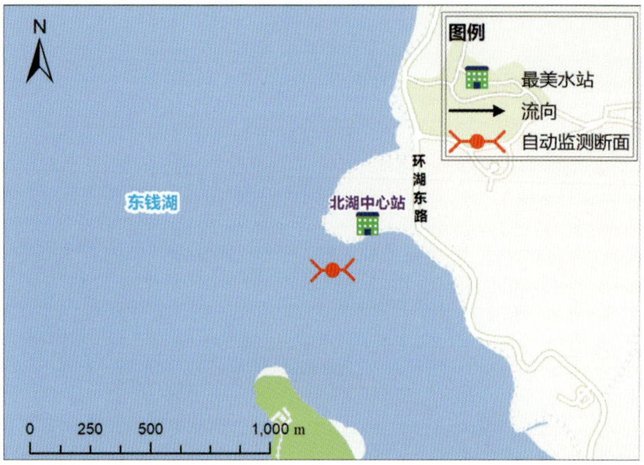

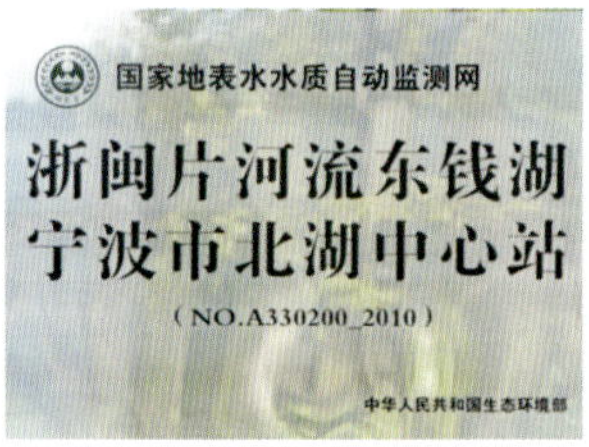

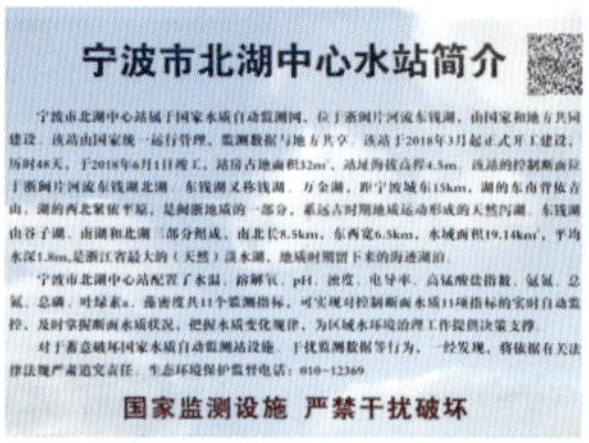

北湖中心站位于宁波市东钱湖北湖东岸，站址海拔4.5米，东钱湖由谷子湖、南湖和北湖三部分组成，南北长 8.5 千米，东西宽 6.5 千米，水域面积 19.14 平方千米，平均水深 1.8 米，是浙江省最大的（天然）淡水湖，紧邻东钱湖环湖自行车绿道和湖畔。该站于 2018 年 3 月正式开工建设，历时 48 天，6 月 1 日主体建筑竣工。站房占地面积 32 平方米，站房主体为钢混结构，配置有水温、pH、溶解氧、浊度、电导率、高锰酸盐指数、氨氮、总磷、总氮共 9 项监测指标，可实现对控制断面水质 9 项指标的实时自动监测，及时掌握水环境状况和变化趋势，为水环境管理和决策提供依据。

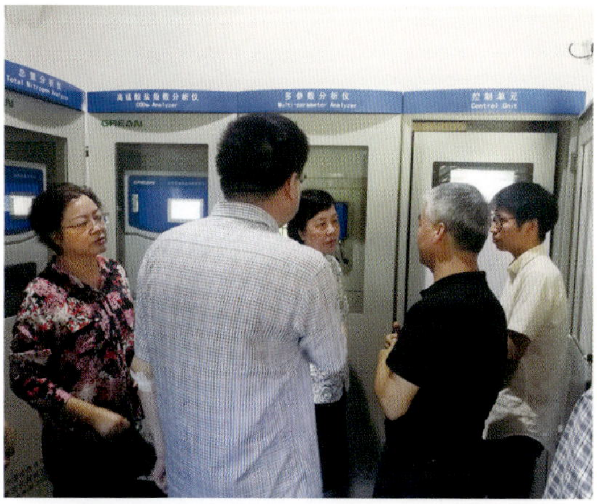
GREAN

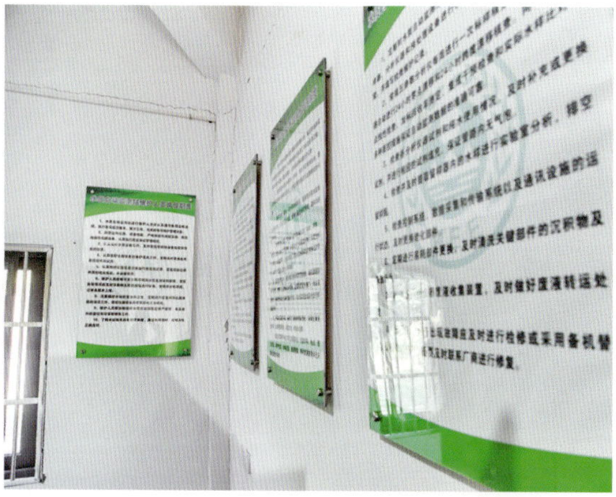

GREAN

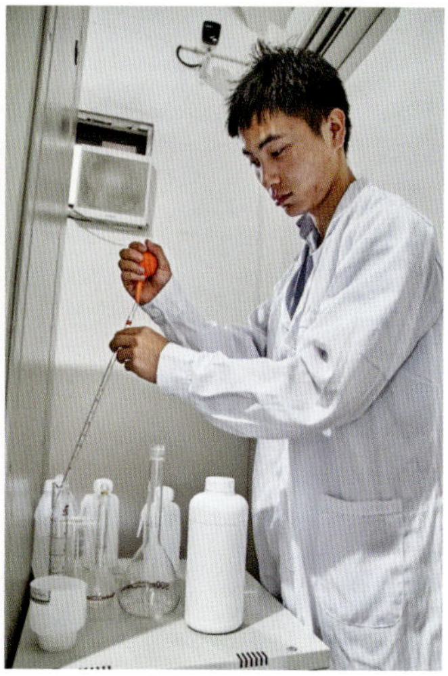

双港口站

衢州市　　118.949423

浙闽片河流　　28.942662

江山港

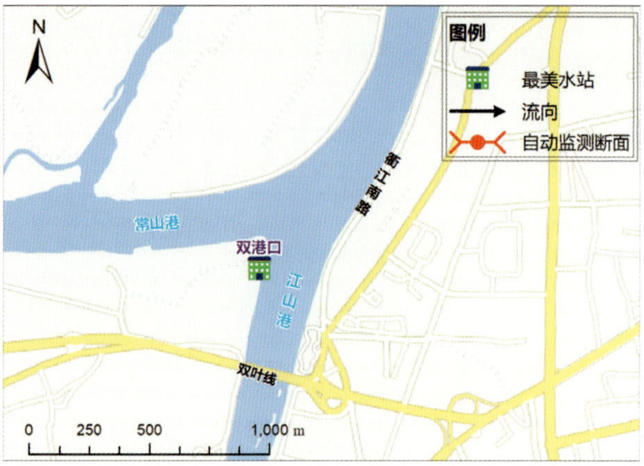

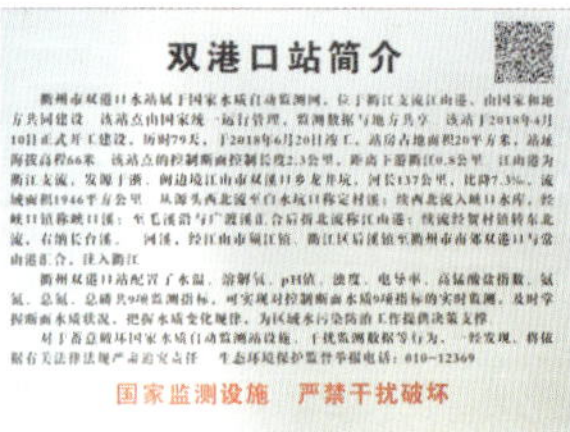

南孔圣地，衢州有礼。衢州市位于浙江省西部、钱塘江源头、浙闽赣皖四省边际，是一座历史文化名城、生态山水美城、开放大气之城、创新活力之城。境内江山港为衢江支流，发源于浙、闽边境江山市双溪口乡龙井坑，至衢州市南郊双港口与常山港汇合，注入衢江。

双港口站位于衢州市衢江支流江山港，由国家和地方共同建设。该站点由国家统一运行管理，监测数据与地方共享。该站于 2018 年 4 月 10 日正式开工建设，历时 79 天，6 月 20 日竣工，站房占地面积 20 平方米，站址海拔 66 米。该站点的控制断面控制长度 2.3 千米，距离下游衢江 0.8 千米。该站配置了水温、溶解氧、pH、浊度、电导率、高锰酸盐指数、氨氮、总氮、总磷共 9 项监测指标，可实现对控制断面水质 9 项指标的实时监测，及时掌握断面水质状况，把握水质变化规律，为区域水污染防治工作提供决策支撑。

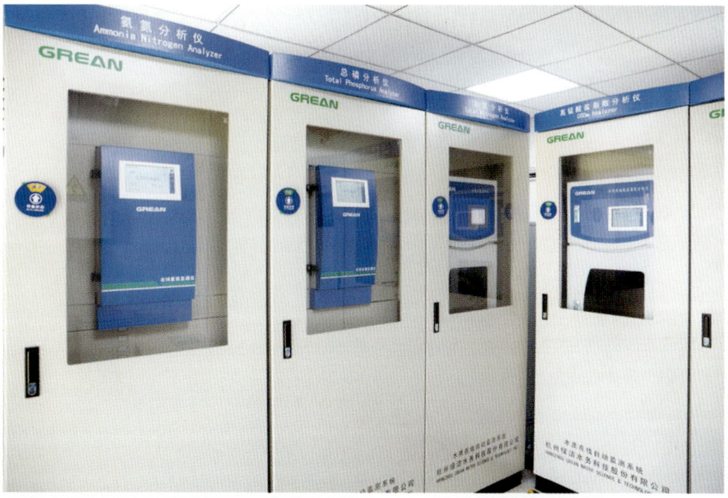
氨氮分析仪
Ammonia Nitrogen Analyzer
GREAN
总磷分析仪
Total Phosphorus Analyzer
GREAN
GREAN
GREAN

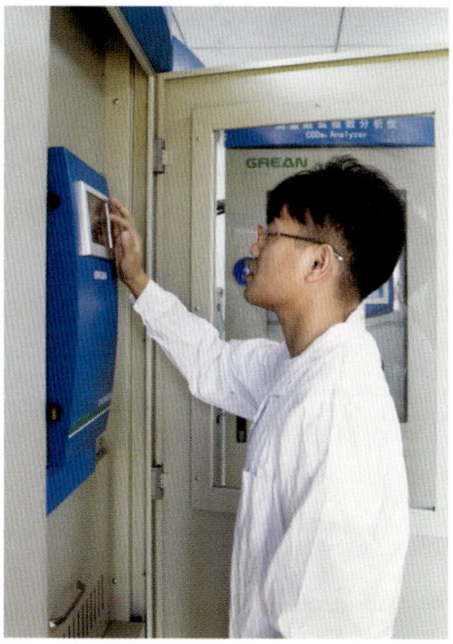

六江之源，秀山丽水，瓯江侧畔，大美均溪

均溪站

丽水市　　119.7112
浙闽片河流　　28.2799
龙泉溪

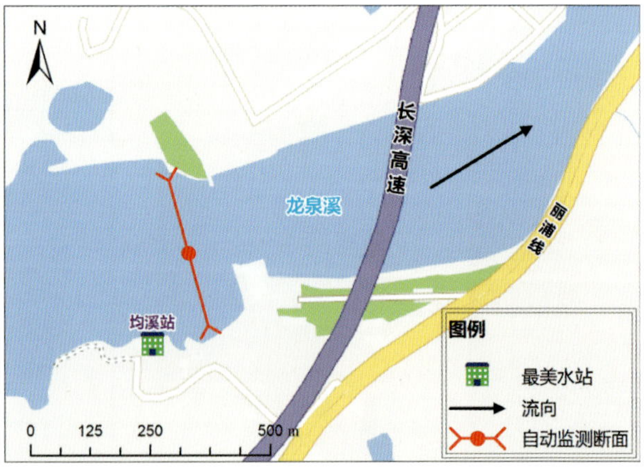

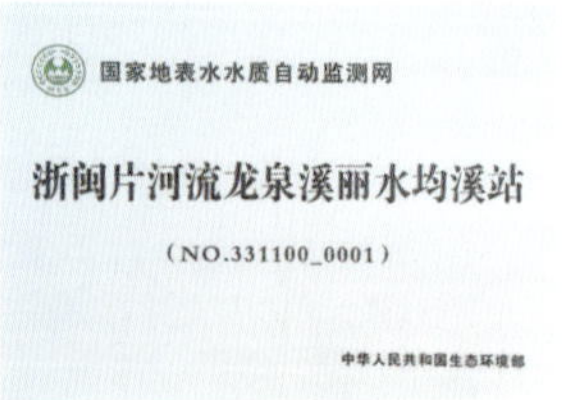

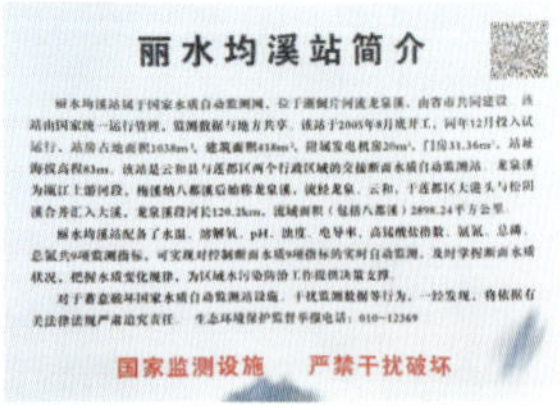

均溪站位于丽水市莲都区大港头镇均溪村，北面为瓯江龙泉溪（玉溪水库），东面与玉溪饮用水水源取水口相邻，距市区约 23 千米，位于瓯江干流龙泉溪的下游河段。玉溪水库是一个以发电为主，兼顾供水、航运等综合利用的日调节水库，完建于 1997 年，是丽水市的重要城市饮用水水源地，也是丽水市工农业生产发展的基础。

均溪站属于国家水质自动监测网，位于浙闽片河流龙泉溪，由省市共同建设，国家统一运行管理，监测数据与地方共享。该站于 2005 年 8 月底开工，同年 12 月投入试运行，站房占地面积 1 038 平方米，建筑面积 418 平方米，附属发电机房 20 平方米，门房 31.36 平方米 , 站址海拔 83 米。该站是云和县与莲都区两个行政区域的交接断面水质自动监测站。均溪站配备了水温、溶解氧、pH、浊度、电导率、高锰酸盐指数、氨氮、总磷、总氮共 9 项监测指标，可实现对控制断面水质 9 项指标的实时自动监测，及时掌握断面水质状况，把握水质变化规律，为区域水污染防治工作提供决策支撑。

乐音清和，灵秀雁荡，山水大荆，渔舟蒲溪

大荆站

温州市　121.1671
浙闽片河流　28.3897
大荆溪

大荆站位于浙江省乐清市雁荡山麓大荆镇小花坦村，在大荆镇大荆溪下游。大荆溪是乐清境内最大的水系，发源于海拔 890 米的高尖岩，河长 19.64 千米，最后汇入乐清湾。

该站由温州市环境保护局乐清分局建设，站房为永久性混凝土砖房，占地面积 621 平方米，建筑面积 340 平方米。大荆站站房共两层，在二楼设有质控室和机房；一楼设置了门卫室。2014 年 1 月开始建设，7 月完成仪器安装，12 月通过验收。该站配置有水温、pH、溶解氧、浊度、电导率、高锰酸盐指数、氨氮、总磷、总氮共 9 项监测指标，可实现对控制断面水质 9 项指标的实时自动监测，及时掌握水环境状况和变化趋势，为水环境管理和决策提供依据。

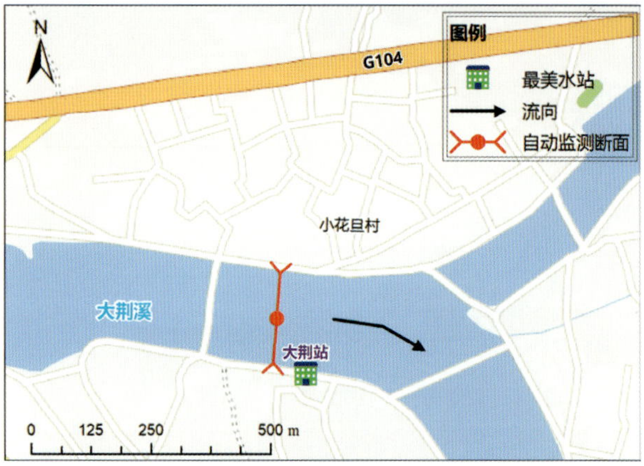

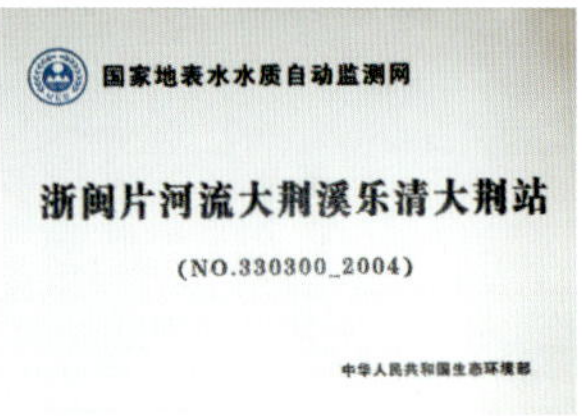

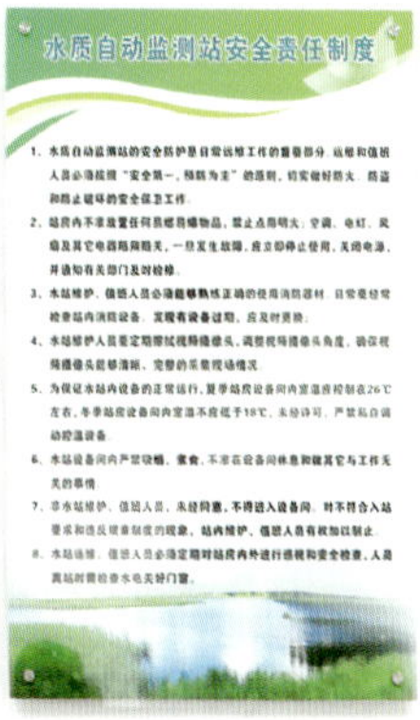
水质自动监测站安全责任制度

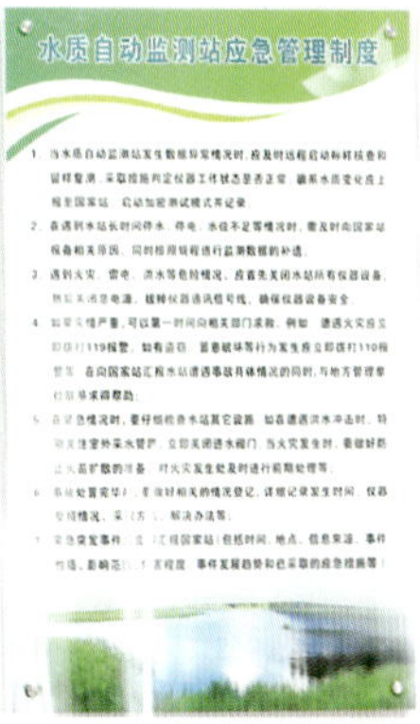
水质自动监测站应急管理制度

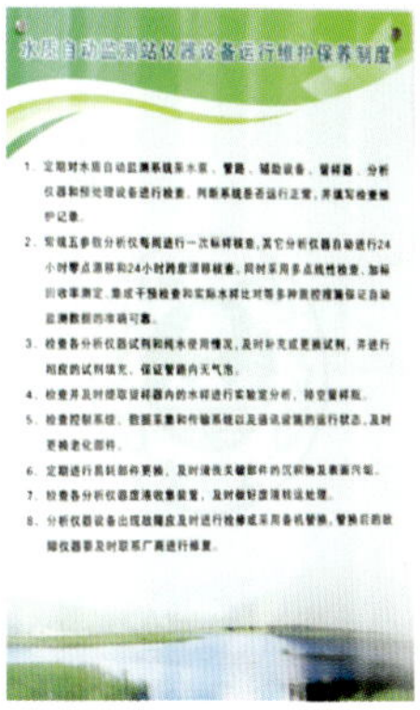
水质自动监测站仪器设备运行维护保养制度

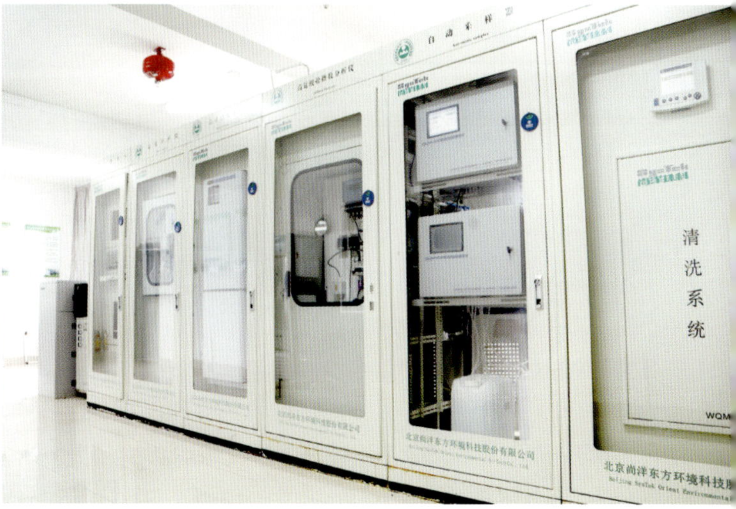
清洗系统
WQM
北京尚洋东方环境科技股份有限公司

山水诗乡，多彩宣城，澄江似练，翠峰如簇

汪溪站

宣城市　　118.9541

长江流域　　30.7061

水阳江

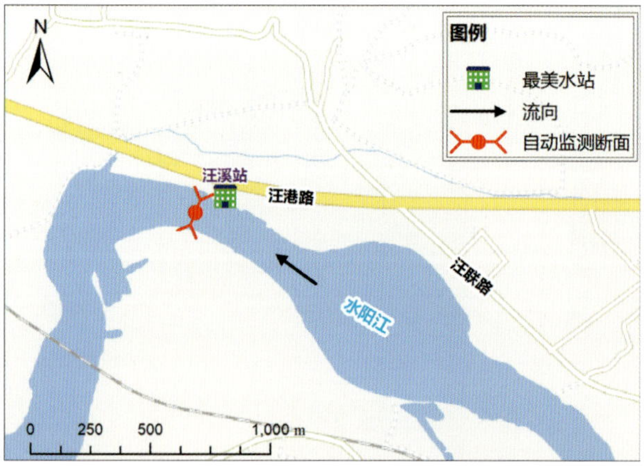

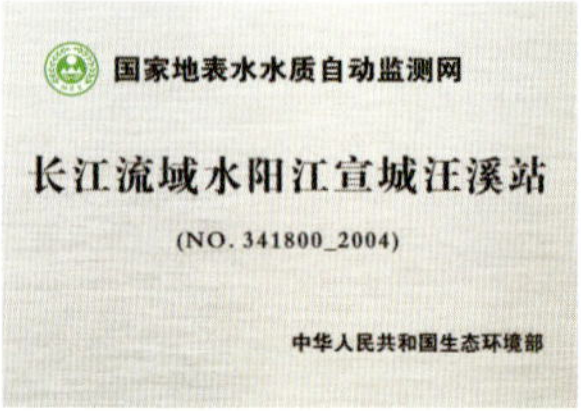

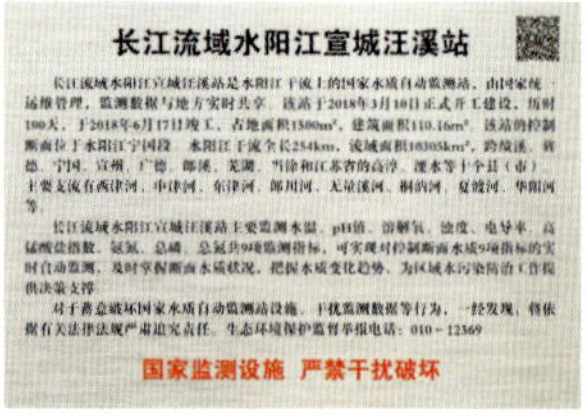

汪溪站是水阳江干流上的国家水质自动监测站，位于宣城宁国市汪溪街道办事处落花荡，占地面积 1 500 平方米，建筑面积 110.16 平方米，2018 年 3 月 10 日开工建设，6 月 17 日竣工。站房一楼为质控室、办公室和展示厅，二楼为分析仪器间。站房设计时在积极吸收徽派建筑元素特征的同时，兼顾现代皖南简约建筑风，运用黑白两色，构筑黑瓦白墙，在白墙中勾勒道三道黑色腰线，整个站房远看错落有致，统一又不失变化，体现现代简约之美。站房单门独户，设有独立的灰白柱、黑栅栏院墙，院内水泥地坪、绿化草皮和皖南香樟树，加之站房后面水阳江的一江碧水、宁国山区的山峦叠翠，形成了一幅“春风又绿江南岸”的山水之画。该站可实现对水阳江汪溪处水温、pH、溶解氧、浊度、电导率、高锰酸盐指数、氨氮、总磷和总氮 9 项水质指标的实时自动监测，及时掌握水阳江水质状况及其变化趋势，为水阳江水污染防治和水环境质量预警预报提供决策支撑。

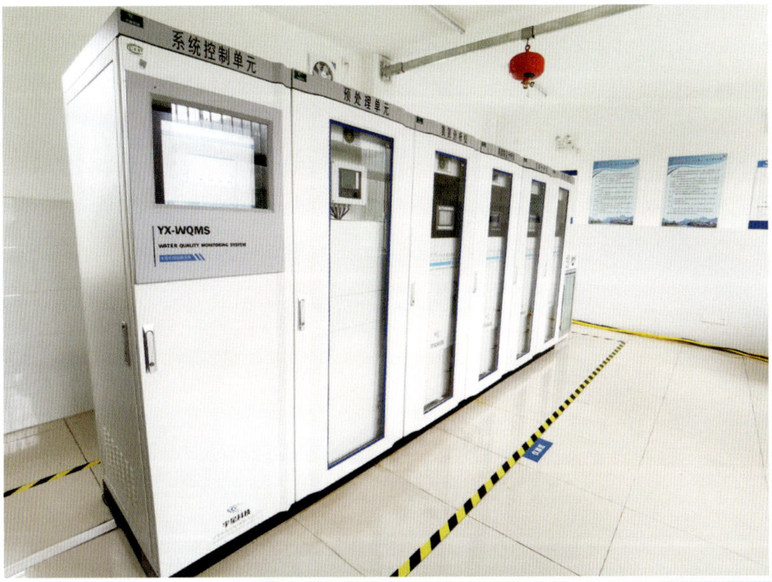
系统控制单元
预处理单元
YX-WQMS
WATER QUALITY MONITORING SYSTEM

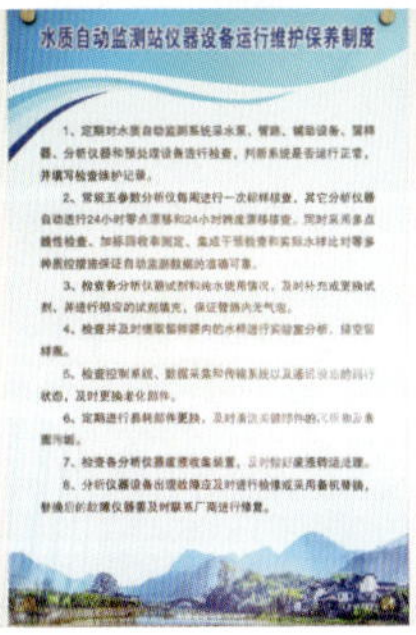
水质自动监测站仪器设备运行维护保养制度

站点流域表征图

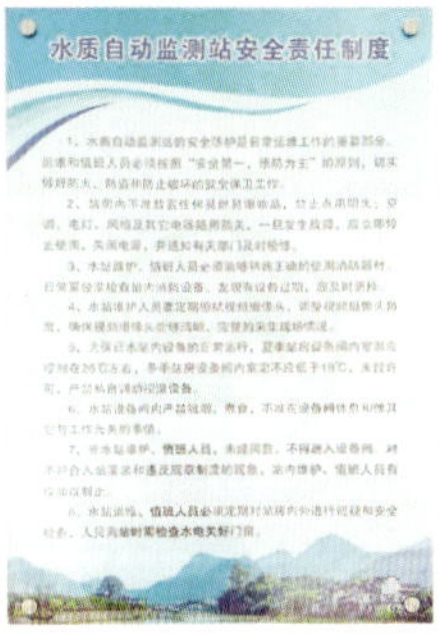
水质自动监测站安全责任制度

水质自动监测站应急管理制度

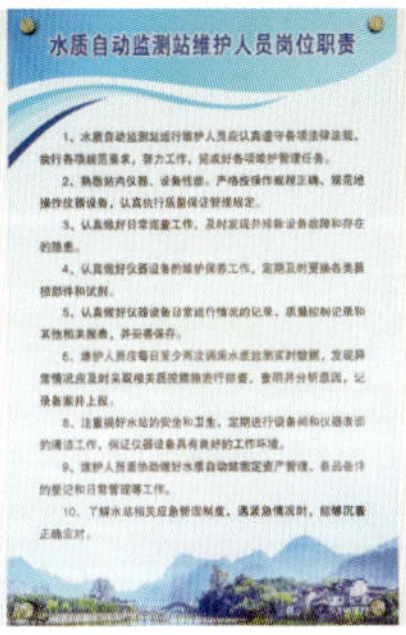
水质自动监测站维护人员岗位职责

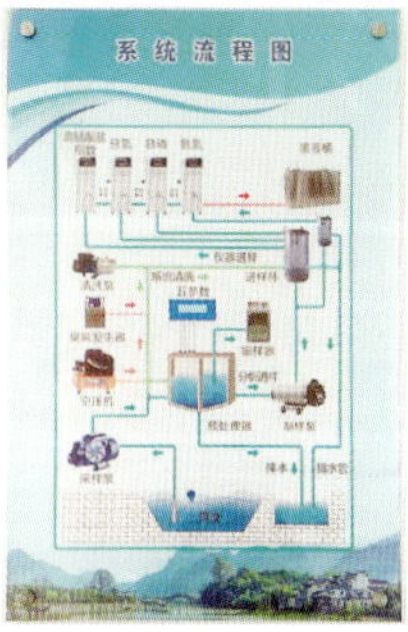
系统流程图

皖国古都，黄梅之乡，青山绿水，情满天柱

水厂取水口站

安庆市　116.5528

长江流域　30.6363

潜水

水厂取水口站位于安徽省安庆市潜山市，断面所在的潜水属于长江流域皖河支流，发源于安徽省岳西县公界岭，长 115 千米，流域面积 1 326 平方千米。该站于 2018 年 6 月 30 日竣工，属于国家水质自动监测网的组成部分，站房建筑面积 138 平方米，该站配置了水温、pH、溶解氧、浊度电导率、高锰酸盐指数、氨氮、总氮和总磷 9 项指标监测设备，对潜水水厂断面水质进行实时监测，能及时掌握水质变化状况，确保了 20 万居民生活用水安全。

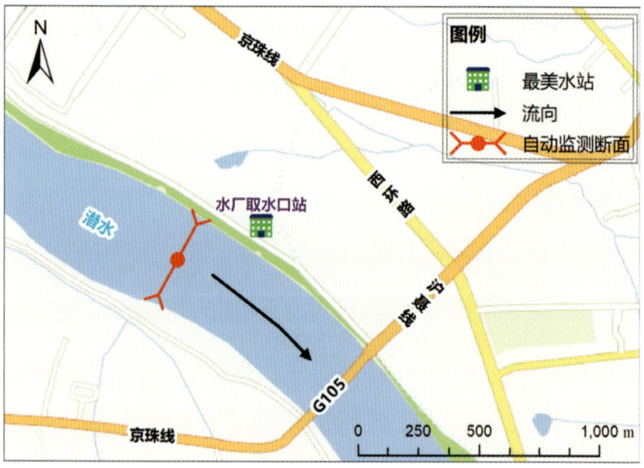

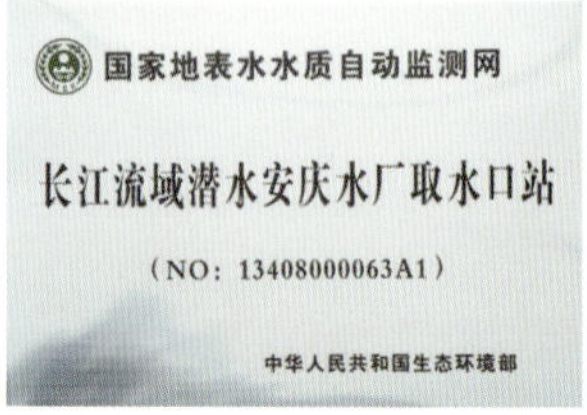

科普宣传栏

施口站

合肥市
巢湖流域
南淝河
117.4044
31.7097

施口站位于合肥市包河区滨湖明珠码头内。该站于 2018 年 4 月初开工建设，5 月底全面建成。站房总投资 110 万元，面积 100 平方米，分仪器室、质控室和宣教室三部分。宣教室内布设了多块亚克力灯箱，全面展示了多年来巢湖综合治理和保护的成果。

施口站建成后实现了对控制断面水质的实时自动监测，站房仪器室配置了监测水温、pH、溶解氧、浊度、电导率、高锰酸盐指数、氨氮、总氮、总磷共 9 项指标的监测仪器。及时掌握断面水质状况，把握水质变化趋势，为区域水污染防治工作提供技术支持。

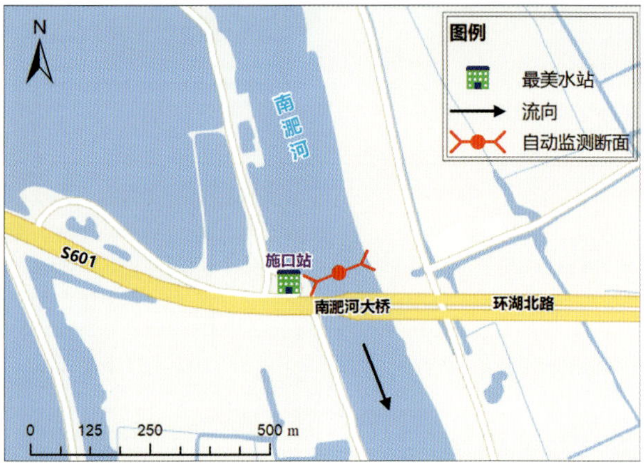

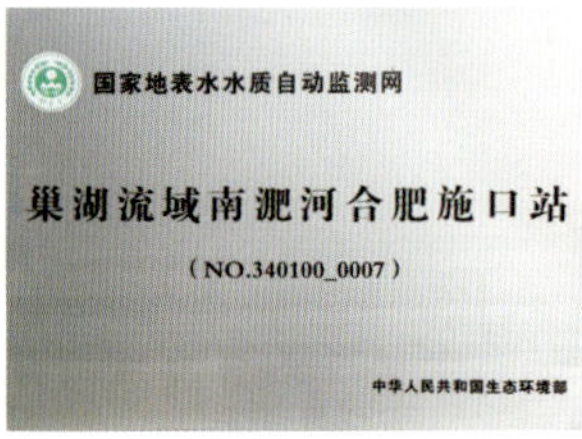

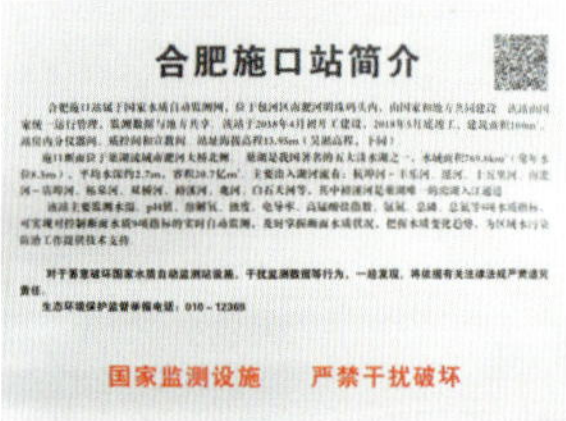

系统控制单元
YX-WQMS

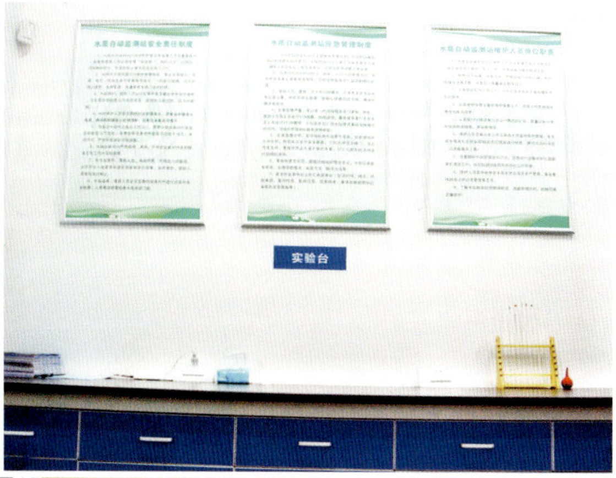
实验台

第四篇—基础工作成果展示篇(2)

响洪甸水库出水口站

六安市　　116.1548
淮河流域　　31.5527
西淠河

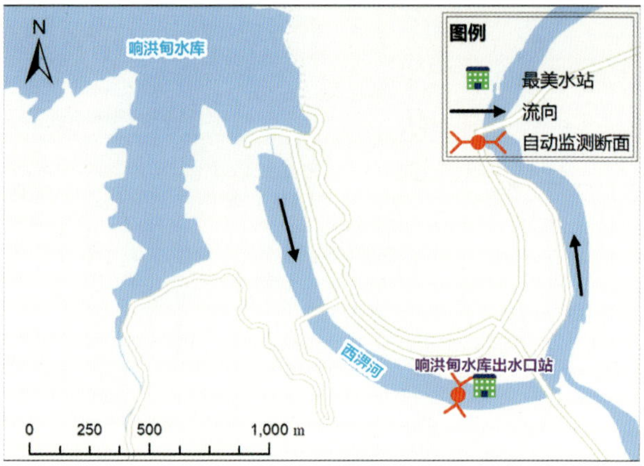

响洪甸水库出水口站位于淮河支流西淠河，由国家和地方共同建设。该站由国家统一运行管理，监测数据与地方共享。该站于 2018 年 4 月正式开工建设，历时 49 天，5 月 28 日竣工，站房占地面积 40 平方米，站址海拔 72 米。该站的控制断面位于西淠河上游响洪甸水库出水口，配置了水温、溶解氧、pH、浊度、电导率、高锰酸盐指数、氨氮、总氮、总磷共 9 项监测指标，可实现对控制断面水质 9 项指标的实时自动监测，及时掌握断面水质状况，把握水质变化规律，为区域水污染防治工作提供决策支撑。

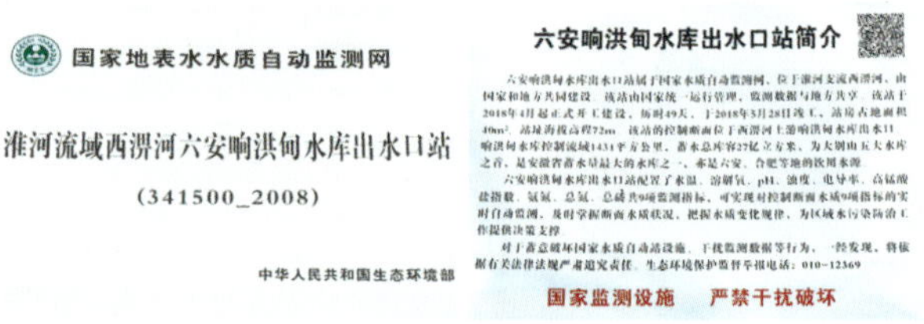

响洪甸水库大坝 1956 年开工，1958 年建成蓄水，是我国自行设计建造的第一座“等半径同圆心混凝土重力拱坝”。水库控制流域面积 1 431 平方千米，最大坝高 87.5 米，坝顶弧长 367.5 米，坝顶宽 6 米。水域面积达 69 平方千米的响洪甸水库，灌溉着下游万亩良田，同时，担负着向六安、合肥等城镇供水和生态补水的任务，是下游 1 300 万居民的“大水缸”。响洪甸水库出水口站的建设，对于及时掌握响洪甸水库出水水质状况，保障下游人民用水安全具有重大意义。

国家生态环境监测

国家生态环境监测
National Ecological And Environmental Monitoring

公路桥站

滁州市　117.9662

淮河流域　32.7951

池河

公路桥站是淮河支流（池河）上的国家水质自动监测站，由国家统一运维管理，监测数据与地方实时共享。该站于2018年3月正式开工建设，历时60天，5月竣工，站房占地面积100平方米，建筑面积54.4平方米。该站的控制断面位于池河入女山湖口前6 500米。水站内部设有仪器间、实验间，配置有水温、pH、溶解氧、浊度、电导率、高锰酸盐指数、氨氮、总磷、总氮共9项监测指标，可实现对控制断面水质9项指标的实时自动监测，及时掌控断面水质状况，为区域水污染防治工作提供决策支撑。

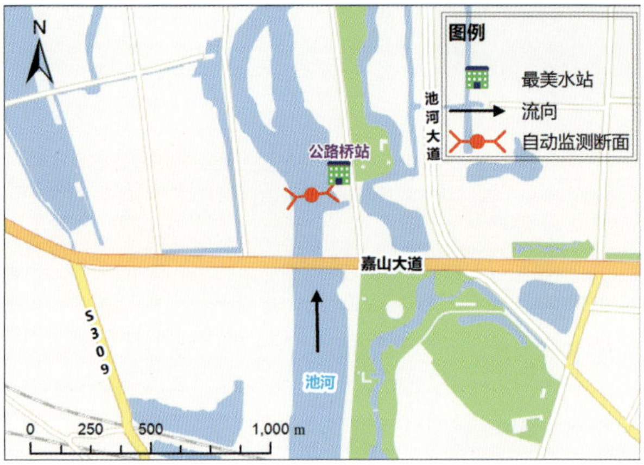

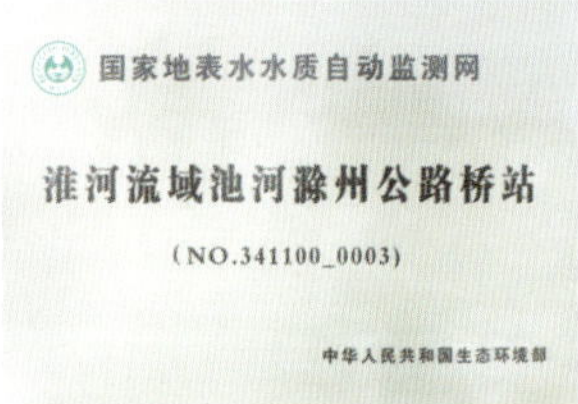

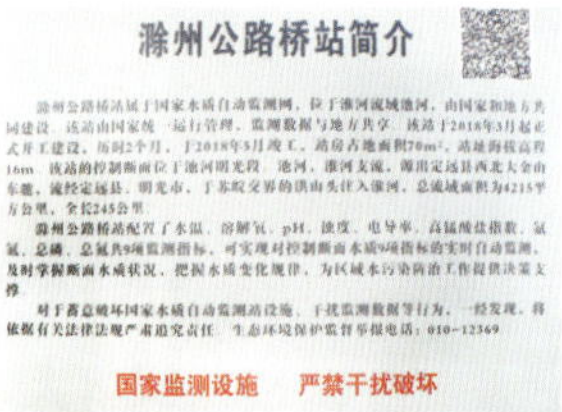

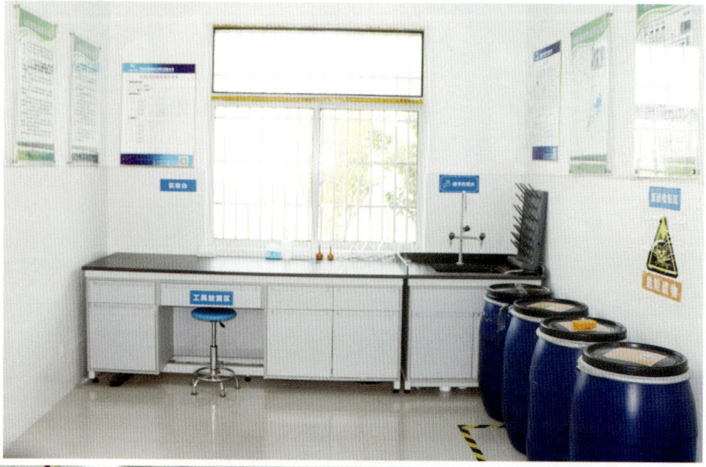

系统控制单元
YX-WQMS
WATER QUALITY MONITORING SYSTEM

总氮分析仪

阜阳段下站

阜阳市　　115.9290
淮河流域　　32.8426
颍河

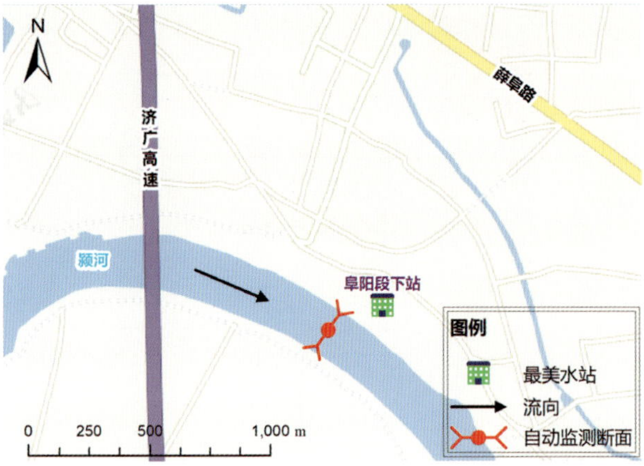

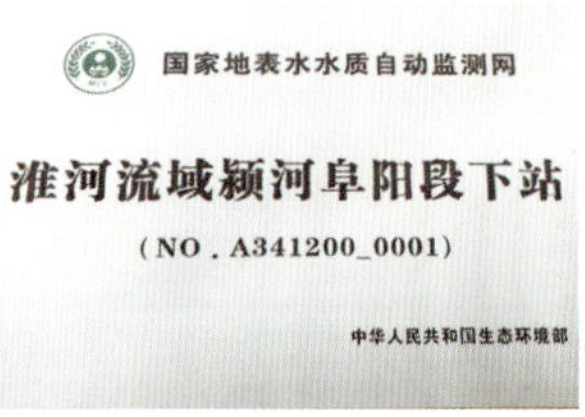

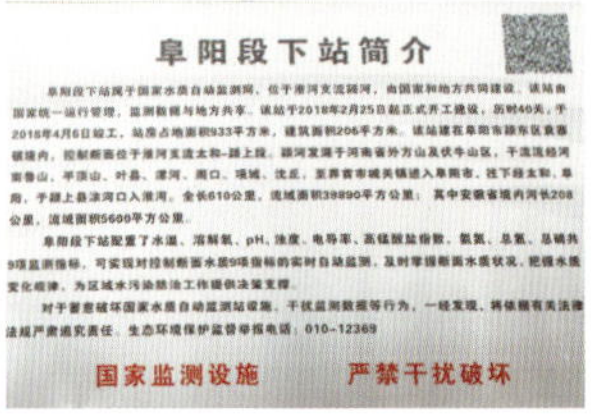

阜阳段下站位于阜阳市颍东区袁寨镇境内，站房由颍东区人民政府承担建设，2018 年 2 月 25 日正式开工，历时 40 天，4 月 6 日竣工。阜阳段下站房占地面积 933 平方米，建筑面积 206 平方米，包括仪器室、质控室和值班室三部分，配置有水温、pH、溶解氧、浊度、电导率、高锰酸盐指数、氨氮、总磷、总氮共 9 项监测指标，可实现对控制断面水质 9 项指标的实时自动监测，及时掌控断面水质状况，为区域水污染防治工作提供决策支撑。

在保证阜阳段下站水质监测正常开展的情况下，该站根据水站面积、位置、周边环境情况，着力把水站打造为阜阳段下的“环保科普小站”；通过设立参观区域、开辟科普文化专栏，承担生态环境监测和生态环境保护的科普功能。目前阜阳段下站作为对公众开放的环境监测设施，已开展了多次对外宣传活动，取得了非常好的效果。

国家生态环境监测
National Ecology And Environment Monitoring

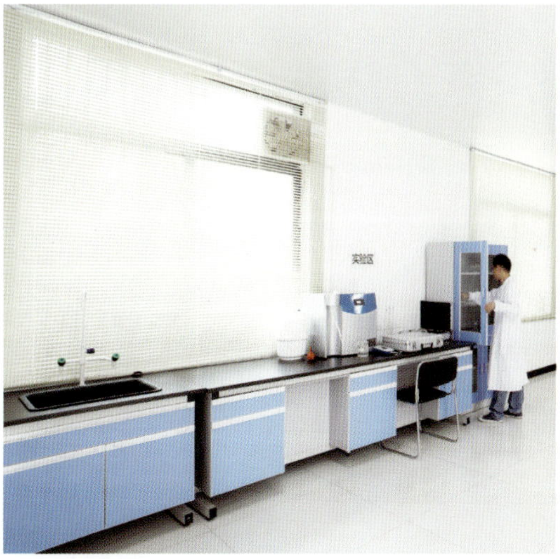

国家生态环境监测
National Ecology And Environment Monitoring

国家生态环境监测
National Ecology And Environment Monitoring

海丝起点，刺桐古城泉州，清新山美，呵护碧水青山

山美水库库心站

泉州市　　118.4131
浙闽片河流　　25.1630
山美水库

2018 年 1 月，经组织论证并报经环境保护部同意，泉州市环境监测站牵头组织对原山美水库水质自动站进行更新改造，5 月份完成，7 月份通过验收。水站占地 80 平方米，三层砼框架结构。其中，一楼为仪器室、质控室、参观区，二三楼为管理、办公用房、会议室（与山美水库管理处合用）。水站配备水温、pH、电导率、溶解氧、浊度、叶绿素 a、蓝绿素、氨氮、高锰酸盐指数、总磷、总氮等 11 项湖库水质监测仪器及采水、消防、安防及数据收集上传等配套设备。

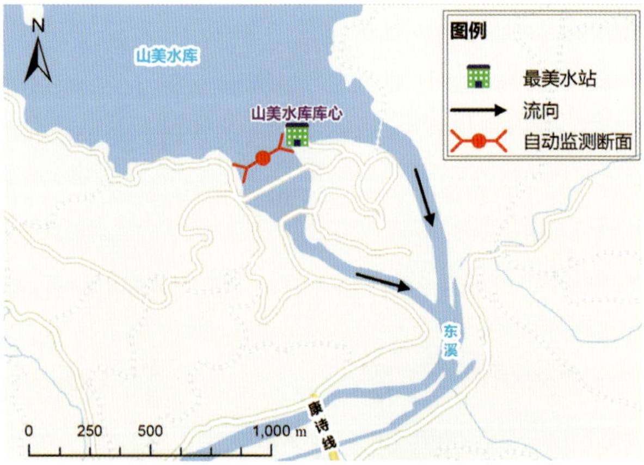

晋江是福建省第三大河流，泉州人民的“母亲河”。山美水库位于晋江东溪上游，总库容 6.55 亿立方米，是泉州人民的“生命库”。2018 年 8 月 5 日，以山美水库为水源的大陆向金门供水工程全线贯通，实现了“两岸一家亲、共饮一江水”的夙愿，晋江也成为联系两岸亲情的新的纽带。

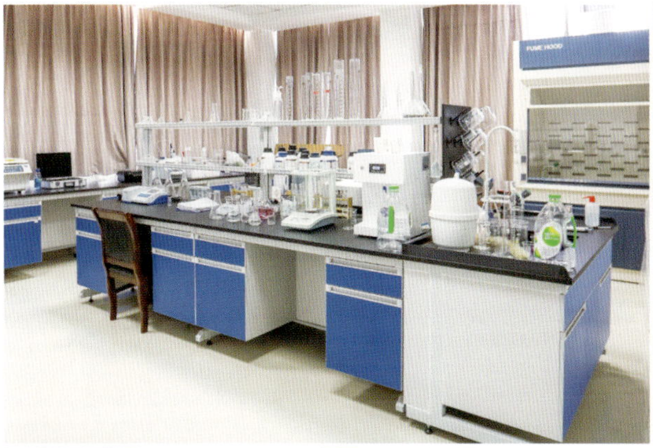

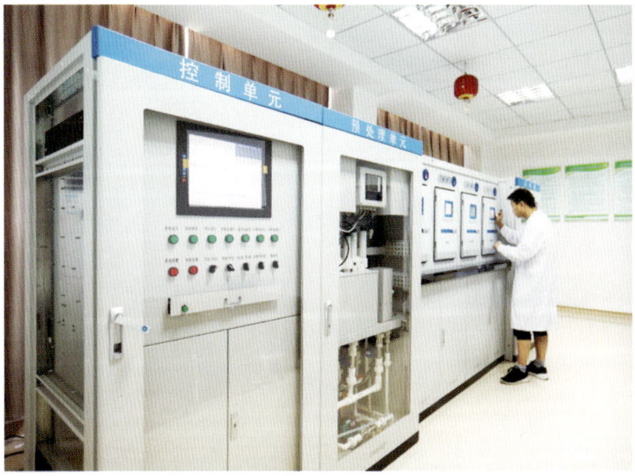
控制单元

法制水元素
惩防并举 亮剑生态

妈祖故乡，壶山兰水，久久为功，造福人民

园头桥站

莆田市　　118.8771

浙闽片河流　　25.3704

木兰溪

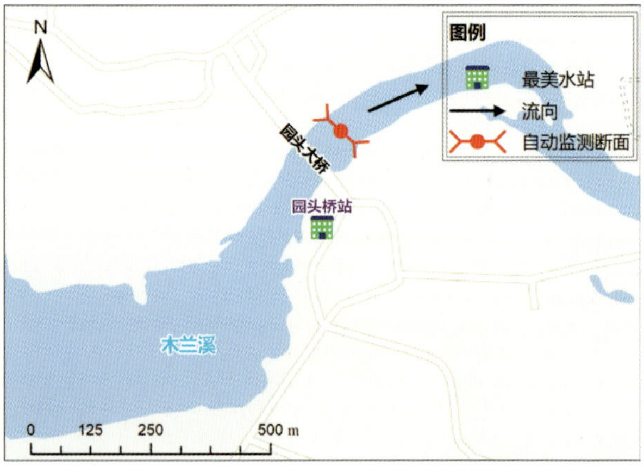

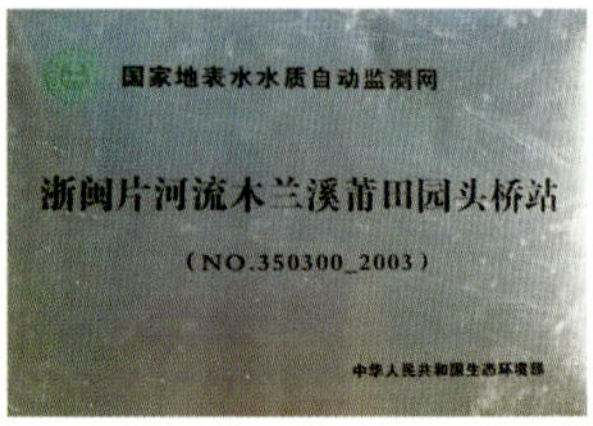

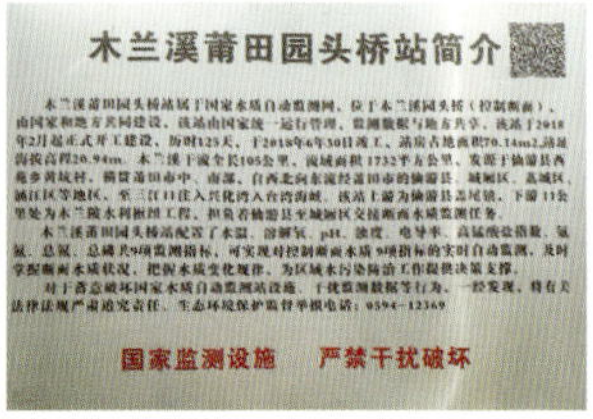

园头桥站是目前国家考核木兰溪水质唯一一个水质自动监测站，用于监测木兰溪干流仙游县与城厢区交接断面水质。水站于 2018 年 1 月开始建设，7 月完成系统设备安装调试。该水站配置有水温、pH、溶解氧、浊度、电导率、高锰酸盐指数、氨氮、总磷、总氮共 9 项监测指标，可实现对控制断面水质 9 项指标的实时自动监测，及时掌握水环境状况和变化趋势，为水环境管理和决策提供依据。

木兰溪发源于仙游县西苑乡，流经城厢区、荔城区，至涵江区三江口注入兴化湾，干流全长 105 千米。木兰溪以北的平原统称“北洋”，以南的统称“南洋”，是莆田水系最为发达、物产最为富饶的区域，水面面积 2.8 万亩。莆田园头桥水站所在区域，不仅水美鱼肥，还以枇杷、荔枝和龙眼三大名果饮誉天下，素有“鱼米之乡”的美称。

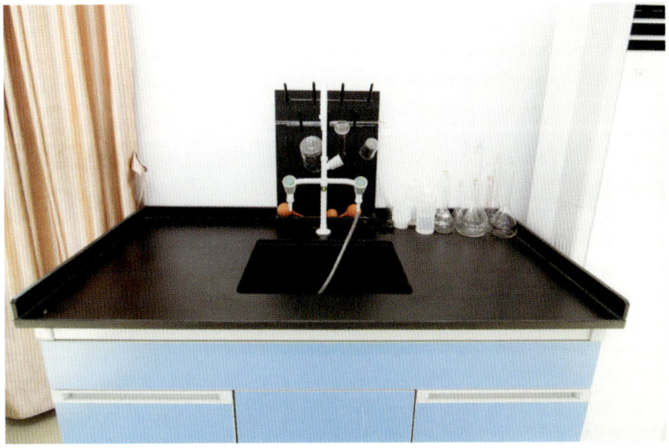

宣传栏
美丽中国 我是行动者

山青水“宁”，“德”磬闽东，山海辉映，秀美八都

八都站

宁德市
浙闽片河流
霍童溪
119.5447
26.8150

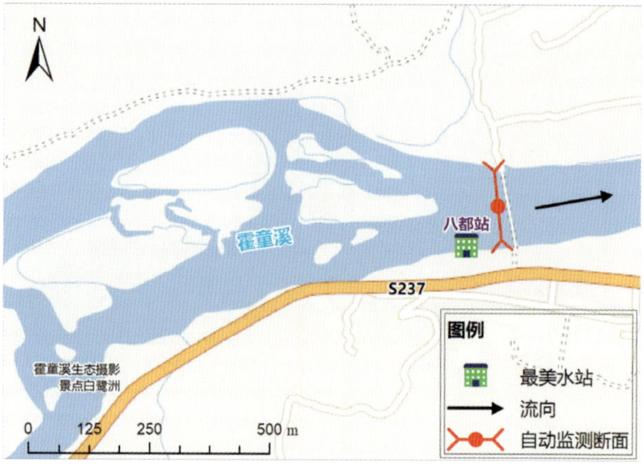

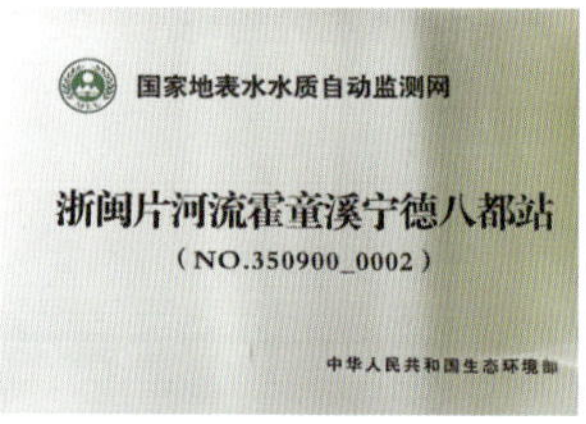

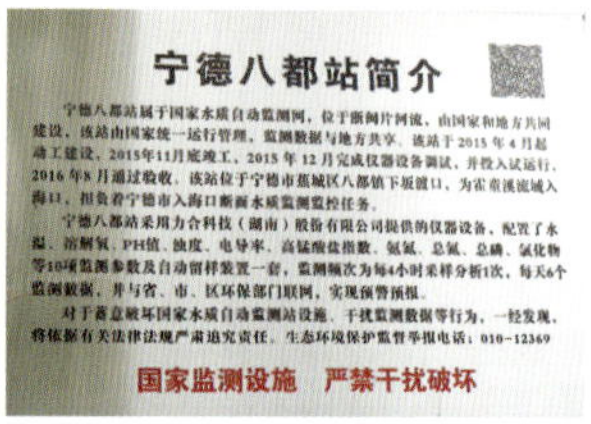

八都站位于于八都镇下坂渡头，2015 年 4 月开始建设，12 月完成设备调试、安装。该站站房为二层框架结构，每层面积 60 平方米，一层是值班工作区域，二层仪器设备间，共 120 平方米。水站配置有水温、pH、溶解氧、电导率、浊度、高锰酸盐指数、氨氮、总磷、总氮、氯化物等 10 个监测参数及自动留样装置一套，可实现对控制断面水质 10 项指标的实时自动监测，及时掌握水环境状况和变化趋势，为水环境管理和决策提供依据。

霍童溪流域是宁德市的母亲河，干流全长 126 千米，其中蕉城区境内长约 68 千米，流域面积 2 244 平方千米，集屏南、周宁的支流，流经蕉城洪口、霍童、九都等乡镇后，从八都镇汇入海域。

实验区

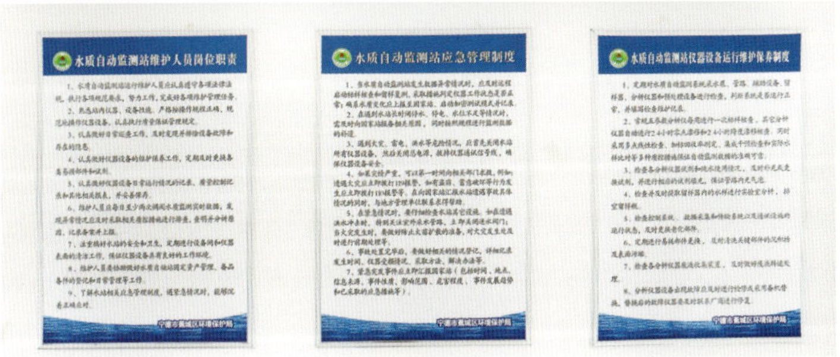
水质自动监测站维护人员岗位职责
水质自动监测站应急管理制度
水质自动监测站仪器设备运行维护保养制度

福建省地表水自动监测子站运行管理制度
福建省地表水自动监测子站应急事件处理办法
福建省地表水自动监测子站质量控制管理办法

千年古镇守两岸繁华，闽安水站护江水常清

闽安站

福州市　119.5088
浙闽片河流　26.0596
闽江

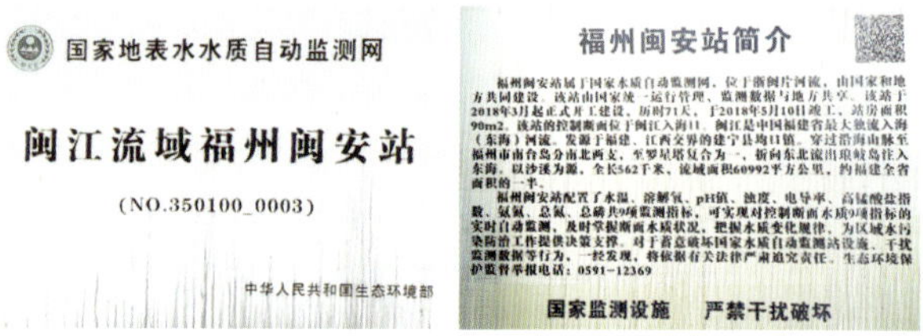

闽安站位于福建“母亲河”闽江入海口，由国家和地方共同建设，监测数据国家与地方共享。该站于 2018 年 3 月正式开工建设，5 月竣工，站房面积 90 平方米。

福州闽安站内设仪器室、质控室、值班室，仪器室配置了水温、溶解氧、pH、浊度、电导率、高锰酸盐指数、氨氮、总氮、总磷等水质自动监测仪器设备，实现了对闽江闽安国控断面 9 项水质指标的实时自动监测，及时掌握断面水质状况，把握水质变化规律，为区域水污染防治工作提供决策支撑。闽江是中国福建省最大入海（东海）河流，发源于福建、江西交界的建宁县均口镇，以沙溪为源，全长 562 千米，穿过沿海山脉至福州市南台岛分南北两支，至罗星塔复合为一，折向东北流出琅岐岛注入东海，流域面积 60 992 平方千米，约为福建全省流域面积的一半。为了保护好福建的母亲河，加快并完善闽江干流水质自动监测站建设，实时监控闽江水质状况势在必行。

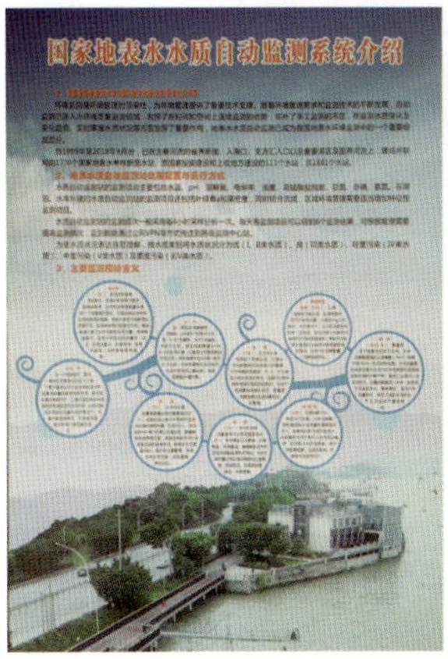
国家地表水水质自动监测系统介绍

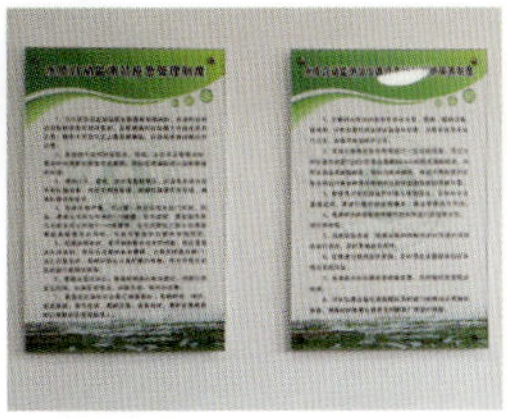

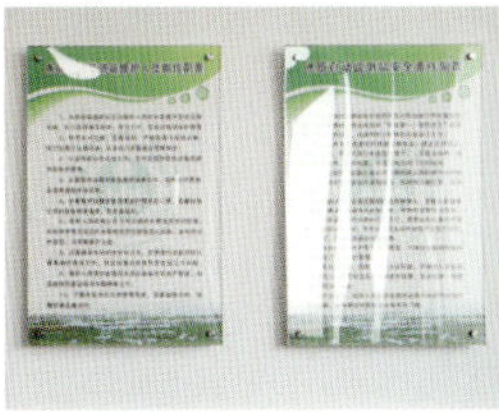

闽安古镇
闽安协台衙门
亭江炮台

鹅湖书院千古一辩，茶马古道万里铅山

铅山站

上饶市　　117.7073
长江流域　　28.3217
信江

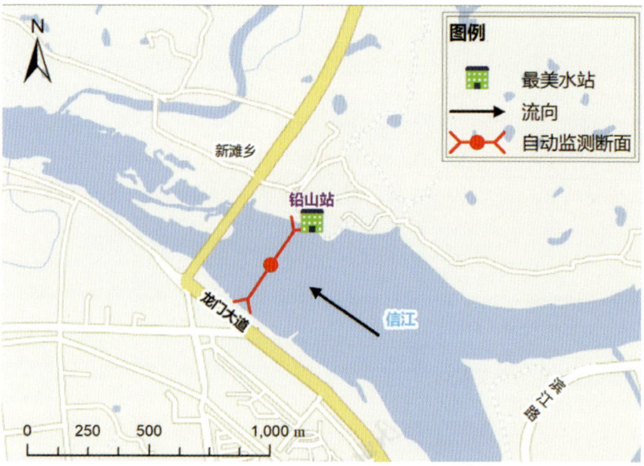

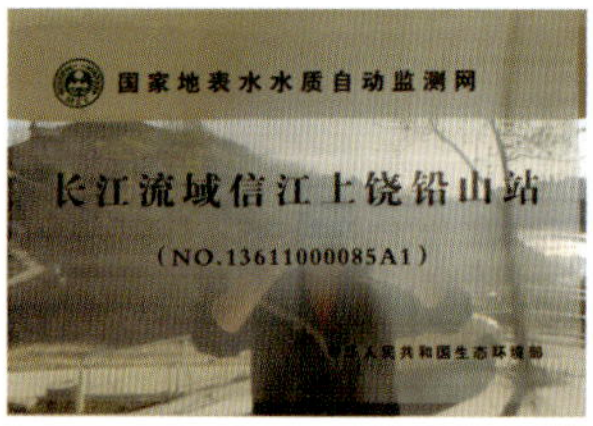

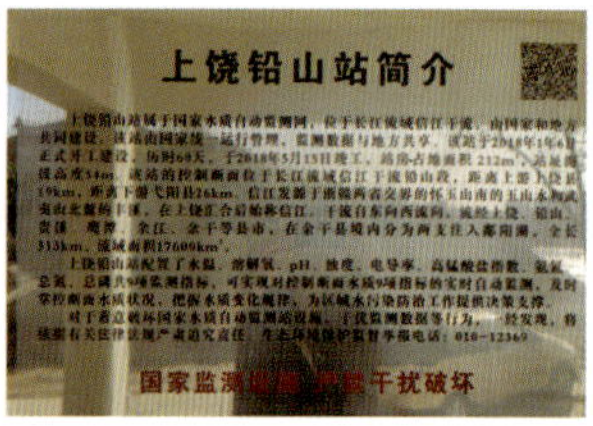

铅山站位于长江流域鄱阳湖水系支流信江，由国家和地方共同建设。该站由国家统一运行管理，监测数据与地方共享。该站的控制断面位于长江流域鄱阳湖水系支流信江铅山段，距离上游上饶县19千米，距离下游弋阳县26千米。铅山站站房建设工程由铅山县人民政府承建，2018年5月15日竣工，站房占地面积212平方米，建筑面积157平方米，站房楼高二层，内部有值班室、质控室、仪器室（质控室、仪器室在二楼、符合防洪要求）。2018年7月开始试运行，目前仪器设备运行稳定、监测数据真实准确。站点位于铅山县新滩乡庙湾村，海拔54米，地处规划中的九狮山公园内，周围环境秀美。该站配置了水温、溶解氧、pH、浊度、电导率、高锰酸盐指数、氨氮、总氮、总磷共9项监测指标。可实现对控制断面水质9项指标的实时自动监测，及时掌控断面水质状况，把握水质变化规律，为区域水污染防治工作提供决策支撑。

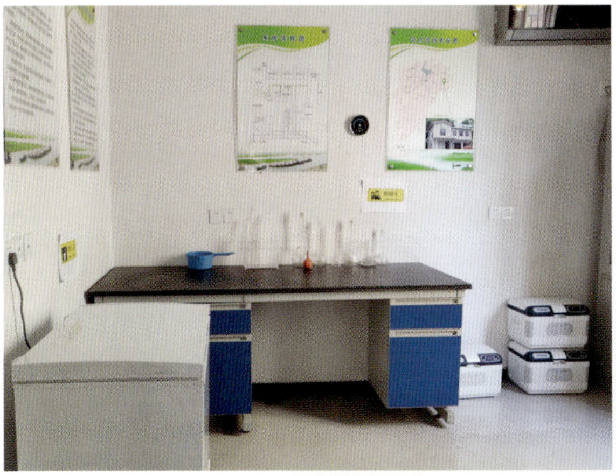

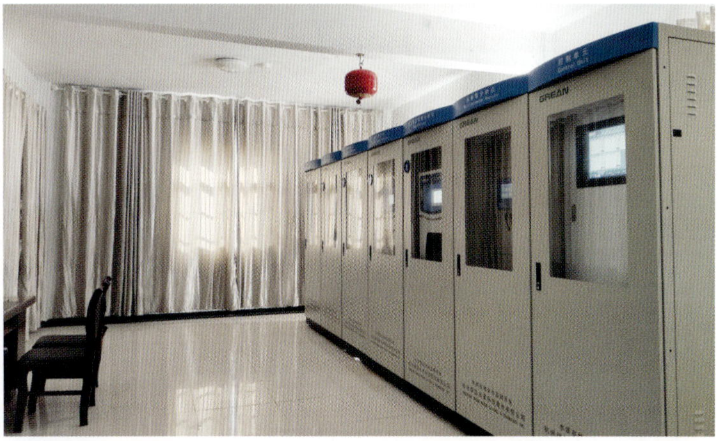

水站自动监测站维护人员岗位职责
水质自动监测站应急管理机制
水质自动监测站安全责任制度

港口站

宜春市　114.2944
长江流域　28.7347
修河

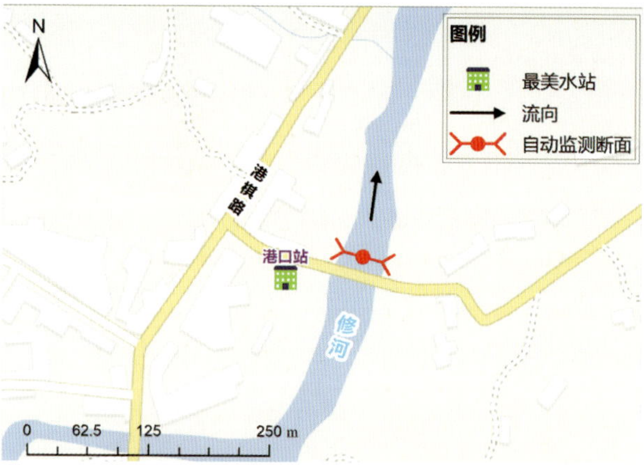

禅宗圣地、温泉之乡、月亮之都，江西宜春，一座四季如春的城。宜春港口站是修河干流上的国家水质自动监测站，由国家统一运维管理，监测数据与地方实时共享。该站于 2018 年元月正式开工建设，历时 150 天，5 月竣工，站房占地面积 110 平方米，站址海拔 218 米。该站的控制断面位于修河入长江前约 350 千米。

港口站内部设有仪器室、质控室、值班室和储物间、厨房、卫生间、车库，建筑面积 200 平方米，共分上下两层。仪器室配置有水温、溶解氧、pH、浊度、电导率、高锰酸盐指数、氨氮、总磷、总氮共 9 项监测指标，可实现对控制断面水质9 项指标的实时自动监测，及时掌握断面水质状况，把握水质变化规律，为区域水污染防治工作提供决策支撑。

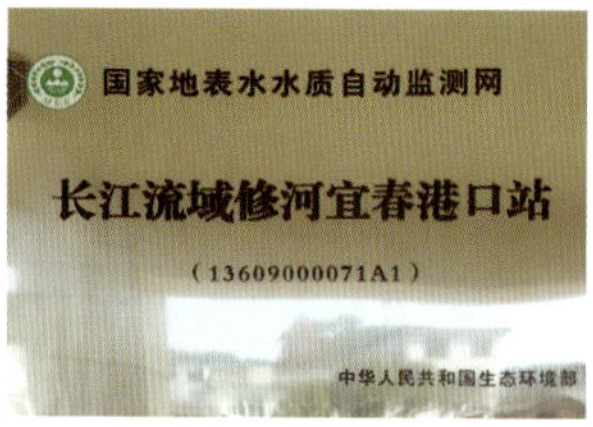

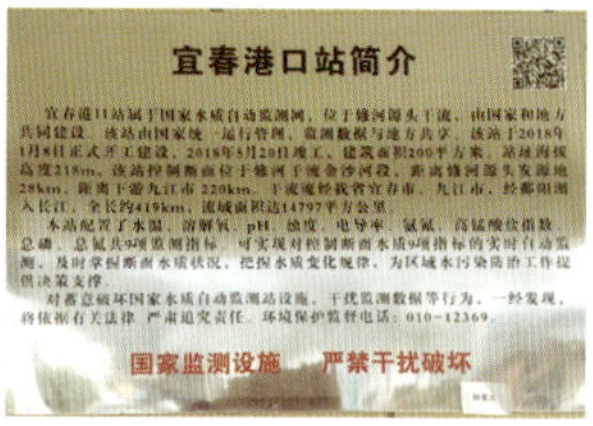

多参数分析仪
Multi-parameter Analyzer
GREAN
水质在线自动监测系统
杭州绿洁水务科技股份有限公司
HANGZHOU GREAN WATER SCIENCE & TECHNOLOGY LIMIT
水质在线自动监测系统
杭州绿洁水务科技股份有

鄱湖明珠，中国水都南昌，青岚环绕，碧水卫士塔城

塔城站

南昌市　　116.1080

长江流域　　28.5339

抚河东支

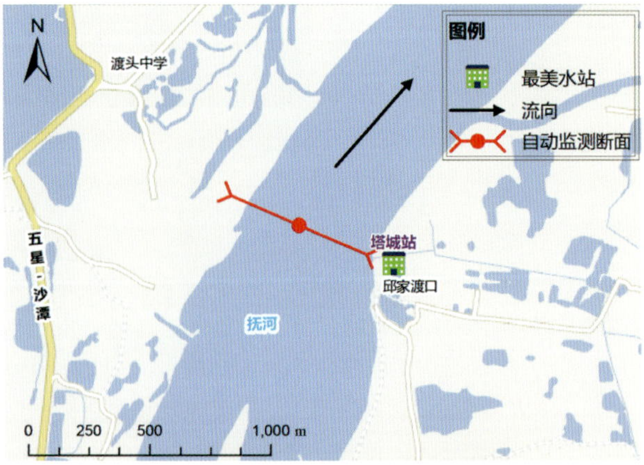

塔城站由南昌县建筑设计院设计，洪宇建设集团公司承建，2018年1月25日正式开工建设，历时96天，4月30日竣工。

塔城站为三层框架结构，建筑面积约220平方米。功能划分完善，设有监测区、办公区、生活区。一楼为值班室和停车区域；二楼设有独立的质控间和仪器间，配置了水温、溶解氧、pH、浊度、电导率、高锰酸盐指数、氨氮、总氮、总磷共9项监测指标，可实时自动监测，及时掌握断面水质状况，把握水质变化规律；三楼为工作人员生活区及办公区。采水系统能满足仪器设备稳定运行，内部展示、标志标识美观醒目，文化宣传富有特色。

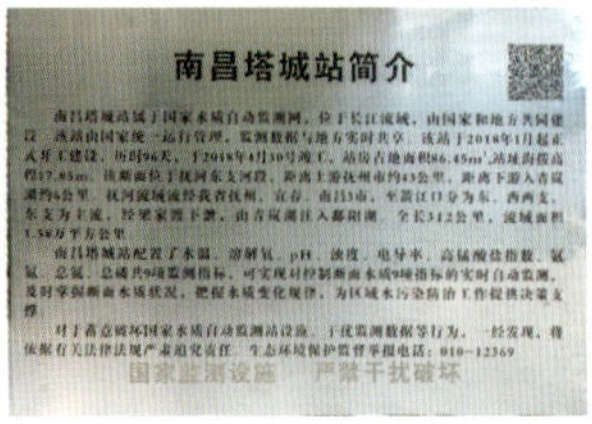

水质自动采样器
Automatic Water Sampler
GREAN
GREAN
GREAN
GREAN
杭州绿洁水务科技股份有限公司

水质自动监测站仪器设备运行维护保养制度
水质自动监测站维护人员岗位职责
水质自动监测站应急管理机制
水质自动监测站安全责任制度

三千进士冠华厦，一泓禾水润吉安，江西吉安，吉泰平安

禾水河口站

吉安市　　114.9782
长江流域　　27.0569
禾水

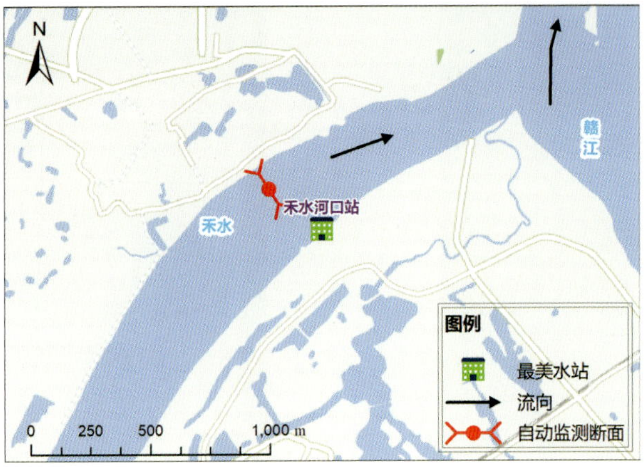

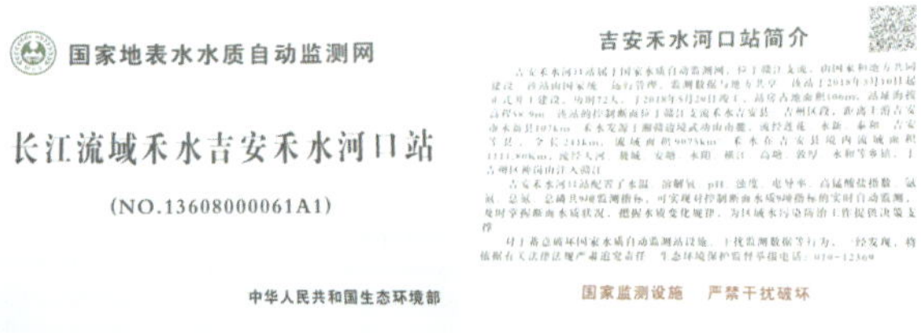

禾水河口站由吉安县建筑勘察设计院设计，由江西上岛建设工程有限公司承建，2018 年 3 月 10 日正式开工建设，历时 72 天，5 月 20 日竣工。站房占地面积 106 平方米（其中仪器间 60 平方米），宽敞整洁美观大方，一楼设有文化展示厅和生活区；二楼设有质控间和仪器间，配置了水温、溶解氧、pH、浊度、电导率、高锰酸盐指数、氨氮、总氮、总磷共 9 项监测指标的实时自动监测。基础设施、配套设施、采水系统均能满足仪器设备稳定运行和质控实验操作要求，内部展示、标志标识美观醒目，文化宣传富有特色。水站位于美丽富饶的禾水河滩上，站房内宽敞整洁、美观大方，监测设施生活设施一应俱全；站房外风光旖旎、景色迷人，到过水站的人都会被美景深深吸引。

EST

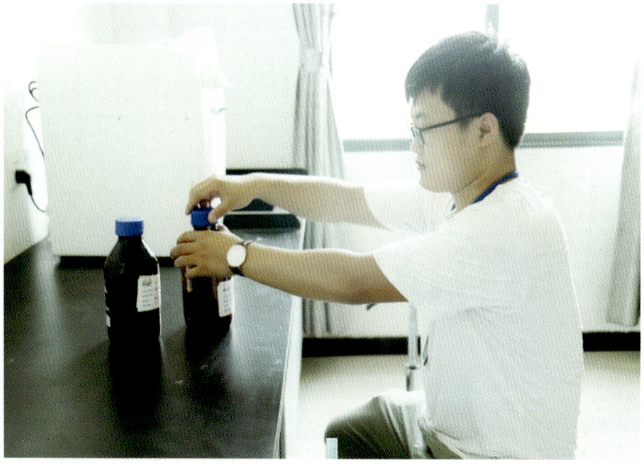

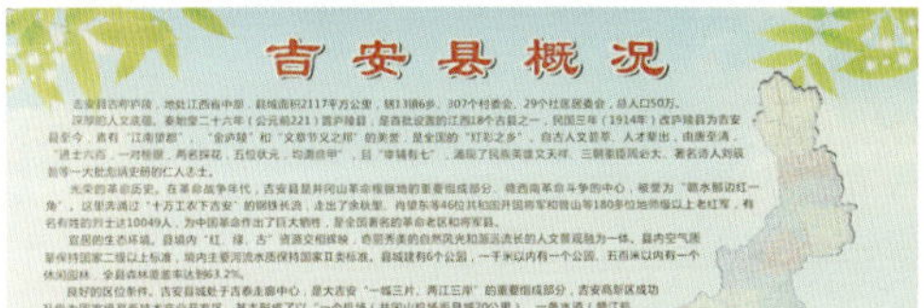
吉安县概况
吉安县环境保护局

吉安县生态环境保护工作情况简介

世界瓷都，水土宜陶，青山如黛，水碧昌江

鲇鱼山站

景德镇市
117.1066
长江流域
29.2121
昌江

鲇鱼山站站房由具有资质的景德镇陶瓷工业设计研究院设计；江西省华宏建设有限公司施工，工程质量合格，占地面积 85 平方米，其中仪器间 40 平方米，面积符合规范要求。站房宽敞整洁美观大方，一楼设有生活区；二楼设有质控间和仪器间，配置了水温、溶解氧、pH、浊度、电导率、高锰酸盐指数、氨氮、总氮、总磷共 9 项监测指标的实时自动监测。基础设施、配套设施、采水系统均能满足仪器设备稳定运行和质控实验操作要求，内部展示、标志标识美观醒目，文化宣传富有特色。另外，生活设施也一应俱全，能同时满足值班人员工作和生活需求。鲇鱼山水站坐落于青山绿水之间，

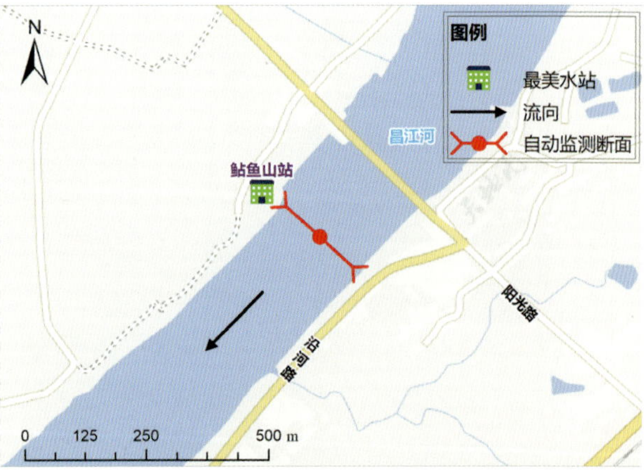

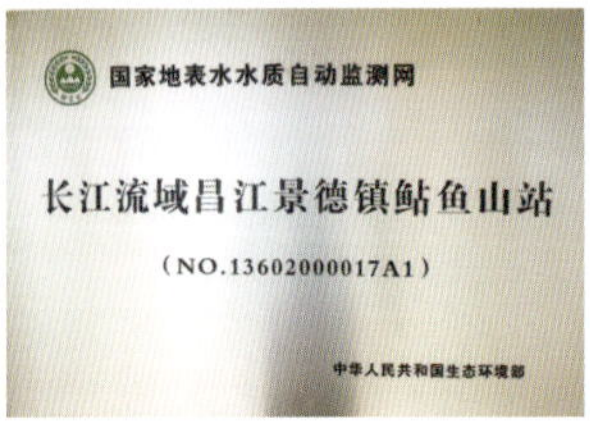

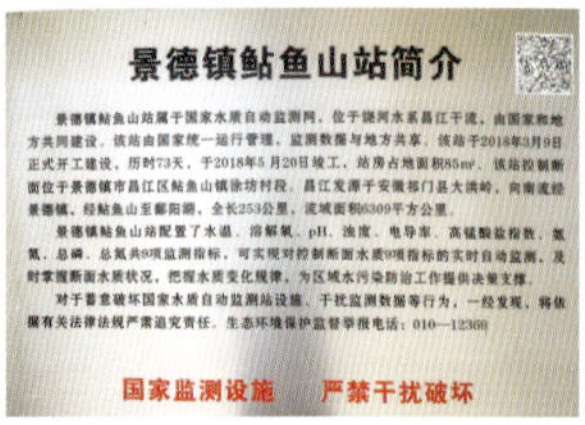

建筑与自然和谐共存，水站院内种有景观苗木，与周边环境相映成趣，每当夜晚降临，在 LED 灯光的照耀下，水站更显清雅，俨然成为当地一座人文景观。

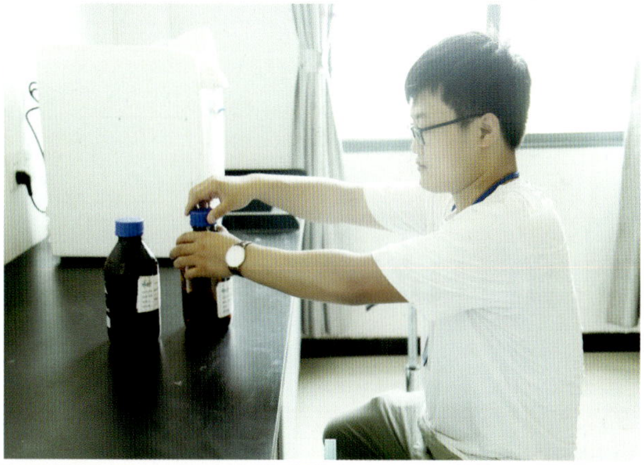

吉安县概况

吉安县生态环境保护工作情况简介

世界瓷都，水土宜陶，青山如黛，水碧昌江

鲇鱼山站

景德镇市　117.1066
长江流域　29.2121
昌江

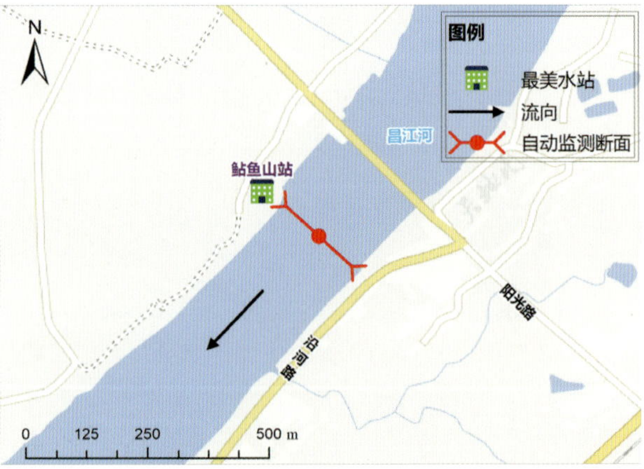

鲇鱼山站站房由具有资质的景德镇陶瓷工业设计研究院设计；江西省华宏建设有限公司施工，工程质量合格，占地面积 85 平方米，其中仪器间 40 平方米，面积符合规范要求。站房宽敞整洁美观大方，一楼设有生活区；二楼设有质控间和仪器间，配置了水温、溶解氧、pH、浊度、电导率、高锰酸盐指数、氨氮、总氮、总磷共 9 项监测指标的实时自动监测。基础设施、配套设施、采水系统均能满足仪器设备稳定运行和质控实验操作要求，内部展示、标志标识美观醒目，文化宣传富有特色。另外，生活设施也一应俱全，能同时满足值班人员工作和生活需求。鲇鱼山水站坐落于青山绿水之间，

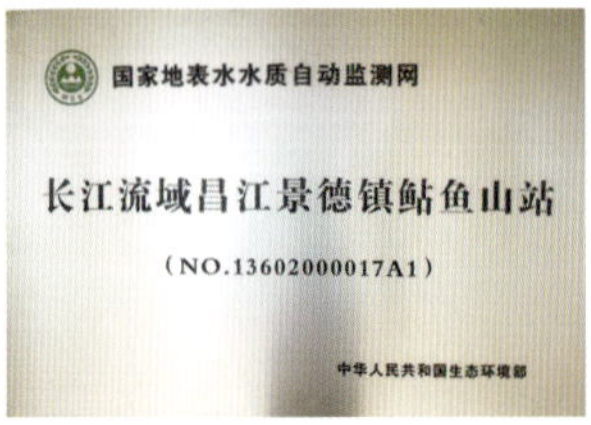

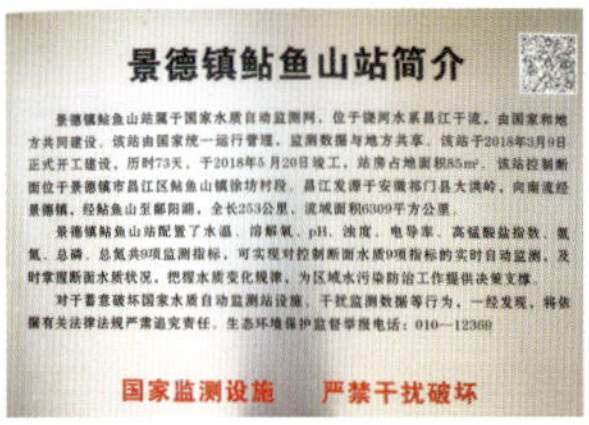

建筑与自然和谐共存，水站院内种有景观苗木，与周边环境相映成趣，每当夜晚降临，在 LED 灯光的照耀下，水站更显清雅，俨然成为当地一座人文景观。

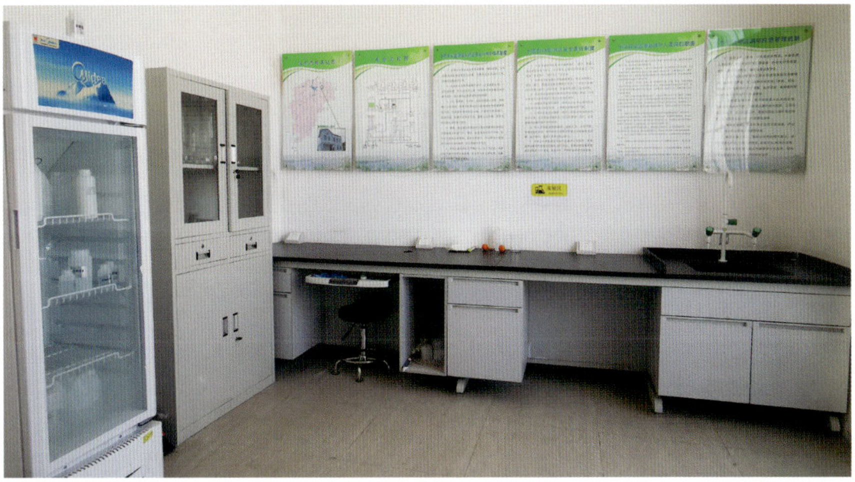

鲇鱼山水质自动监测站
NIANYUSHAN SHUIZHIZIDONGJIANCEZHAN
建设中的鲇鱼山水站

领导查看水站建设
LINGDAO CHAKAN SHUIZHANJIANSHE

GREAN

赣县梅林站

赣州市
长江流域
贡江
115.0053
25.8518

赣县梅林站位于赣县区杨仙大道段贡江下游，贡江为赣江支流，是赣州市内两条主要河流之一，发源于石城县境内，流经会昌县、宁都县、瑞金市、于都县、赣县区、章贡区等县市区。该站于 2018 年 3 月开始筹建，5 月 20 日正式竣工，站房建筑面积 100 平方米。由于站房位于赣县客家名人公园内，为使站房与公园景观相协调，故将站房外墙面设计成仿古建筑，与周围建筑风格一致。赣县梅林站配备了两台大功率来电自启式空调以保证仪器四季正常运作，并配备了实验操作台一张，冰柜一台以供运维人员使用。梅林站配置了水温、溶解氧、pH、浊度、电导率、高锰酸盐指数、氨氮、总氮和总磷共 9 项监测指标。

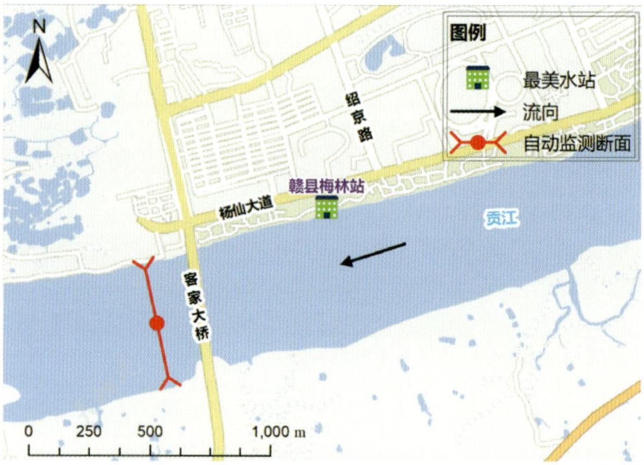

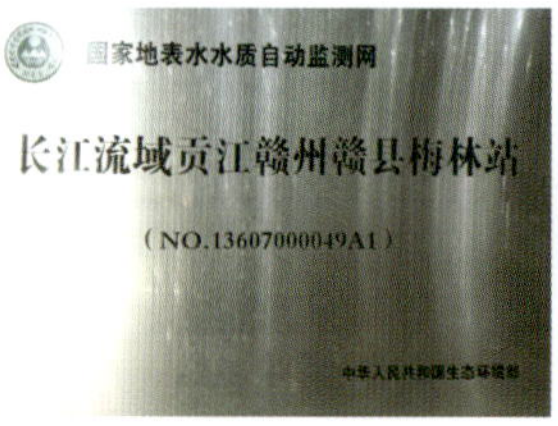

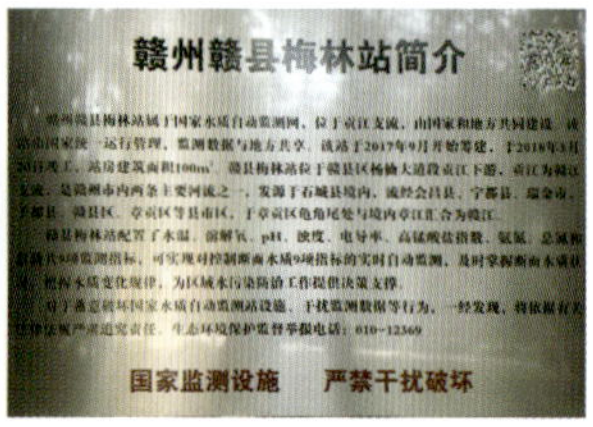

美丽中国　我是行动者
赣县流域概况
美丽中国
我是行动者
保护环境　珍爱生命
减少污染物排放人人有责从你我做起

仙女下凡地，天工开物城，绿水环岛流，白鹭绕站飞

湖心岛站

新余市　　114.7021

长江流域　　27.7550

仙女湖

长江流域仙女湖新余湖心岛站 2018 年 1 月开工建设，7 月竣工，建筑面积约 161 平方米；按照上级要求，工程总体建筑、防雷装置等基础设施及通讯设施、照明、监控、办公设备等确保了在规定的时间内完成了建设购置及安装；站内设质控室、值班室、监测仪器室，全部完成室外装修工程，主要标志及管理制度等上墙，机房设备已安装完成并交予第三方投入使用。

湖心岛站位于仙女湖上游的钤阳湖，水系发源于武功山山脉，1958 年兴修新余江口水库，将分宜古县城迁移岸上，形成整体仙女湖，分上游钤阳湖，下游江口水库，水面面积约 50 平方千米，常年均蓄水量 3.2 亿立方米，集水面积 3 900 平方千米。距新余市 20 千米。

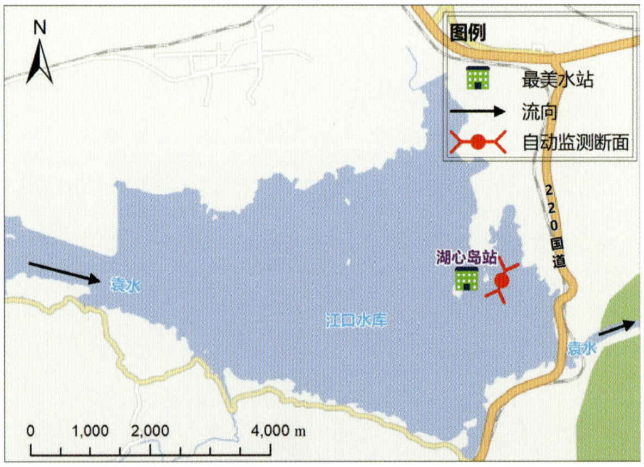

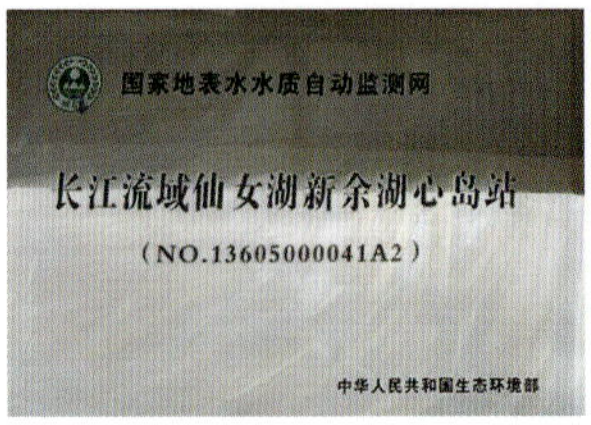

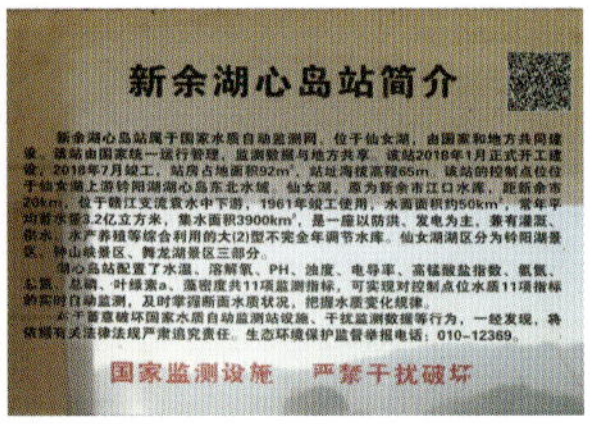

目前该站配置了水温、溶解氧、pH、浊度、电导率、高锰酸盐指数、氨氮、总氮、总磷共 9 项监测指标，可实现对控制断面水质 9 项指标的实时自动监测，及时掌握断面水质状况，把握水质变化规律。

控制系统
EST

新余市仙女湖整治及全市地表水断面示意图
仙女湖整治工程
地表水断面
仙女湖水环境概况

新夹河大桥站

烟台市　121.2840
淮河流域　37.5120
大沽夹河

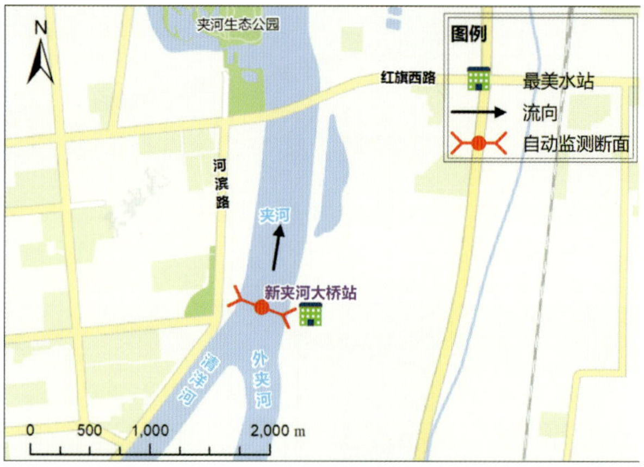

新夹河大桥站位于山东省烟台市大沽夹河小沙埠至宫家岛附近河段，于2014年年底完成站房建设，2015年投入运行。该站距离下游新夹河大桥国控断面1.5千米，经过论证，该站点上收为国控水站。新夹河大桥站由烟台市环境监控中心承建，站房总建筑面积211平方米，为两层框架结构，一楼为看护人员生活和居住区，二楼设置为仪器间和质控间，配置有水温、pH、溶解氧、浊度、电导率、高锰酸盐指数、氨氮、总磷、总氮共9项监测指标，可实现对控制断面水质9项指标的实时自动监测，及时掌控断面水质状况，为区域水污染防治工作提供决策支撑。

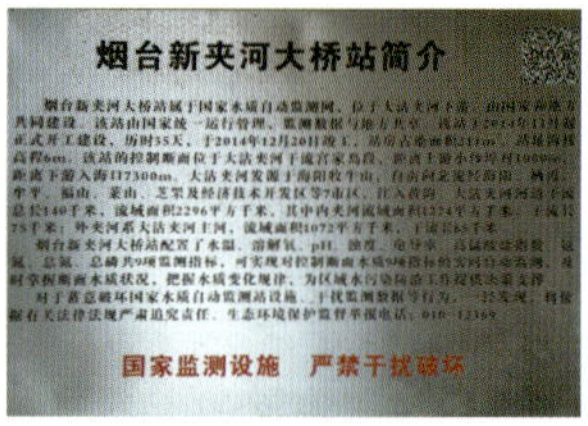

宣传活动

乐学乐问乐思乐做

孔孟之乡，运河之都，青山绿水，生态宜居

新薛河入湖口站

济宁市　　117.1506
淮河流域　　34.7703
新薛河

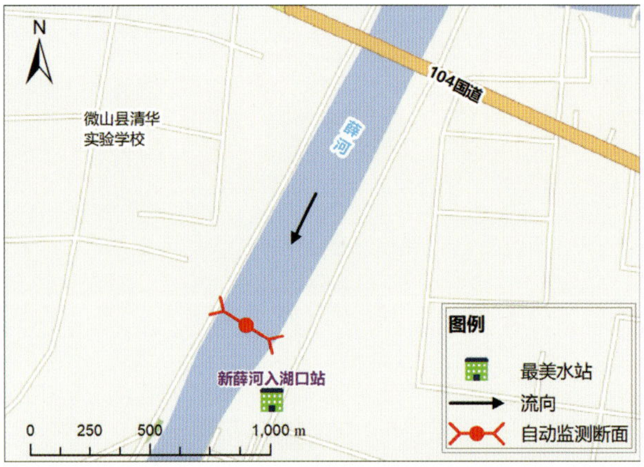

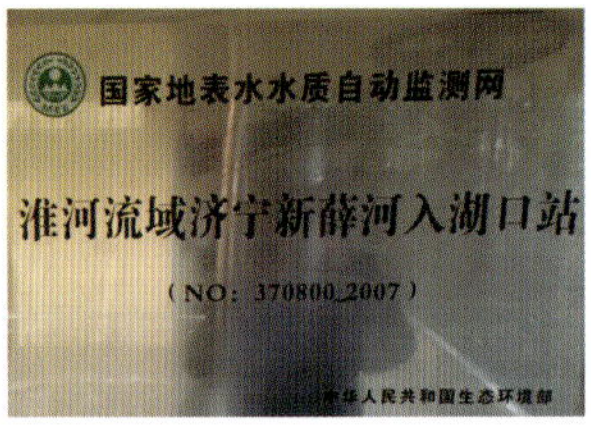

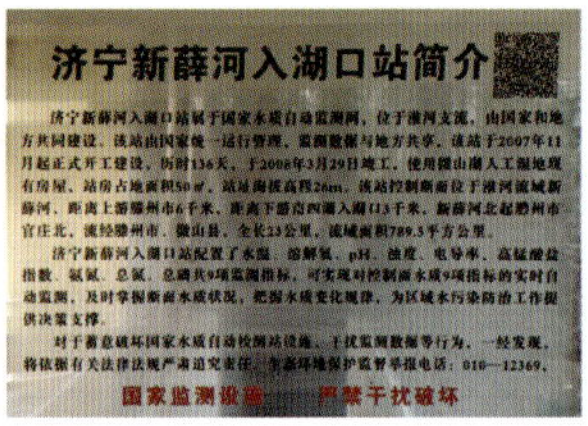

新薛河入湖口站位于淮河支流，由国家和地方共同建设。该站由国家统一运行管理，监测数据与地方共享。该站于 2007 年 11 月起正式开工建设，历时 136 天，于 2008 年 3 月 29 日竣工，使用微山县人工湿地现有房屋的第二层作为站房，站房占地面积 50 平方米，站址海拔 26 米。该站控制断面位于淮河流域新薛河，距离上游枣庄市 6 千米，距离下游南四湖入湖口 3 千米。新薛河北起滕州市官庄北，流经滕州市、微山县，全长 23 千米，流域面积 789.5 平方千米。该站配置有水温、pH、溶解氧、浊度、电导率、高锰酸盐指数、氨氮、总磷、总氮共 9 项监测指标，可实现对控制断面水质 9 项指标的实时自动监测，及时掌控断面水质状况，为区域水污染防治工作提供决策支撑。

新薛河入湖口站位于山东省济宁市微山县境内，微山县位于山东省南部、微山湖畔，地处山东、江苏两省三市九个县市区结合部，是山东的南大门、世界文化遗产城市。微山县总面积 1 780 平方千米，其中微山湖面积 1 266 平方千米，占全县总面积的 2/3，占全省淡水量的 45%，是北方最大的淡水湖。新薛河入湖口站房建设充分体现本地特色，设计以汉代建筑为原型，结合当地独特地域风情，建筑姿态简练大气又不失古典，完好契合了微山“鲁南明珠、齐鲁灵秀”的城市形象。

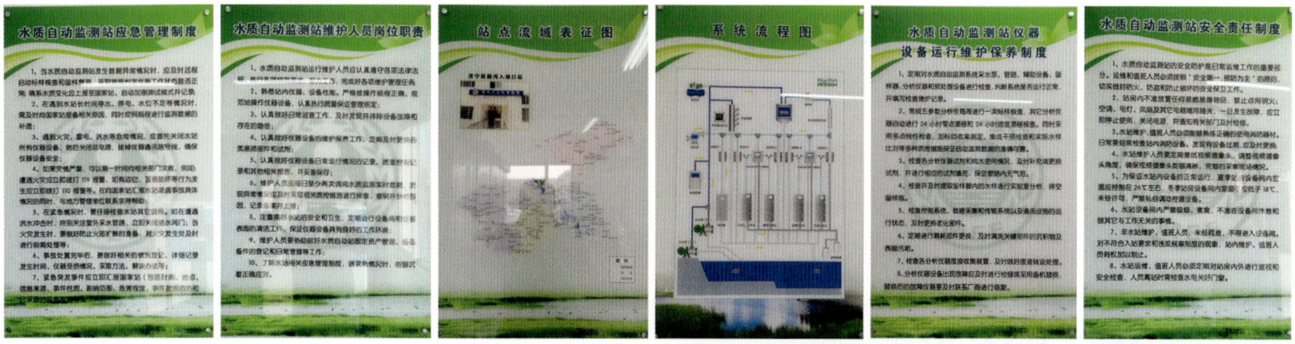
水质自动监测站应急管理制度
水质自动监测站维护人员岗位职责
站点流域表征图
系统流程图
水质自动监测站仪器
设备运行维护保养制度
水质自动监测站安全责任制度

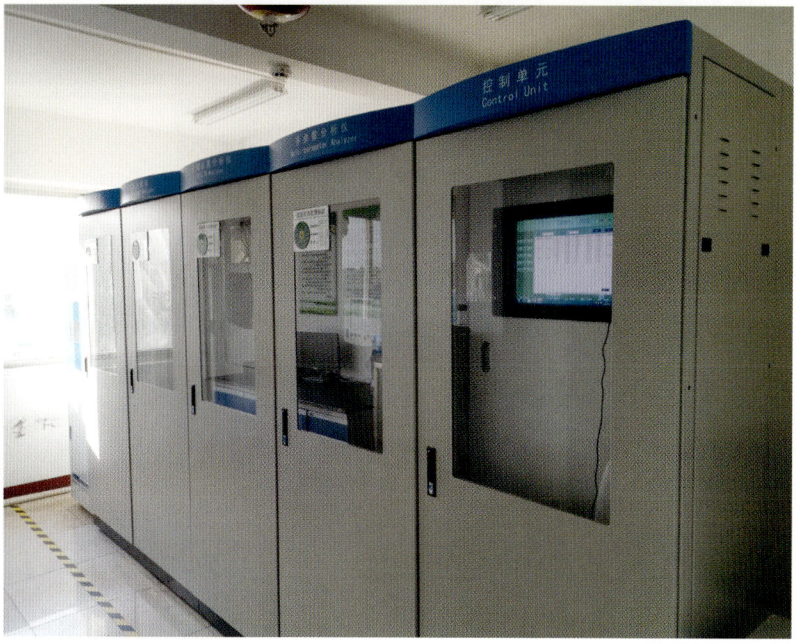
控制单元
Control Unit

巍巍蒙山高，清清沂水长，红色热土，绿色情怀

临沂北大桥站

临沂市
淮河流域
沂河
118.3812
35.1011

临沂北大桥站位于淮河流域沂河干流，由国家和地方共同建设。该站由国家统一运行管理，监测数据与地方共享。该站于 2018 年 4 月开工建设，历时 54 天，5 月 31 日竣工，占地面积 147.8 平方米，海拔 67.1 米。该站配置有水温、pH、溶解氧、浊度、电导率、高锰酸盐指数、氨氮、总磷、总氮共 9 项监测指标，可实现对控制断面水质 9 项指标的实时自动监测，及时掌控断面水质状况，为区域水污染防治工作提供决策支撑。

临沂北大桥站控制断面位于沭河干流临沂市河东区段，距离上游淄博市 124 855 米，距离下游江苏邳州市 74 265 米。

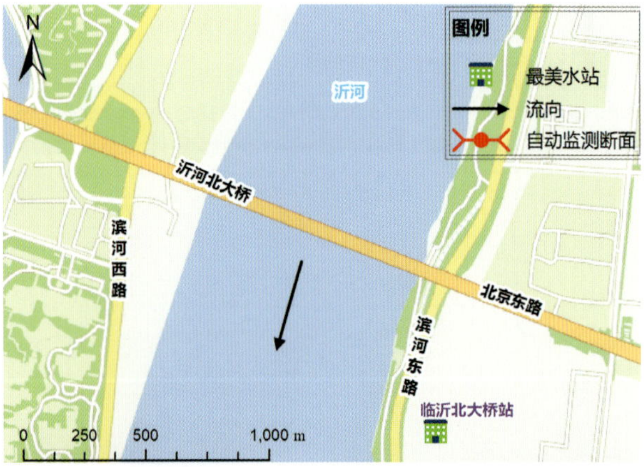

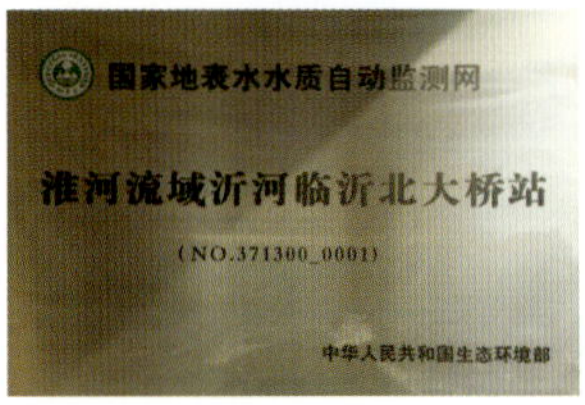

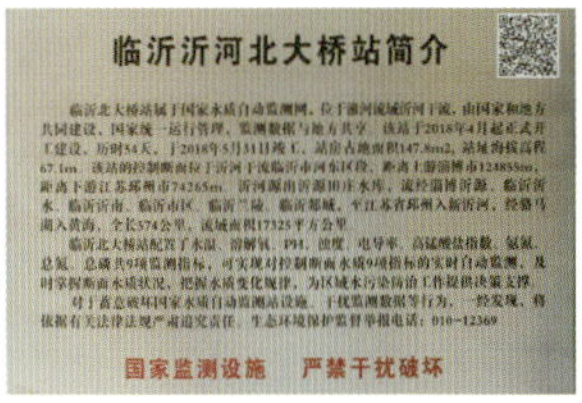

沂河源出沂源田庄水库，流经淄博沂源、临沂沂水、临沂沂南、临沂市区、临沂兰陵、临沂郯城，至江苏邳州入新沂河，经骆马湖入黄海，全长 574 千米。

站点流域表征图

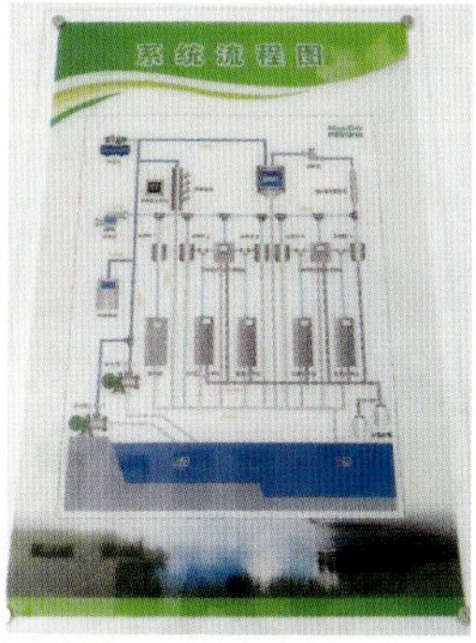
系统流程图

水质自动监测站安全责任制度

水质自动监测站维护人员岗位职责

自动采样器
清洗系统

华中地区

HUAZHONG REGION

滔滔黄河，悠悠济水，醉美南山，愚公故里

南山站

济源市　112.0395
黄河流域　35.0387
小浪底水库

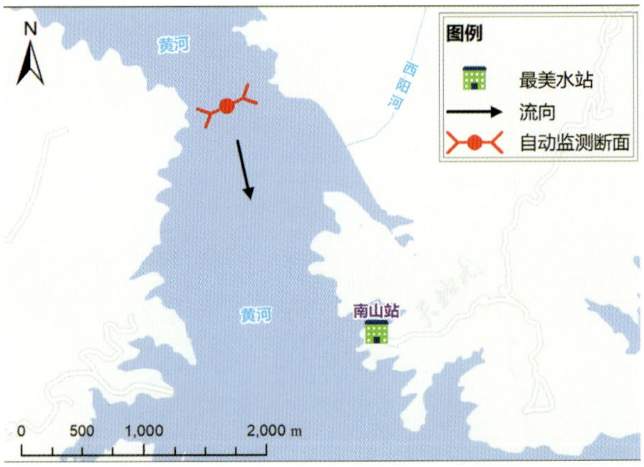

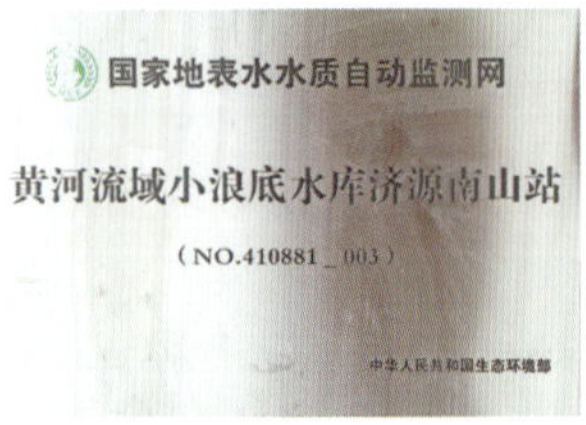

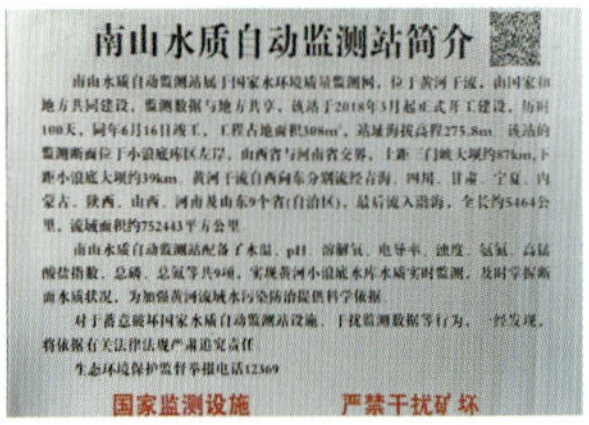

南山站位于黄河干流，由国家和地方共同建设，监测数据与地方共享，该站的监测断面位于小浪底库区左岸，山西省与河南省交界，上距三门峡大坝约 87 千米，下距小浪底大坝约 39 千米。该站于 2018 年 3 月正式开工建设，历时 100 天，同年 6 月 16 日竣工，工程占地面积 308 平方米，站址海拔 276 米，总投资 140 万元。站房为两层砖混结构，水站一层为水质自动监测仪器室、二层为水质自动监测质量控制室、自动监测管理工作室等。

该站配置了水温、溶解氧、pH、浊度、电导率、高锰酸盐指数、氨氮、总氮、总磷共 9 项监测指标。配备的视频监控单元可远程监视水质自动监测站内采水设备、自动监测分析仪器、供电系统、数据采集及传输系统等的整体运行情况，观察取水工程工作状况，可实现对控制断面水质 9 项指标的实时自动监测，及时掌控断面水质状况，为区域水污染防治工作提供决策支撑。

生态环境部南山水质自动监测站项目简介
绿水青山就是金山银山

太极圣地，山水焦作，沁水之洲，护佑清流

武陟渠首站

焦作市　113.4342
黄河流域　35.0104
沁河

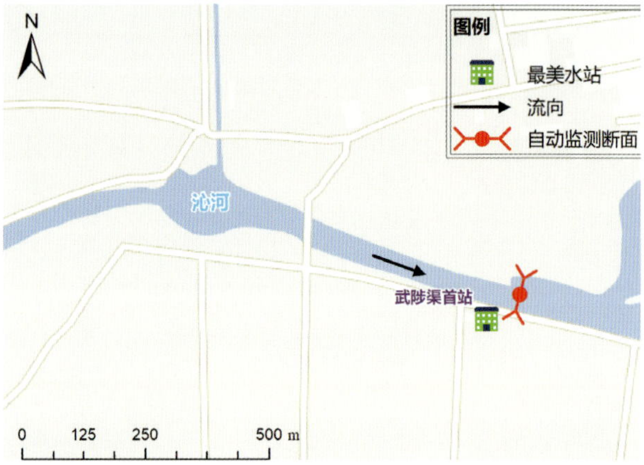

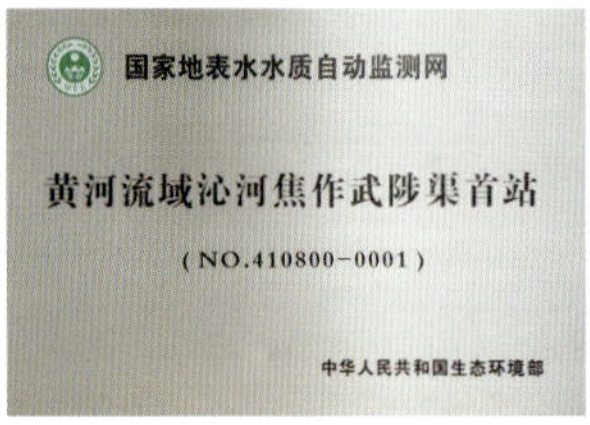

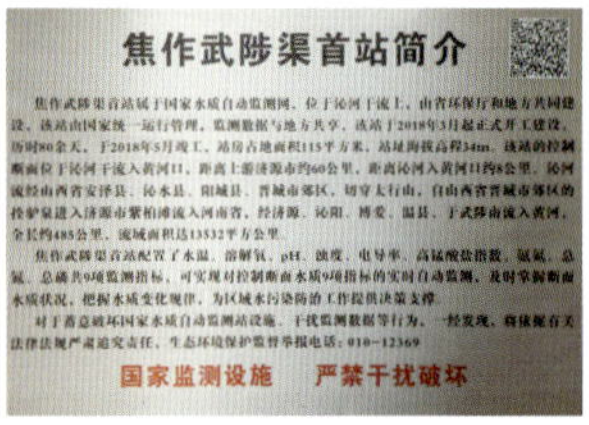

武陟渠首站位于焦作市武陟县嘉应观乡，由国家统一运行管理，监测数据与地方实时共享。该站于 2018 年 3 月开工建设，历时 80 余天，5 月竣工。自动站占地近 1 亩，站房建设面积 224 平方米，站址海拔 34 米。该站的控制断面位于沁河干流入黄河口。武陟渠首站站房分为两层，一层为休息室、储物间，二层为仪器间、实验间，配置有水温、溶解氧、pH、浊度、电导率、高锰酸盐指数、氨氮、总氮、总磷、TOC 共 10 项监测指标，可实现对控制断面水质 10 项指标的实时自动监测，及时掌控断面水质状况，为区域水污染防治工作提供决策支撑。

焦作市位于河南省西北部，北依巍巍太行，南临滔滔黄河。焦作市历史文化厚重，区位优势突出，尤其旅游资源丰富。“太极圣地、云台仙境、山水焦作”享誉世界。

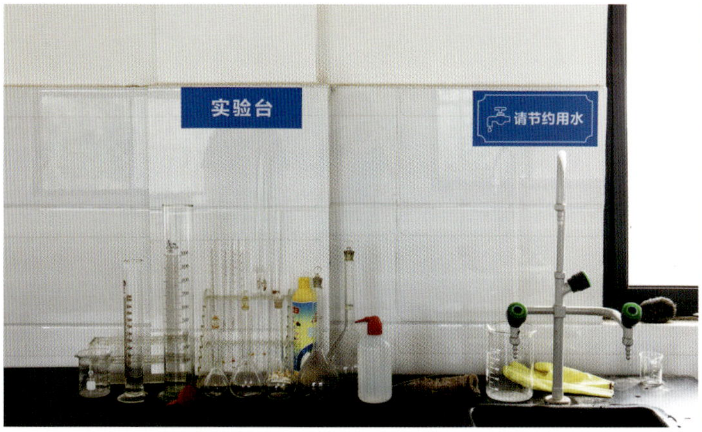
实验台
请节约用水

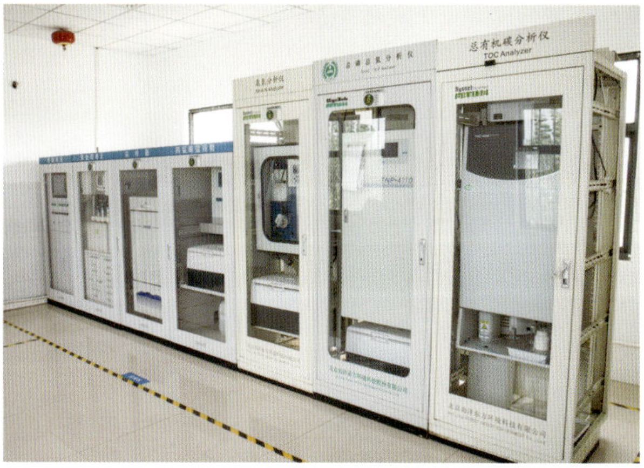
总有机碳分析仪
TOC Analyzer

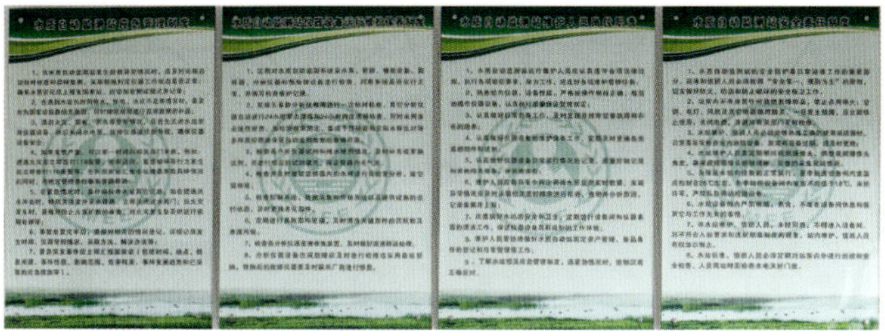

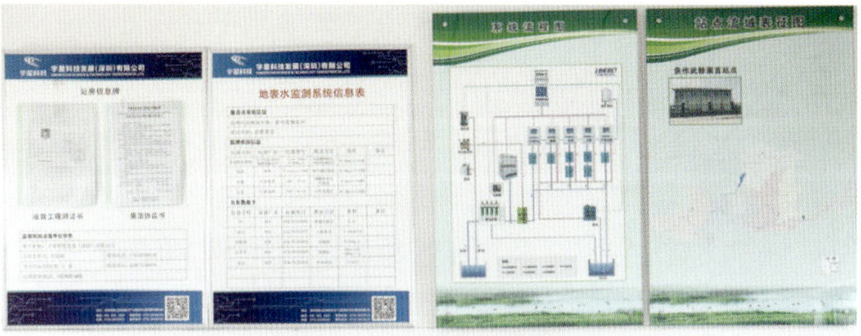
地表水监测系统信息表

太行山碑红旗渠，平湖水碧大峡谷

南谷洞水库站

安阳市　　114.2583
海河流域　　36.3728
露水河

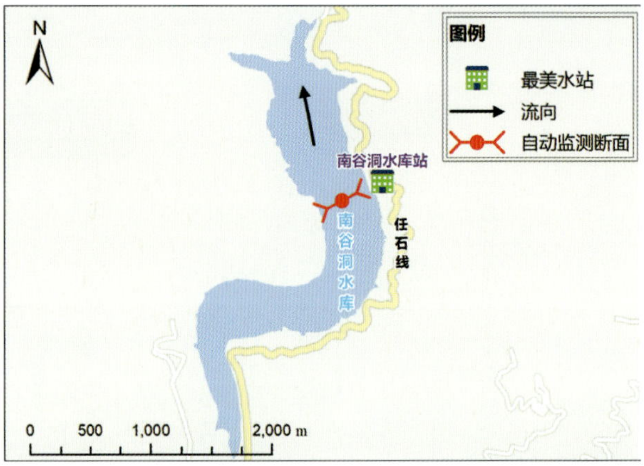

太行平湖又名南谷洞水库，是太行大峡谷河流——“露水河”的拦河蓄水工程，为国家级水利风景区。南谷洞水库站位于安阳市露水河林州段，于 2018 年 3 月正式开工建设，6 月竣工。该站站房占地 1 000 平方米，站址海拔 561 米。该站配置有水温、pH、溶解氧、浊度、电导率、高锰酸盐指数、氨氮、总磷、总氮共 9 项监测指标，可实现对控制断面水质 9 项指标的自动监测，及时掌握断面水质状况，把握水质变化规律，为区域水污染防治工作提供决策支撑。

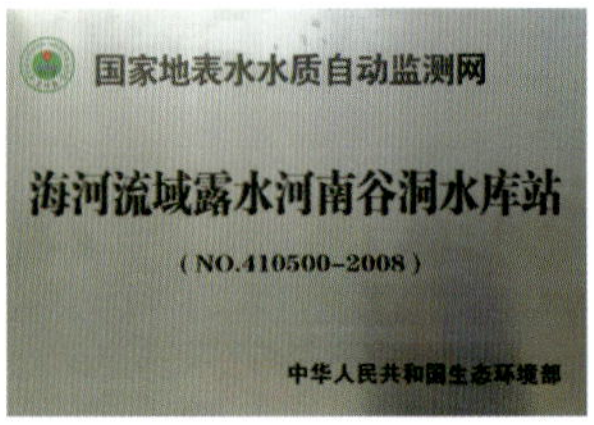

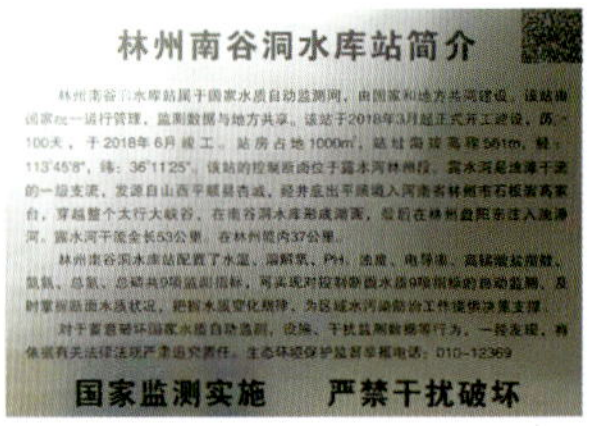

生态环境部"最美水站"南谷洞水库站简介
站点流域区位图

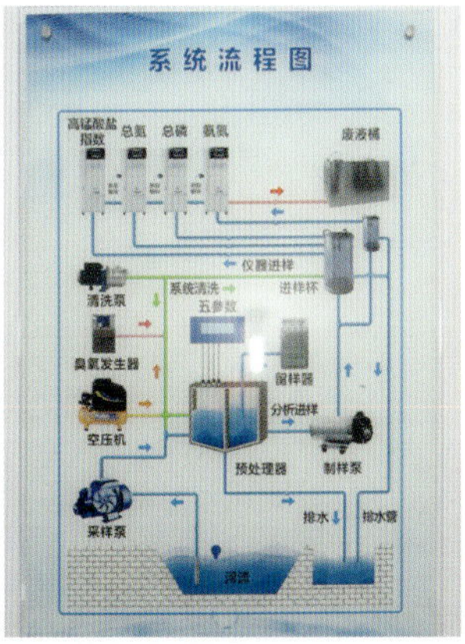
系统流程图

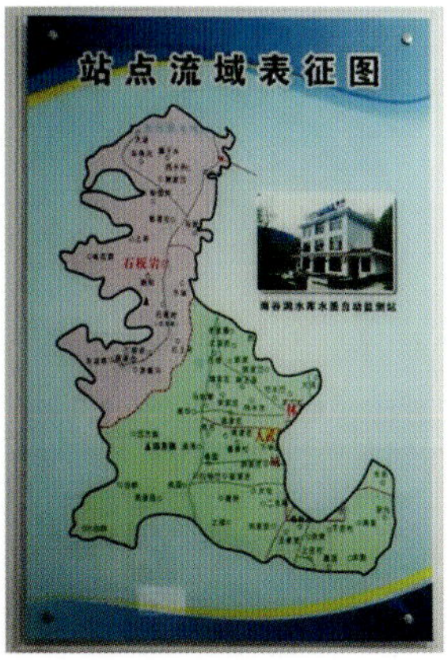
站点流域表征图

系统控制单元

尖岗水库站

郑州市　113.5701

淮河流域　32.6596

贾鲁河

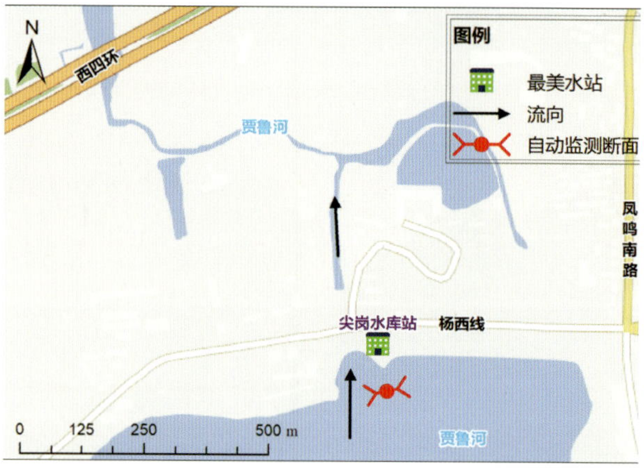

尖岗水库站位于淮河流域贾鲁河干流上游的郑州市二七区侯寨乡尖岗村，距郑州市区 15 千米。该站是在原尖岗水库管理处管理用房的基础上改造而成的，站房采用固定式站房结构，站房建筑面积为 42 平方米。站房内设质控实验操作区、监测仪器区和办公区，配置有水温、pH、溶解氧、浊度、电导率、高锰酸盐指数、氨氮、总磷、总氮共 9 项监测指标，可实现对控制断面水质 9 项指标的实时自动监测，及时掌控断面水质状况，为区域水污染防治工作提供决策支撑。

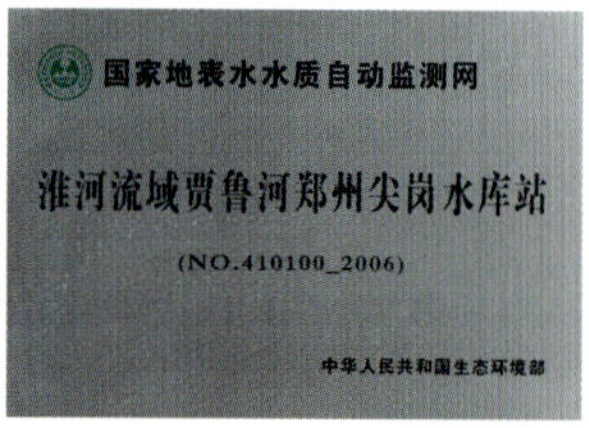

尖岗水库站建设和运行期间，郑州市积极开展各项文化建设和宣传教育活动。尖岗水库总库容 6 820 万立方米，枯水期水面面积约 6 000 亩，丰水期近 7 000 亩，属中型水库，现为郑州市一级饮用水备用水源。领导的视察勉励和举办的活动让公众更好地了解了尖岗水库作为郑州市备用水源地的情况，也了解了国家建设水质自动监测站的作用，使郑州市民更好地参与到尖岗水库水源地的保护，达到了依靠社会力量主动保护生态环境的目的。

系统控制单元
YX-WQMS

实验台
请节约用水

开展污染源普查 打赢污染攻坚战

美丽中国
我是行动者

千里调水第一站

陶岔站

南阳市　111.7061
长江流域　32.6694
丹江口水库

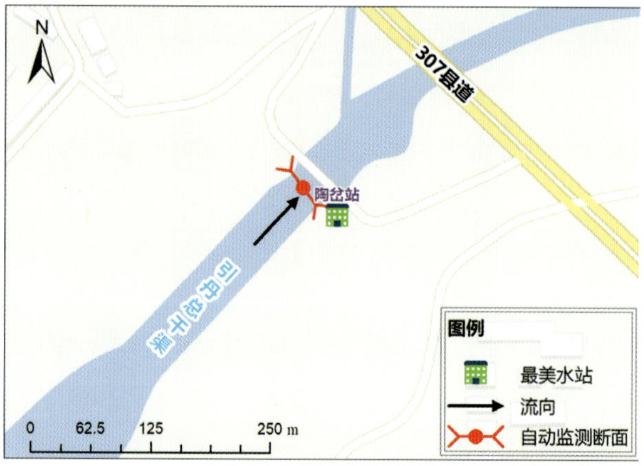

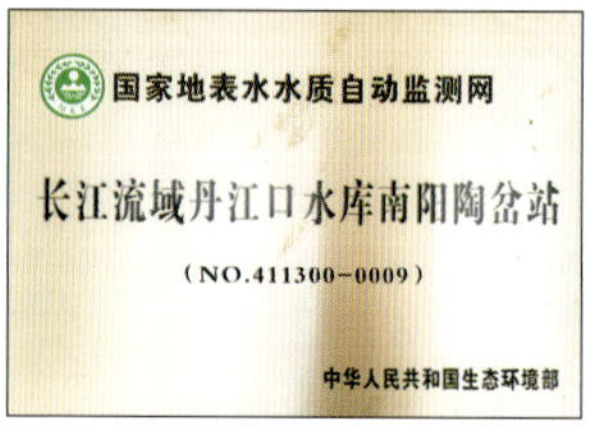

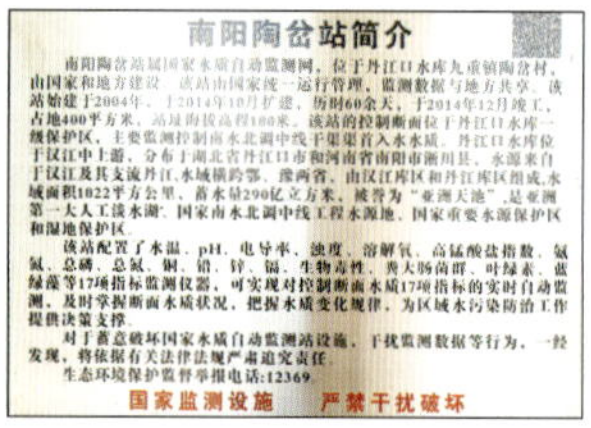
南阳陶岔站简介

南阳陶岔站属国家水质自动监测网，位于丹江口水库九重镇陶岔村，由国家和地方建设，该站由国家统一运行管理，监测数据与地方共享。该站始建于2004年，于2014年10月扩建，历时60余天，于2014年12月竣工，占地400平方米。该站的控制断面位于丹江口水库一级保护区，主要监测控制南水北调中线干渠渠首入水水质。丹江口水库位于汉江中上游，分布于湖北省丹江口市和河南省南阳市淅川县，水源来自于汉江及其支流丹江，水域横跨鄂、豫两省，由汉江库区和丹江库区组成，水域面积1022平方公里，蓄水量290亿立方米，被誉为“亚洲天池”，是亚洲第一大人工淡水湖，国家南水北调中线工程水源地，国家重要水源保护区和湿地保护区。

该站配置了水温、pH、电导率、浊度、溶解氧、高锰酸盐指数、氨氮、总磷、总氮、铜、铅、锌、镉、生物毒性、粪大肠菌群、叶绿素、蓝绿藻等17项指标监测仪器，可实现对控制断面水质17项指标的实时自动监测，及时掌握断面水质状况，把握水质变化规律，为区域水污染防治工作提供决策支撑。

对于蓄意破坏国家水质自动监测站设施，干扰监测数据等行为，一经发现，将依据有关法律法规严肃追究责任。

生态环境保护监督举报电话:12369

国家监测设施　严禁干扰破坏

陶岔站位于南水北调中线工程调水大坝上游300米，是千里调水干渠第一站，是中线调水巨龙口中的一颗“明珠”，是皇冠上最璀璨的宝石，是中线调水工程水源地水质成败的裁判者和守护神。该站占地400平方米，始建于2003年，于2014年扩建，同年12月竣工投运，配置有水温、pH、电导率、浊度、溶解氧、高锰酸盐指数、氨氮、总磷、总氮、铜、铅、锌、镉、生物毒性（鱼法）、粪大肠菌群、叶绿素、蓝绿藻共17项指标监测仪器，可实现对控制断面水质17项指标的实时自动监测，及时掌控断面水质状况，为区域水污染防治工作提供决策支撑。

陶岔站自2003年建成投运以来，累计上传40余万条有效数据，是中线调水水源地水质变化的见证者，是南水北调中线调水工程水源地的忠诚卫士。该站为国家调水决策和实时掌握水源地水质状况提供了科学技术支撑，多次受到党和国家领导人及省、市领导的肯定。

环保设施
严禁破坏

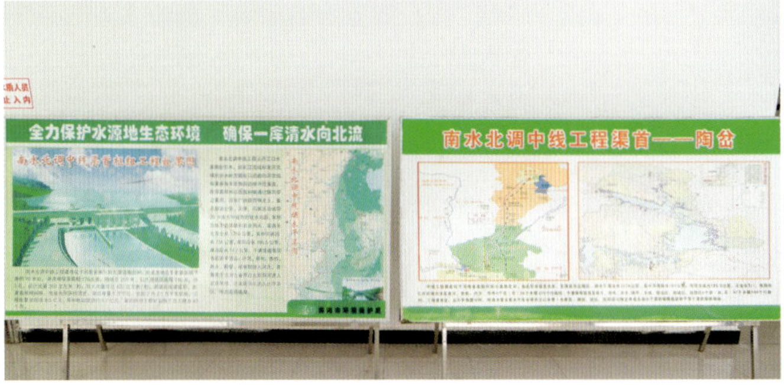
全力保护水源地生态环境　确保一库清水向北流
南水北调中线工程渠首——陶岔

南水北调中线工程渠首——陶岔
中线工程渠首位于河南省南阳市淅川县陶岔村，由此引水送至北京、天津及华北地区。调水干渠全长1276公里，其中河南段长731公里，南阳市境内185.5公里，占全长7/1。南阳市汇水区域内涉及淅川、西峡、内乡、邓州4个县（市）38个乡镇315个行政村；干渠南阳段涉及淅川、邓州、内乡、镇平、方城、卧龙区、宛城区、高新区8个县（市、区）37个乡镇169个行政村。工程建成后，从水动力学角度分析，所调水量主要由河南省辖丹江口水库（北库区）调出，因此，南阳淅川陶岔将成为调水干渠的咽喉地段和千里干渠的耀眼明珠。

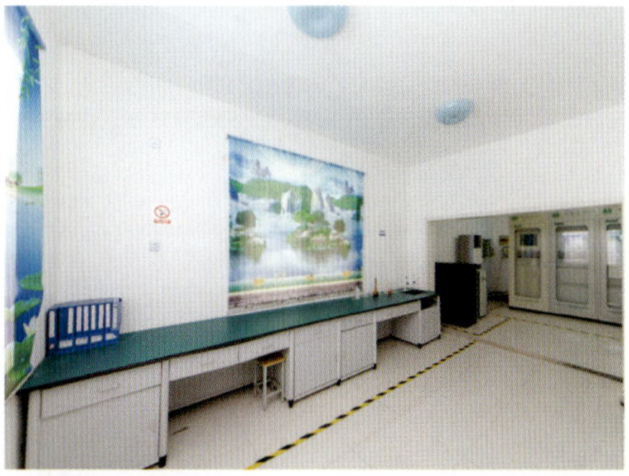

荆楚神韵，魅力荆门，大美漳河，灵山秀水

漳河水库库心站

荆门市　111.9920
长江流域　31.0148
漳河水库

漳河水库库心站位于荆门市水库鸡公尖大坝东 100 米处，于 2018 年 3 月开工建设，同年 6 月投入运行。建设内容包括趸船、站房及配套设施，配置有水温、溶解氧、pH、浊度、电导率、高锰酸盐指数、氨氮、总氮、总磷、叶绿素 a、藻密度共 11 项监测指标，可实现对控制断面水质 11 项指标的实时自动监测，及时掌控断面水质状况，为区域水污染防治工作提供决策支撑。

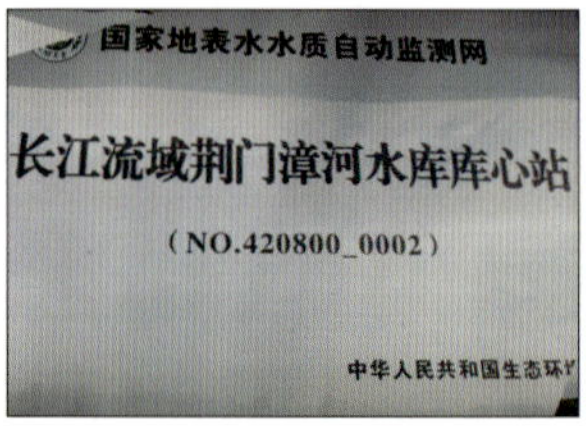

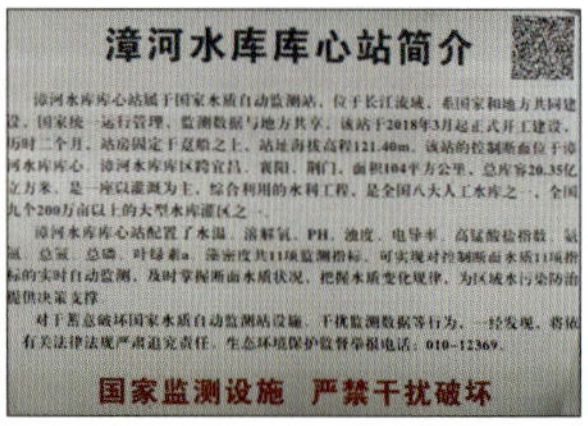

漳河水库库心站为趸船站，船长 20 米，型宽 8 米，站房长 13 米，宽 6 米，站房内净高 2.8 米，内设仪器室和质控室。水站周边以浮球和不锈钢浮筒组成的围栏与其他水域隔离，水站陆地区域以铁丝网隔离并安装栅栏门，上下趸船通过无动力船摆渡。为丰富和拓展水站人文内涵，培育生态环境监测文化理念，站房大门两边悬挂水站简介牌和标识牌，上方悬挂水站铭牌和 LOGO 牌，仪器室内悬挂水站系统流程图、站点流域表征图、运维管理体系图。

HUAWEI P20
LEICA DUAL CAMERA | AI

采样器

国家生态环境监测
漳河水质监测站
漳河水库库心站公众开放日

自动监测系统

警示 CAUTION
有电危险
请勿靠近

青铜故里，钢铁摇篮，稼穑殷盛，富水长流

富池闸站

黄石市
长江流域
富水

115.4248
29.8762

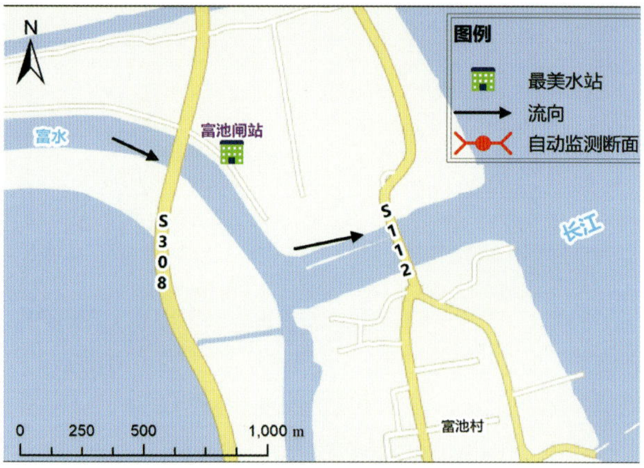

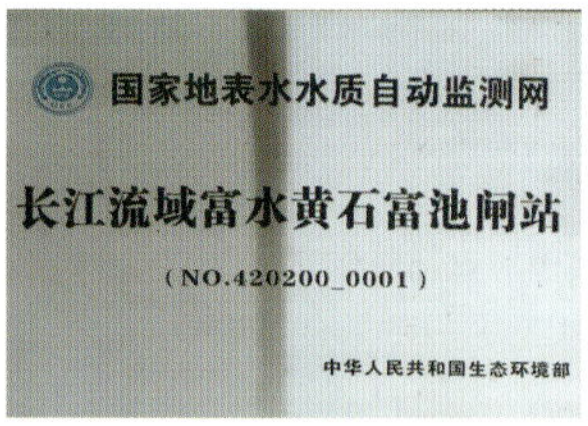

富池闸站位于长江流域富水河入江口半壁山堤段内平台，占地面积 988 平方米，站房建筑面积 150 平方米（两层），内部配置有文化建设展示厅、值班室和资料室等。该站配置了水温、溶解氧、pH、浊度、电导率、高锰酸盐指数、氨氮、总氮、总磷共 9 项监测指标，可实现对控制断面水质 9 项指标的实时自动监测，及时掌控断面水质状况，为区域水污染防治工作提供决策支撑。

富池闸站监测断面所在的富水河沿岸生态资源丰富，植被丰茂，其淹没处为古阳辛镇，是阳新县发祥地，三国至隋代 300 多年间，先后为阳新县、富川县治所。东晋名士孟嘉（陶渊明外祖父）、宋文学家王质、《二十四孝》“孟宗哭竹生冬笋”的孟宗，均为阳辛人；明、清两朝，此地还有“五里三进士、一族九举人”美誉；阳辛周边，亦有望夫石、凤栖洞、鸡冠台、钟繇洗墨池等名胜，可谓历史文化底蕴深厚。因此，富池闸水站的设计确定为新中式简约风格。在空间结构上，有意遵循传统的覆瓦坡屋顶，又融入西式生活流线理念，便于通风、采光。屋顶为蓝色彩瓦，与蓝天和堤防绿化带融为一体，黄色墙面与丰收的田野相互映衬，给人一种自然、安静、和谐的神韵，用现代精神诠释文化回归与自信。

仪器间

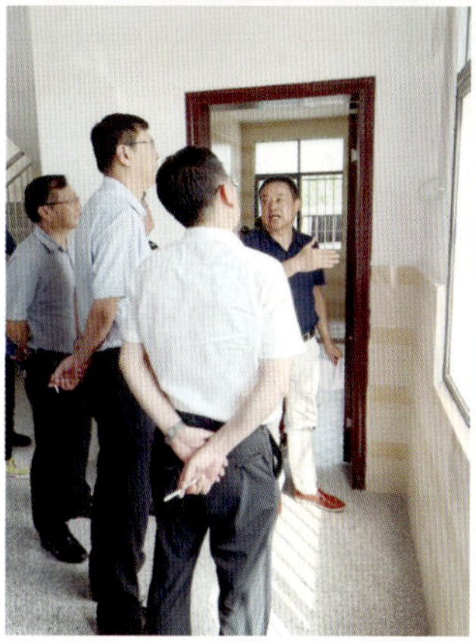

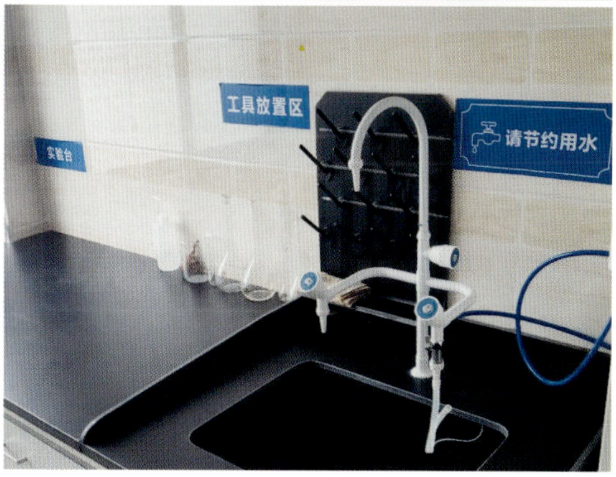
工具放置区
实验台
请节约用水

大美清江，梦幻长阳，土家发源地，都市后花园

隔河岩水库坝上站

宜昌市　　111.1428

长江流域　　30.4644

隔河岩水库

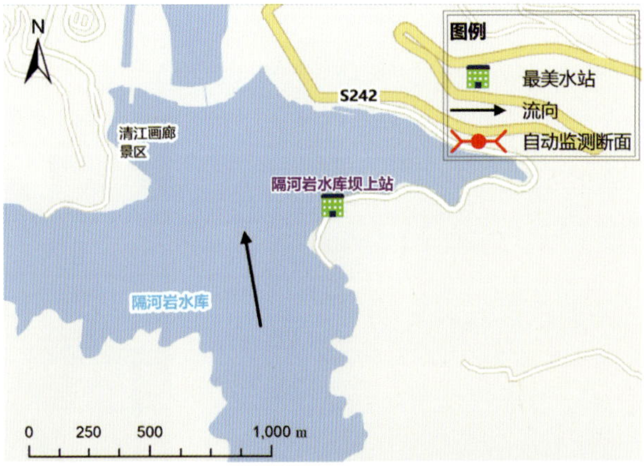

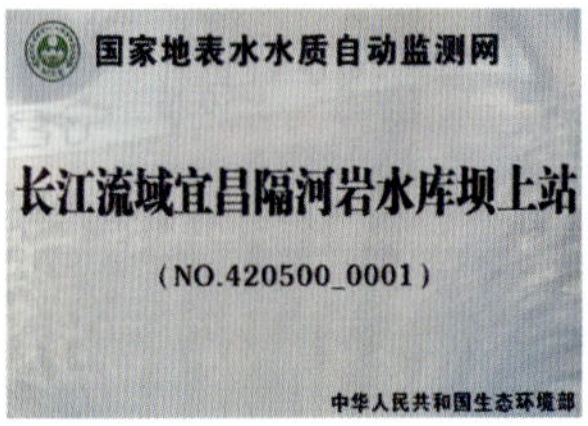

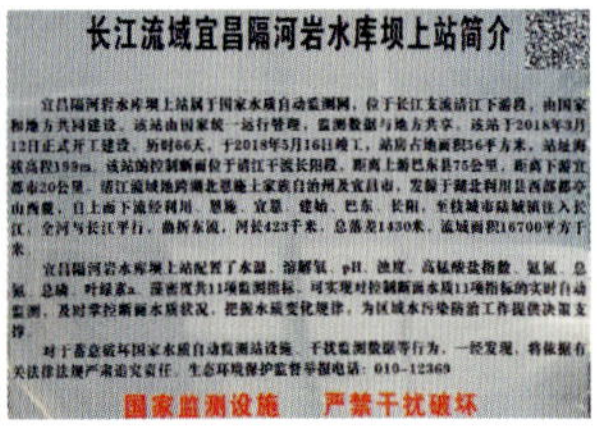

隔河岩水库坝上站位于清江干流长阳段，距离上游巴东县 75 千米，距离下游宜都市 20 千米。隔河岩水库坝上站于 2018 年 3 月 12 日正式开工建设，历时 66 天，5 月 16 日竣工，站房占地面积 56 平方米，站址海拔 199 米。该站配置了水温、溶解氧、pH、浊度、电导率、高锰酸盐指数、氨氮、总氮、总磷、叶绿素 a、藻密度共 11 项监测指标，可实现对控制断面水质 11 项指标的实时自动监测，及时掌控断面水质状况，把握水质变化规律，为区域水污染防治工作提供决策支撑。

隔河岩水库坝上站位于清江画廊风景区起点处，清江画廊风景区涵盖隔河岩水电站大坝以上至湖北省恩施土家族苗族自治州巴东县水布垭镇盐池温泉，沿清江一线的所有旅游景观及景区景点。清江是土家族的母亲河，悠悠清江，碧波荡漾，川流不息，大坝横江，造就百里锦绣画廊，福荫子民，而坝上水站则似一位忠诚的卫士，替几十万土家儿女看护着这生命之源，忠诚到永远！

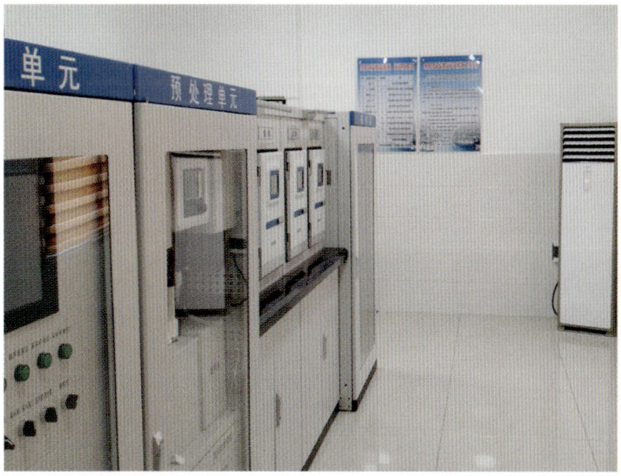
单元
预处理单元

国家生态环境监测
National Ecological And Environmental Monitoring
美丽长阳 我是行动者

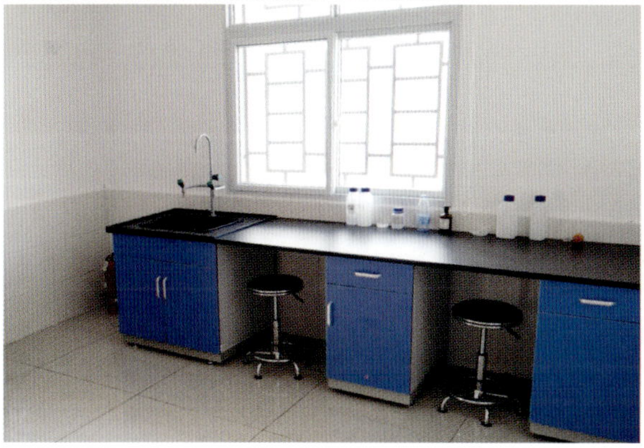

国家生态环境监测
National Ecological And Environmental Monitoring
高压危险 请勿靠近

陆溪口站

咸宁市　　113.6613
长江流域　　29.8724
陆水河

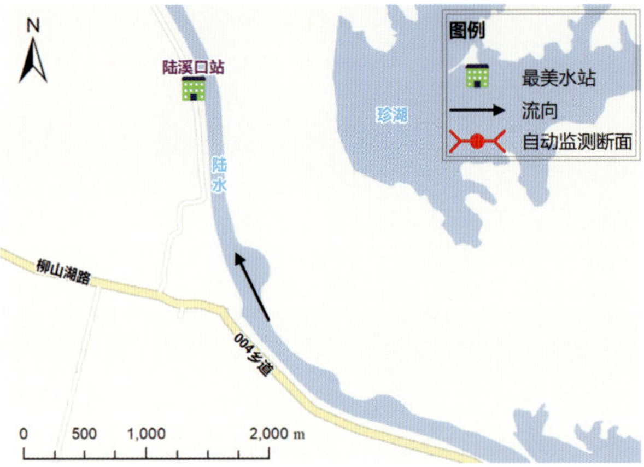

陆溪口站位于陆水河入江口上游 6 千米处赤壁市境内赤壁长江干堤一号哨所，站房建筑面积 100 平方米，设置了仪器间、化验室和值班室，配置了水温、溶解氧、pH、浊度、电导率、高锰酸盐指数、氨氮、总氮、总磷共 9 项监测指标。陆溪口站于 2017 年 5 月开工建设，同年 12 月竣工联网试运行，可实现对控制断面水质 9 项指标的实时自动监测，及时掌控断面水质状况，为区域水污染防治工作提供决策支撑。

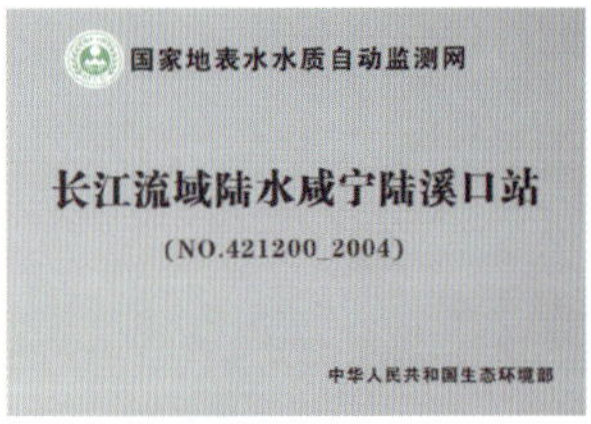

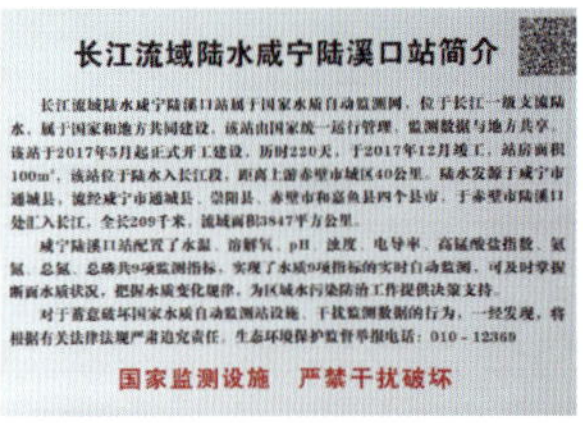

陆溪口站以三国文化底蕴为基础，站房外观采用了徽派建筑模式，风格独特，结构严谨。屋顶四角歇山起翘，屋顶为传统的小青瓦，工艺复杂，做工精细，鳞次栉比，层叠而上。墙面采用传统的小青砖进行装饰，具有很高的使用价值和观赏价值，整体设计融合了三国赤壁风格，体现了人与自然和谐相处的美好乐章。

辅助单元
采样器

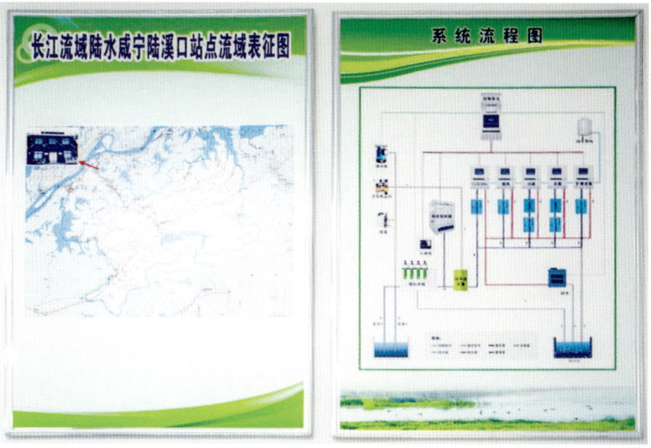
长江流域陆水咸宁陆溪口站点流域表征图
系统流程图

水质自动监测站维护人员岗位职责
水质自动监测站安全责任制度

仙山秀水汽车城，绿满十堰故乡情

陈家坡站

十堰市　110.9144
长江流域　32.8139
汉江

陈家坡站位于十堰市郧阳区柳陂镇刘湾村陈家坡，站点于 2017 年 4 月开工建设，9 月竣工，历时 170 天，投资 700 多万元，占地面积 300 平方米，海拔 177 米。站内部设有仪器间、工作辅助用房、配有实验室（内含防酸碱化学实验台一套），会议展厅、值守人员生活用房，包括办公室、厨房、卧室、卫生间、浴室，配置有水温、溶解氧、pH、浊度、电导率、高锰酸盐指数、氨氮、总氮、总磷、重金属、有机物、生物类等 40 余项监测指标，可实现对控制断面水质 40 余项指标的实时自动监测，及时掌控断面水质状况，为区域水污染防治工作提供决策支撑。

陈家坡水站站房采用庭院式布局，框架结构，耐久年限为 50 年。配套设施包括一条从站房门口到干线公路的硬化道路、院墙等。站房里面采用灰色面砖和白色涂料，折形女儿墙与周边山体相呼应。它犹如一颗美丽的明珠，镶嵌在汉江之滨，为了一江清水永续北送，倾尽全力守望烟波浩淼的汉江。

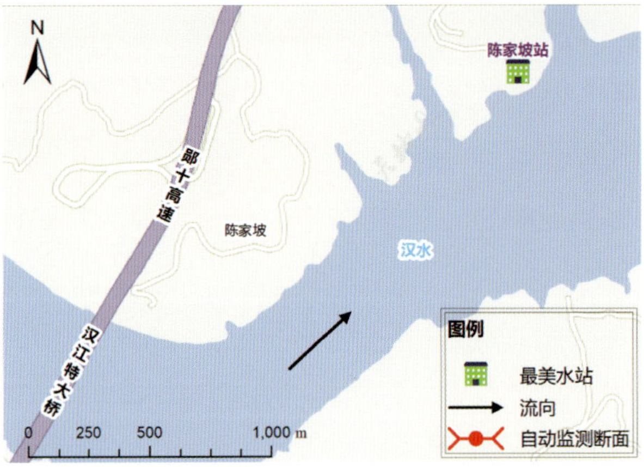

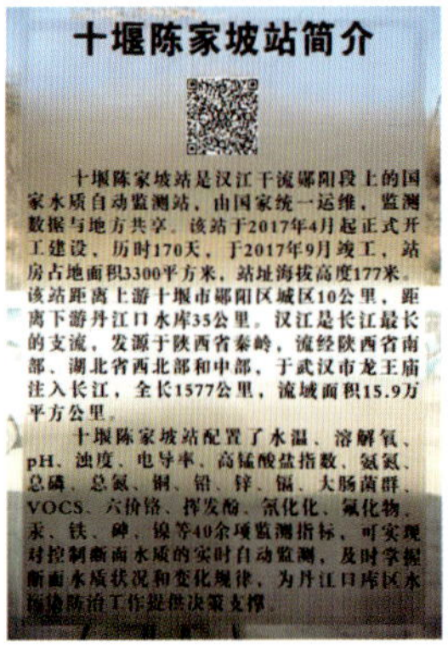

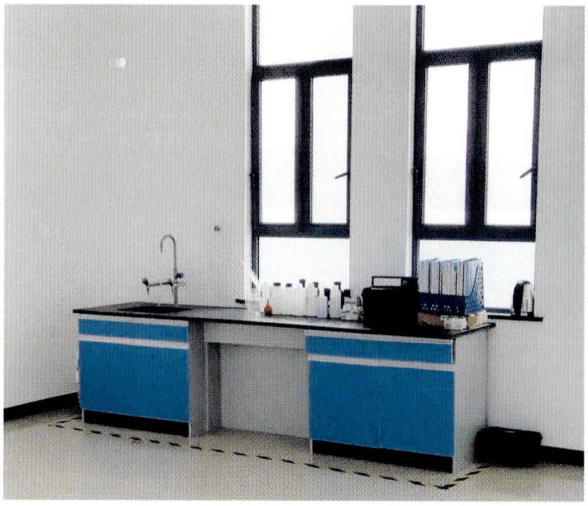

绿水青山就
是金山银山
南水北调
功在当代
利在千秋

三袁故里，水韵公安，松西河清，杨家垱美

杨家垱站

荆州市　　112.0061

长江流域　　29.7828

松滋河

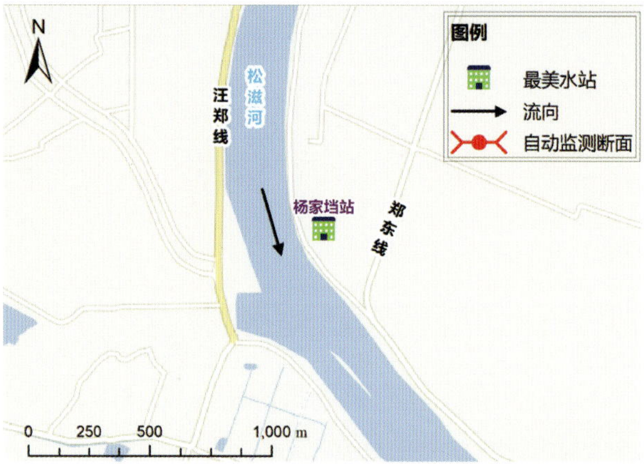

杨家垱站是长江流域松滋河上的国家水质自动监测站，由国家统一运维管理，监测数据与地方实时共享。该站于2018年4月正式开工建设，7月竣工，站房占地面积145平方米。杨家垱站内部设有仪器间、实验间、储物间和值班室，配置有水温、溶解氧、pH、浊度、电导率、高锰酸盐指数、氨氮、总氮、总磷共9项监测指标，可实现对控制断面水质9项指标的实时自动监测，及时掌控断面水质状况，为区域水污染防治工作提供决策支撑。

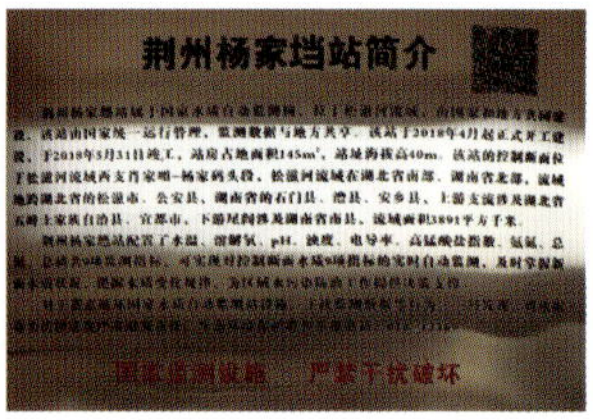

杨家垱站站房采用传统的钢筋混凝土结构，主体由加气混凝土砖砌成。站房装修简朴实用，美观大方。水站文化建设除统一性的标识外，在外部防护栏还设有水资源警示等标语，增强了公众的水资源危机意识，把“节约水资源、保护水资源、合理开发利用水资源”的理念作为人们自觉的行为准则，促进公众对与水有关的问题的认识与了解。

控制单元
预处理单元
JUST
DO

保护水资源
共创美家园
科普环保知识宣传

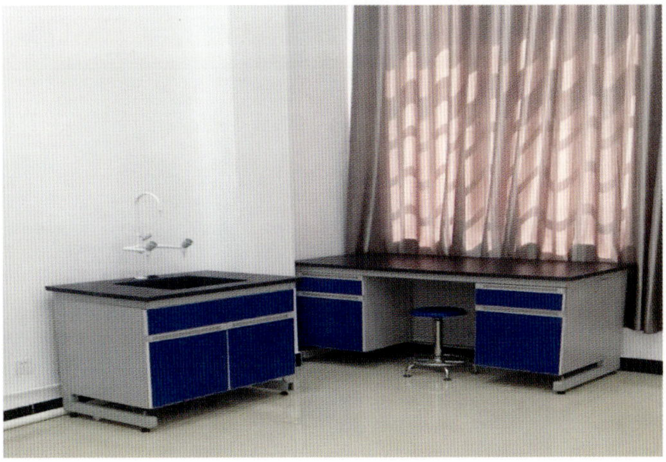

控制单元
预处理单元

江口站

- 湘西土家族苗族自治州
- 长江流域
- 酉水
- 109.5954
- 28.7050

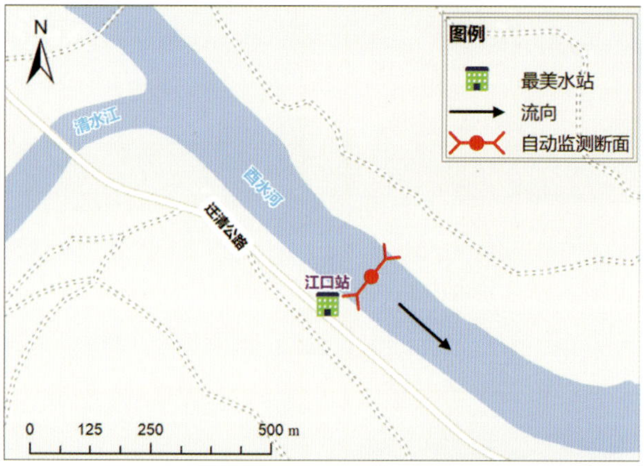

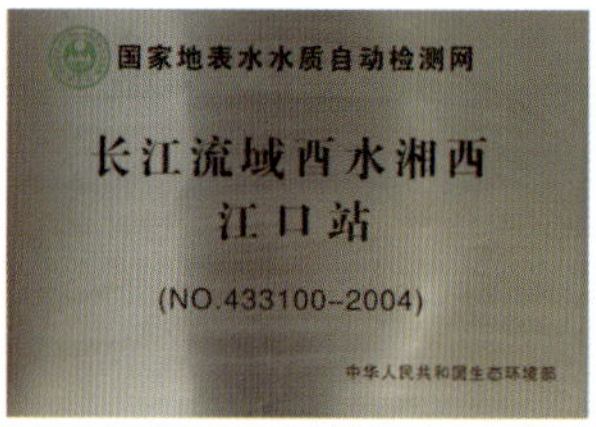

江口站位于沅江支流酉水江口—保靖区段，于 2018 年 4 月正式动工，历时 122 天，7 月 1 日竣工。站房占地面积 689.51 平方米，站址海拔 224 米。酉水湘西江口站配置了水温、溶解氧、pH、浊度、电导率、高锰酸盐指数、氨氮、总氮、总磷共 9 项监测指标，可实现对控制断面水质 9 项指标的实时自动监测，及时掌控断面水质状况，为区域水污染防治工作提供决策支撑。

江口站以土家族苗族文化底蕴为基础，站房外观采用了土家族苗族传统吊脚楼建筑模式，采用土家族摆手堂外形，屋顶四角歇山起翘，屋顶呈现双层隔空风格，俱属五柱六挂或五柱八挂的穿斗式木结构，上层宽大，工艺复杂，做工精细鳞次栉比，层叠而上。墙面采用了土家族传统的小青砖进行装饰，具有很高的实用价值和观赏价值，整体设计融合了土家族苗族文化风格，体现了民族和谐团结的乐章。

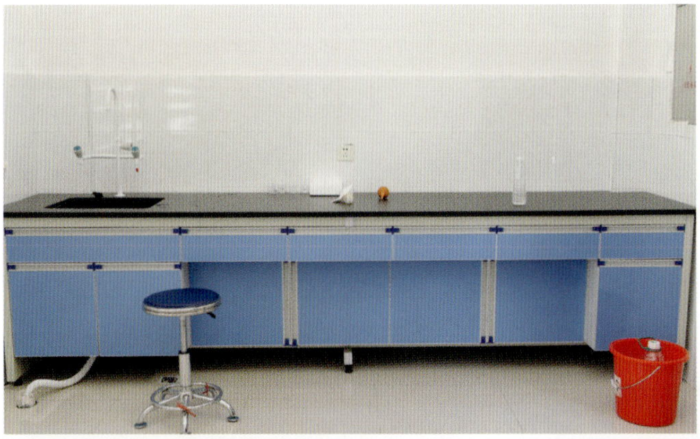

减少污染物排放 推进生态文明建设

保护酉水河 防治水污染

仁者爱水
智者护水

保护水资源
从我做起

同护酉水河
共享保靖美

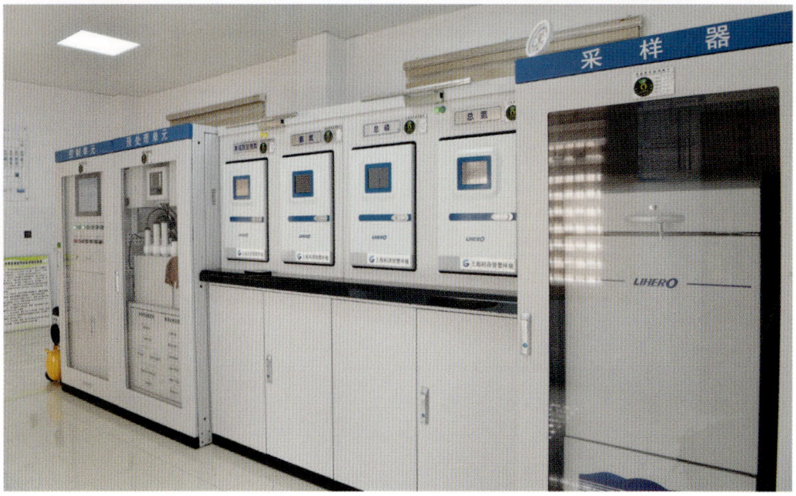
采样器
LIHERO

蒸水入湘江口站

衡阳市　　112.5941
长江流域　　26.9158
蒸水

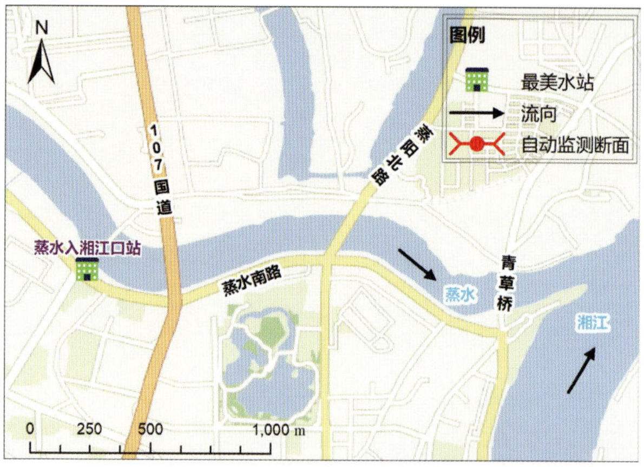

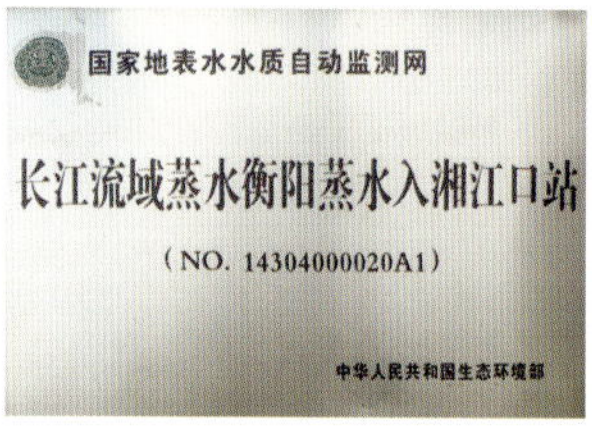

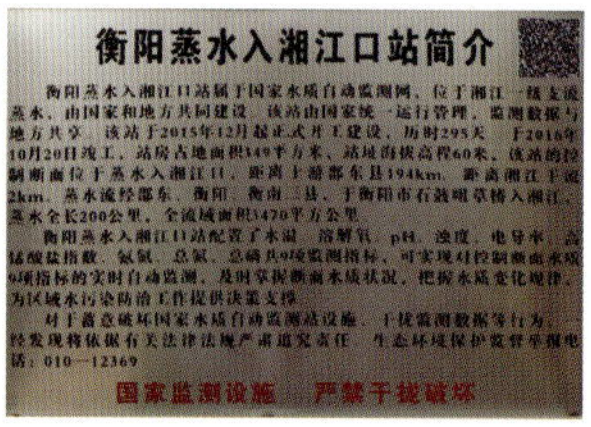

蒸水入湘江口站位于湘江一级支流蒸水，该站于 2015 年 12 月正式开工建设，历时 295 天，于 2016 年 10 月 20 日竣工，该站站房占地面积 349 平方米，站址海拔 60 米。该站的控制断面位于蒸水入湘江口。衡阳蒸水入湘江口站内部设有仪器间、实验间、储物间和值班室，站房配置有水温、溶解氧、pH、浊度、电导率、高锰酸盐指数、氨氮、总磷、总氮共 9 项监测指标，可实现对控制断面水质 9 项指标的实时自动监测，及时掌控断面水质状况，为区域水污染防治工作提供决策支撑。

衡阳蒸水入湘江口站，既是一座周边环境花园式的水站，也是守护蒸水入湘江口水质的卫士，同时还是市民游赏休息、传播生态环境知识的平台。水站亭台楼阁，幽雅不俗，植物高低错落，翠竹成林，如此佳处，自然成了鸟的天堂、美丽雁城的一道风景、市民游赏休息的最佳场所。衡阳蒸水入湘江口站，全年 365 天不停息，24 小时不间断全力以赴保证监测数据准确有效。“做好水文章，保护母亲河，实现河清水净，衡阳蒸水入湘水口站在行动。”

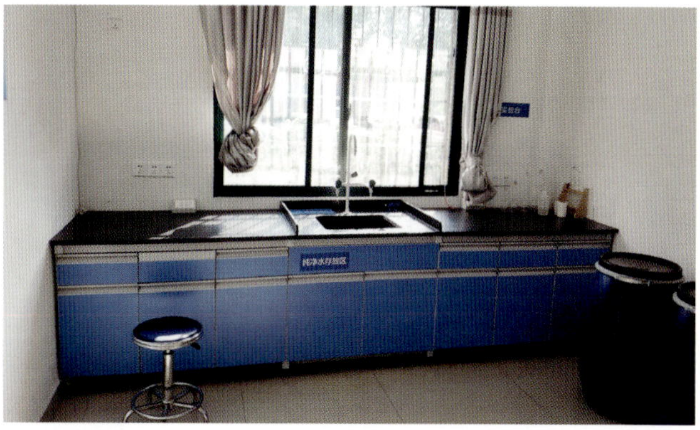

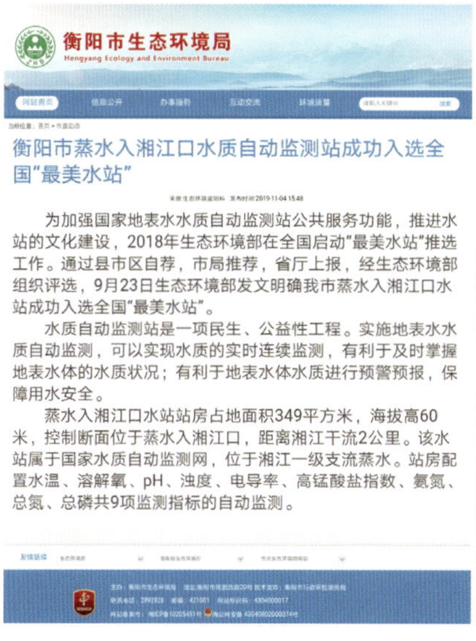

衡阳市生态环境局
Hengyang Ecology and Environment Bureau

衡阳市蒸水入湘江口水质自动监测站成功入选全国“最美水站”

发布时间 2019-11-04 15:48

为加强国家地表水水质自动监测站公共服务功能，推进水站的文化建设，2018年生态环境部在全国启动“最美水站”推选工作。通过县市区自荐，市局推荐，省厅上报，经生态环境部组织评选，9月23日生态环境部发文明确我市蒸水入湘江口水站成功入选全国“最美水站”。

水质自动监测站是一项民生、公益性工程。实施地表水水质自动监测，可以实现水质的实时连续监测，有利于及时掌握地表水体的水质状况；有利于地表水体水质进行预警预报，保障用水安全。

蒸水入湘江口水站站房占地面积349平方米，海拔高60米，控制断面位于蒸水入湘江口，距离湘江干流2公里。该水站属于国家水质自动监测网，位于湘江一级支流蒸水。站房配置水温、溶解氧、pH、浊度、电导率、高锰酸盐指数、氨氮、总氮、总磷共9项监测指标的自动监测。

筑湘江明珠展风华，护永州碧水惠民社

双牌水库站

永州市　　111.6929

长江流域　　25.9456

潇水

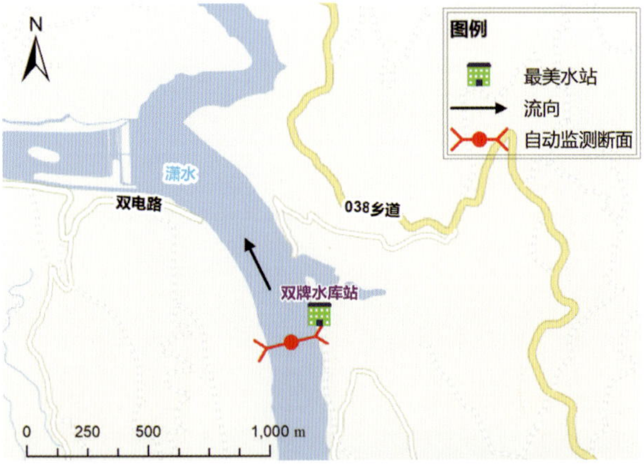

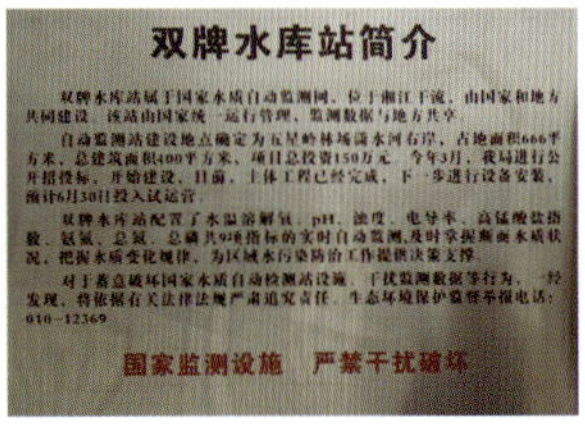

双牌水库站位于湘江干流，该站建设地点为五星岭林场潇水河右岸，占地面积 666 平方米，总建筑面积 400 平方米，项目总投资 150 万元。2018 年 3 月，该站进行招投标开始建设，7 月正式投入使用。该站配置了水温、溶解氧、pH、浊度、电导率、高锰酸盐指数、氨氮、总氮、总磷共 9 项监测指标，可实现对控制断面水质 9 项指标的实时自动监测，及时掌控断面水质状况，为区域水污染防治工作提供决策支撑。

双牌县位于湖南省西南部，永州市中腹，湘江上游，是国家级重点水源涵养功能区。全县总面积 1 751 平方千米，地形大体呈“九山半水半分田”的格局，全县森林覆盖率达 85% 以上，境内原始次森林分布广，空气中负氧离子含量每立方厘米达 8 万多个，夏无酷暑，冬无极寒，是名副其实的“岭北生态画卷”“湘粤凉岛”和“天然氧吧”，也是一个山清水秀、生态优越、社会和谐的美丽山区县。双牌水库站坐落于双牌水库右侧，静静守护着碧绿的湘江。

永州双牌水库站
环境宣传教育基地

采样器

一江一河楚水韵，一洲一站护浏河

三角洲站

长沙市　113.0003

长江流域　28.2474

浏阳河

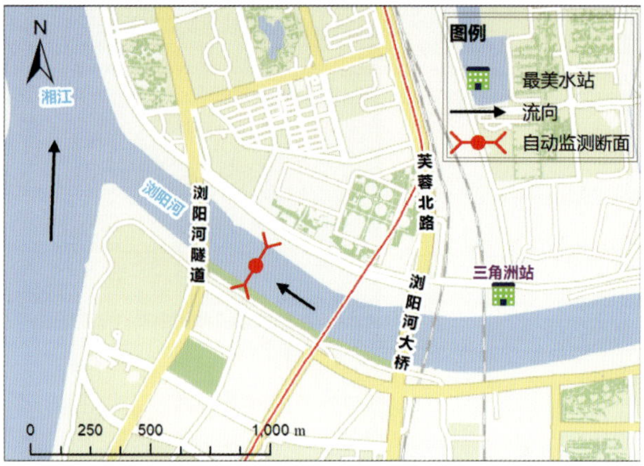

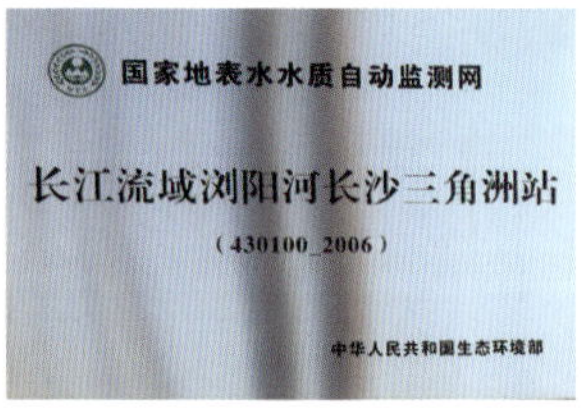

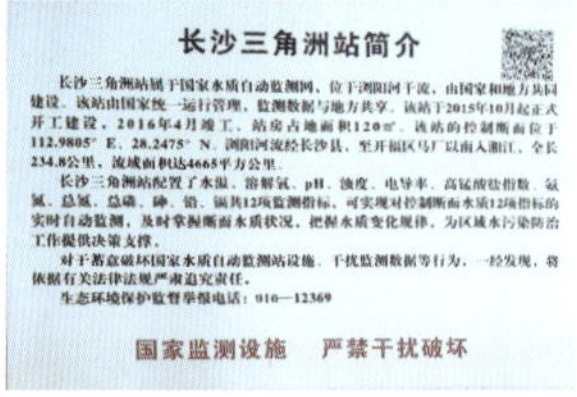

三角洲站坐落于浏阳河北岸，毗邻开福区滨河南路风光带，绿意河畔，灵韵沁心，铸就环境之美。该站为一层固定标准站房，占地面积 120 平方米，站内分为仪器间、质控间和值班室，配置有水温、溶解氧、pH、浊度、电导率、高锰酸盐指数、氨氮、总氮、总磷、砷、铅、镉共 12 项监测指标，可实现对控制断面水质 12 项指标的实时自动监测，及时掌控断面水质状况，为区域水污染防治工作提供决策支撑。

浏阳河实行四级“河长制”肩负“敬天爱人，环保为先”之责，2018 年，浏阳河长沙段共建成水质自动监测站 17 座，到 2019 年新增 11 座水质自动监测站，保障年度水质达到三类，实现一河美景入湘江，尽显责任之美。浏阳河，一条人文荟萃之河，夏夜徐风送往，河畔人家渔歌唱晚，汇聚传承之美。未来三角洲站将全力守护母亲之流，净化生命之源，争当最美水站。正所谓：“一江一河楚水韵，一洲一站护浏河”。

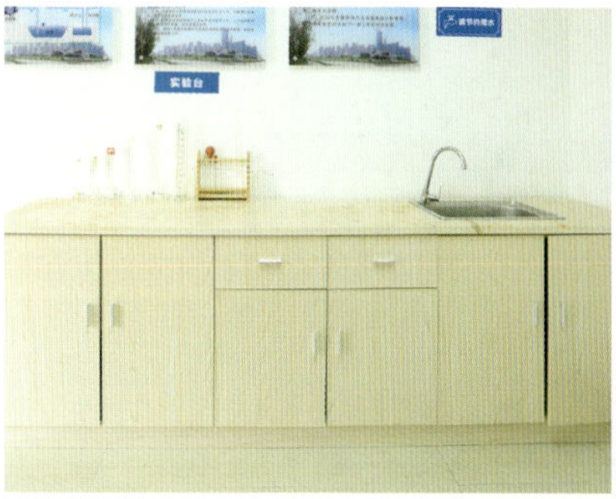
实验台

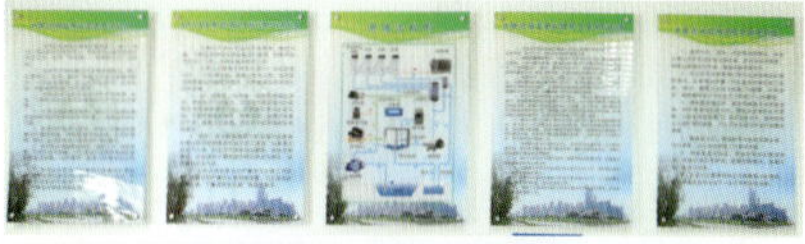

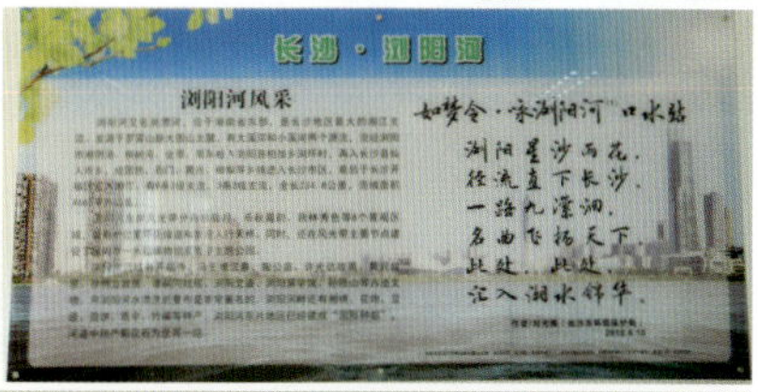
长沙·浏阳河
浏阳河风采

辅助单元
采样器
纯净水存放区

双江交汇古殿堂，美丽碧水守护神

邵水入河口站

邵阳市　　111.4642
长江流域　　27.2438
邵水

邵水入河口站坐落于邵阳市双清区邵水东路，站房总面积为 100 平方米。水站于 2018 年 2 月开始建设，8 月 24 日通过验收，配置有水温、溶解氧、pH、浊度、电导率、高锰酸盐指数、氨氮、总氮、总磷共 9 项监测指标，可实现对控制断面水质 9 项指标的实时自动监测，及时掌控断面水质状况，为区域水污染防治工作提供决策支撑。

邵水入河口站巧妙利用市区原有的景观楼（红茶馆）这一家喻户晓的仿古建筑，与周边的宝庆古城墙、水府庙等古建筑群浑然一体，打造成既充分体现人与自然的和谐相处，又具丰富的文化底蕴，既简朴实用，又美观大方的现代水站，同时，水站建在二楼，一楼是广大市民休闲娱乐的场所，每逢节假日，市书法家协会等群团组织开展免费赠送春联等活动，是群众进行文化活动的好场所。水站充分利用这一有利条件，积极开展环保宣传活动，特别是市民可以“零距离”地接触水站、了解水站，监督水站，充分体现监测为民的宗旨，同时，把这里建设成生态环境保护工作的一张亮丽品牌。

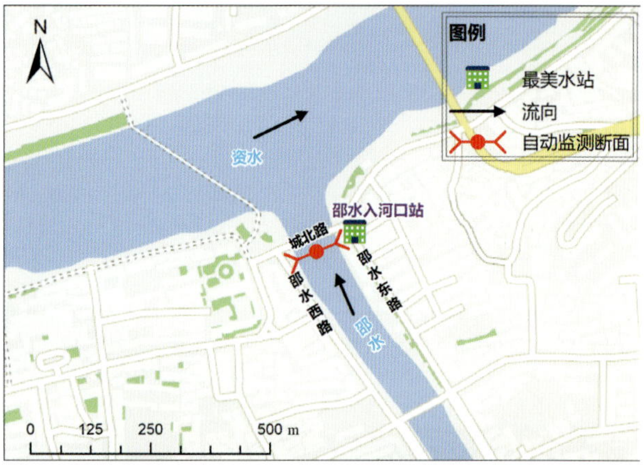

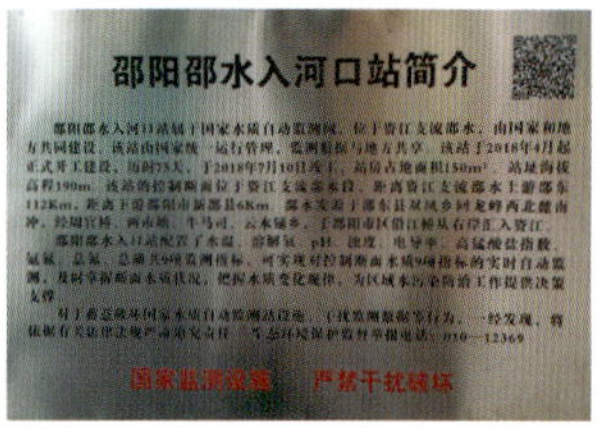

实验台

控制单元
预处理单元

采样器

华南地区

HUANAN REGION

共和村站

深圳市　113.7827
珠江流域　22.7526
茅洲河

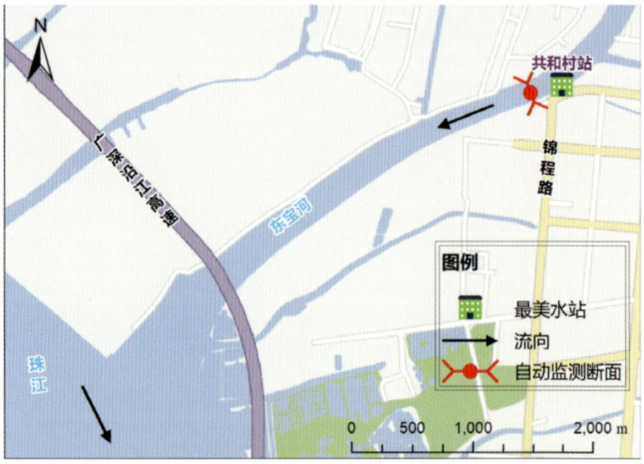

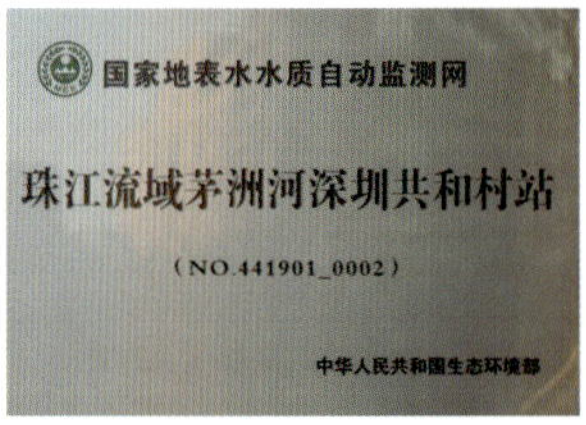

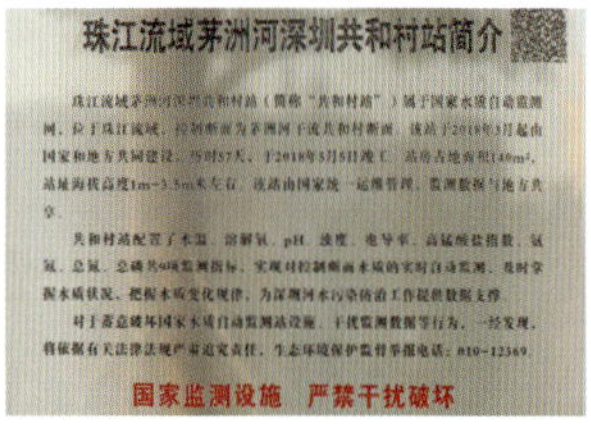

共和村站是茅洲河干流上的国家水质自动监测站，于2018年3月开工，5月初完成建设。该站占地150平方米，站房面积40平方米，呈园艺式庭院格局，配置有水温、pH、溶解氧、浊度、电导率、高锰酸盐指数、氨氮、总磷、总氮共9项监测指标，可实现对控制断面水质9项指标的实时自动监测，及时掌握水环境状况和变化趋势，为水环境管理和决策提供依据。

共和村站凸显了深圳特有的现代、创新和活力气息。水站立体布局和模块化配置呈现简约和亲近感，高度融合智慧管理功能，实现自主操控、远程监控，给予维护人员深切的人文关怀。水站在完全满足功能需求基础上尽量缩减站体用地、拓展开放空间，营造园艺生态以深度融入河岸人文休闲带，成为竞相追逐的亲水、观景的舒适休憩平台，也成为引人入胜的科普和环境宣教特色基地。

档案存放区

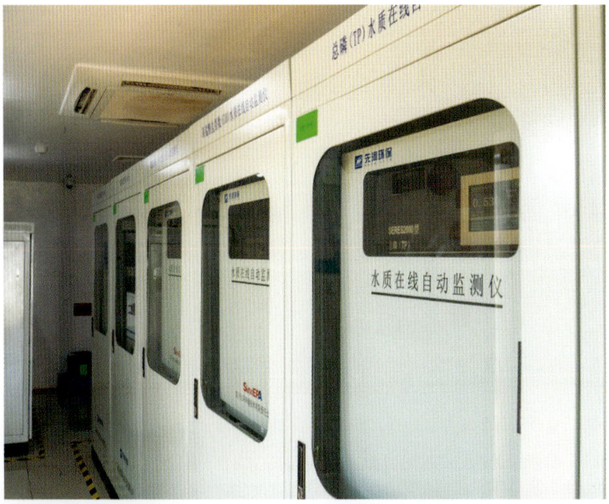
水质在线自动监测仪

国家生态环境监测
National Ecological And Environmental Monitoring

国家生态环境监测

守东江千里碧波，护惠州百万乡愁

博罗城下站

惠州市　　114.2526
珠江流域　　23.1510
东江

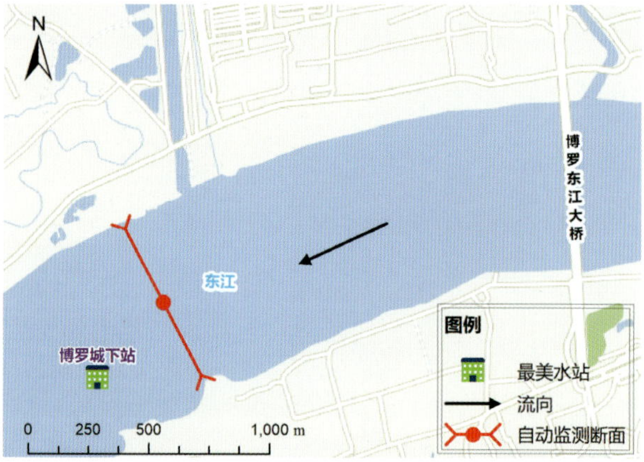

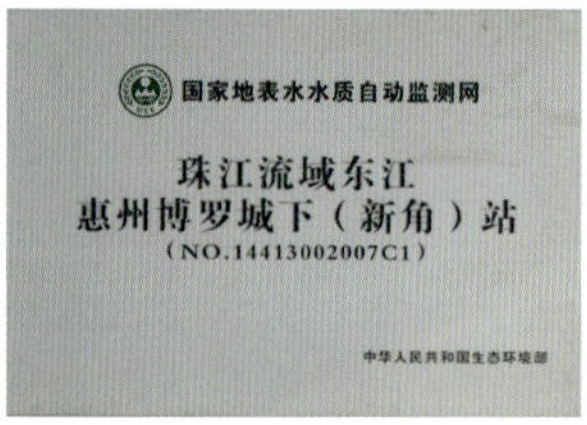

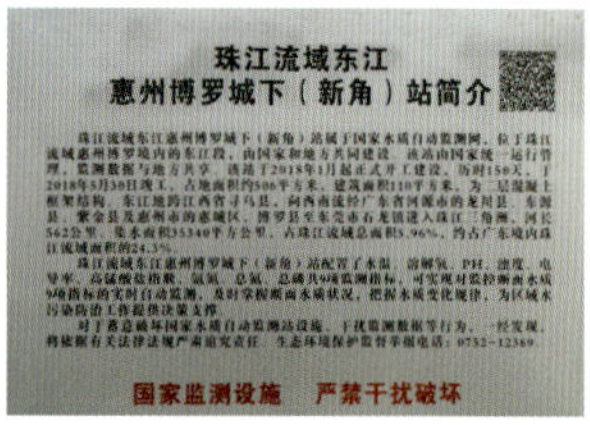

博罗城下（新角）站位于东江流域中下游，东江是河源、惠州、东莞、深圳和广州东部以及香港特别行政区近 4 000 万人口的饮用水源，在这里建站，能更全面、及时、准确地监控水质，从而更有效保障博罗人民的用水安全。该站占地面积 506 平方米，建筑面积 110 平方米，外置花圃绿植，一楼设值班室、休息室、卫生间、入门大厅等功能空间，二楼是仪器室和质控室，用地规划合理，水电设施齐全，配置有水温、pH、溶解氧、浊度、电导率、高锰酸盐指数、氨氮、总磷、总氮共 9 项监测指标，可实现对控制断面水质 9 项指标的实时自动监测，及时掌握水环境状况和变化趋势，为水环境管理和决策提供依据。

博罗城下（新角）水质自动监测站不仅是东江水质的一道坚实保障，更是一座环保科普教育基地。站房外墙醒目的宣传标语“加强生态环境保护、建设美丽中国”，表达了博罗对绿色发展的立场和愿景；通过设立“党建宣传”“环保科普站”“环保发展历程”“水站建设成果展”等专栏，全方位展示水站文化与成果，给博罗市民传递环保知识和环保理念。

国家地表水环境质量监测网

中国环保
发展历程
MEE

宣传专栏

钟灵毓秀，五桂飘香，伟人故里，和美中山

中山港码头站

中山市　113.5003

珠江流域　22.5728

横门水道

中山港码头站（原名中山市横门水站）是广东省珠江水环境自动监测及信息系统建设项目的重要组成部分，同时也是珠江八大出海口建设的 4 个入海河口水质自动站之一。该水站于 2009 年开展立项，2011 年 8 月完成仪器设备的安装调试、性能测试和比对监测，2018 年 4 月中山港码头站通过联网升级改造和水站文化建设，2018 年 4 月顺利通过验收。该站配置有水温、pH、电导率、浊度、溶解氧、高锰酸盐指数、氨氮、总磷、总氮、活性磷、氰化物、化学需氧量、石油类、硝酸盐氮、亚硝酸盐氮、氯化物、铅、锌、铜、镉等 20 项监测指标，可实现对控制断面水质 9 项指标的实时自动监测，及时掌握水环境状况和变化趋势，为水环境管理和决策提供依据。

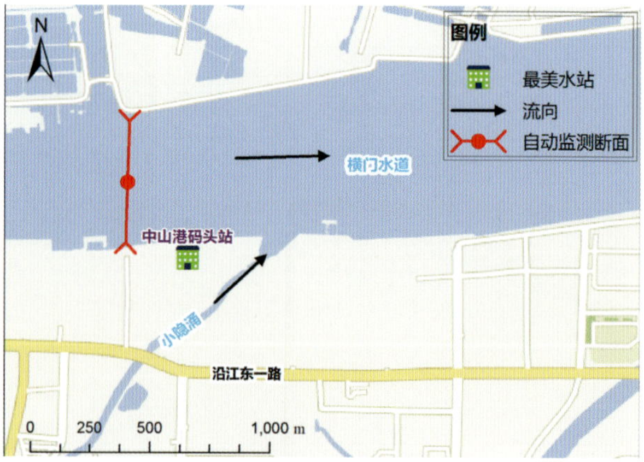

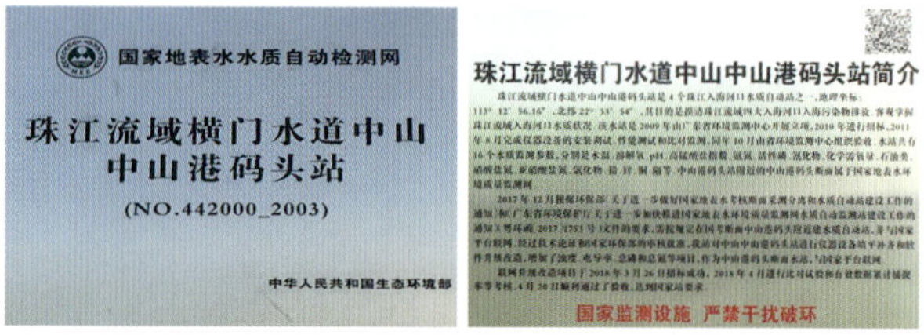

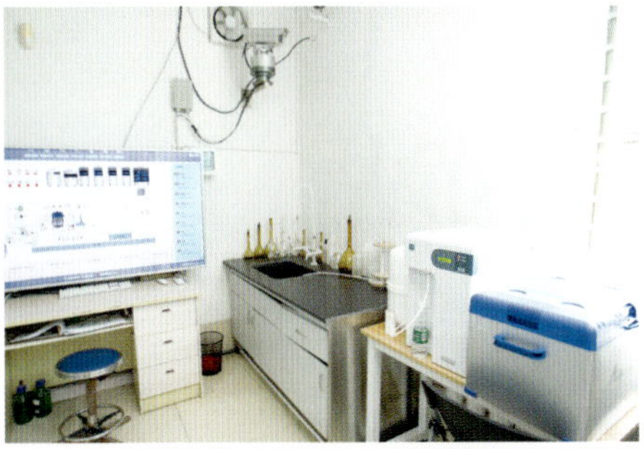

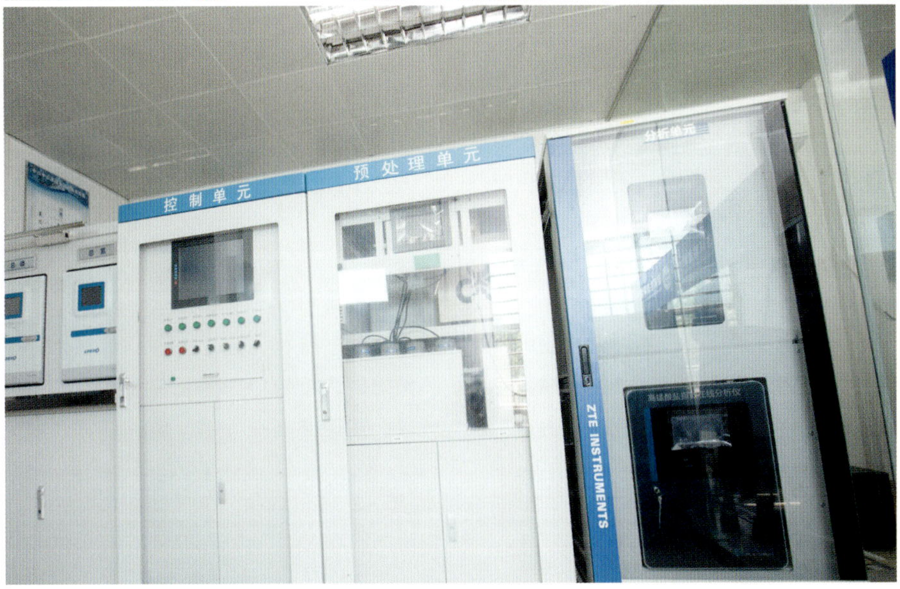
控制单元
预处理单元
分析单元
ZTE INSTRUMENTS

珠江绕花城，碧水入鸦岗

鸦岗站

广州市　　113.1838

珠江流域　　23.2230

珠江广州段

鸦岗站由国家和地方共同建设，国家统一运行管理，监测数据与地方共享。该站建成于 2018 年 7 月，站房占地面积 100 平方米，控制断面位于广州城区西北郊，地处珠江广州河段西航道上游。广州鸦岗站内部设有仪器间、实验间和储物间，该站配置有水温、pH、溶解氧、浊度、电导率、高锰酸盐指数、氨氮、总磷、总氮共 9 项监测指标，可实现对控制断面水质 9 项指标的实时自动监测，及时掌控断面水质状况，为区域水污染防治工作提供决策支撑。鸦岗站周边按公园功能区设置已建成园林石景、进行了绿地改造，周边环境优美，视野开阔，并委托勘察设计单位编制了景观大型改造方案，推进周边环境的绿色建设。

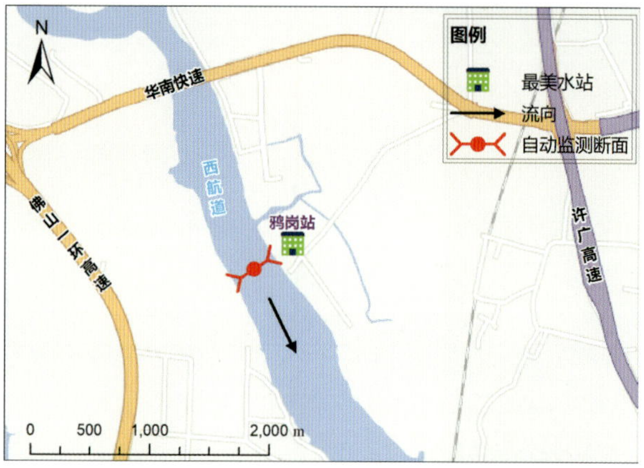

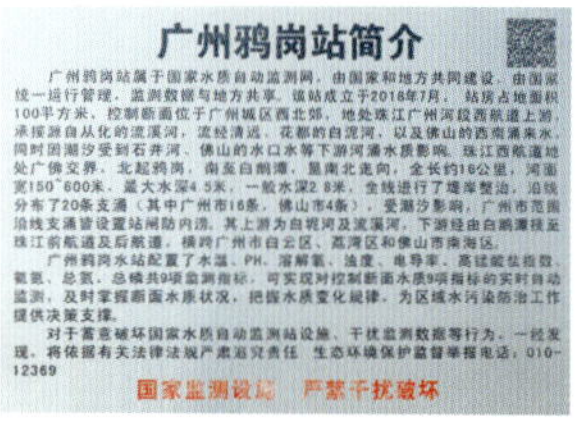

广州水警

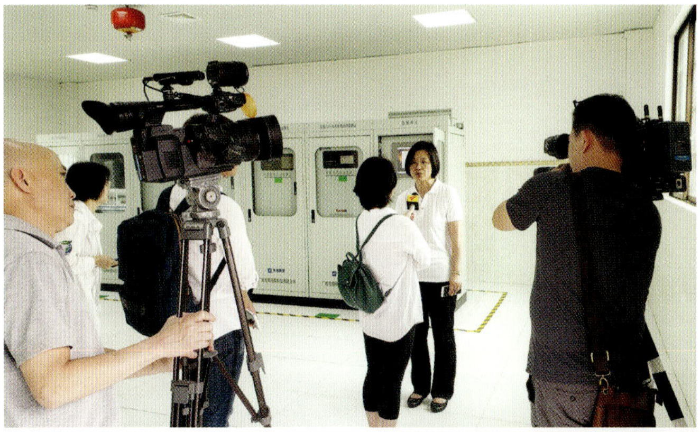

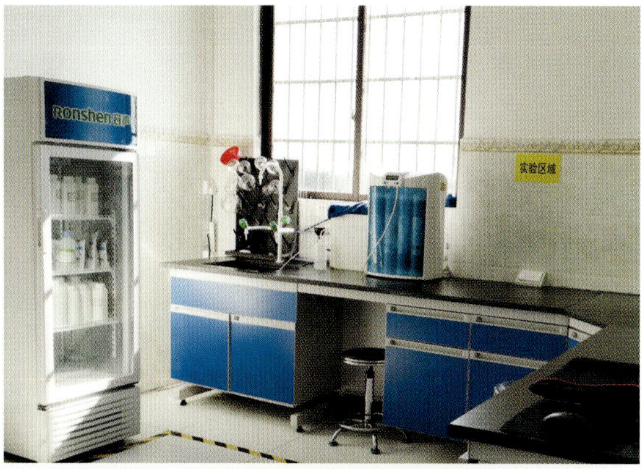
Ronshen
实验区域

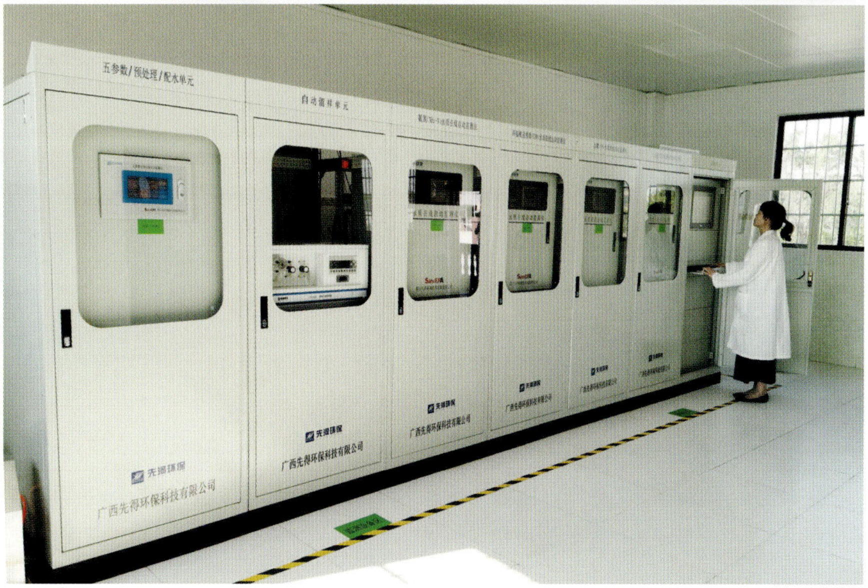
五参数/预处理/配水单元
自动循环单元
广西先得环保科技有限公司

世界客都，长寿梅州，韩江水碧，绿润千秋

大麻站

梅州市　116.5425
珠江流域　24.3559
韩江

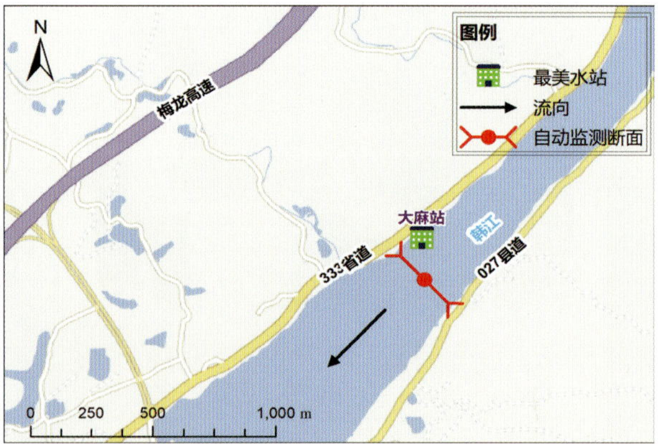

大麻站位于韩江干流三河坝至大麻河段，站房占地面积 94 平方米，建筑面积 204.6 平方米，绿化面积 300 多平方米，建筑工程总投资 200 多万元。站房外观设计上，结合客家文化元素打造与周围的环境融为一体；该站设置了仪器间、质控间、值班室、储物间，配置有水温、pH、溶解氧、浊度、电导率、高锰酸盐指数、氨氮、总磷、总氮共 9 项监测指标，可实现对控制断面水质 9 项指标的实时自动监测，及时掌握水环境状况和变化趋势，为水环境管理和决策提供依据。

大麻站不仅是保护粤东人民母亲河的一道坚实保障，更是一座环保科普教育基地。为深入贯彻习近平“绿水青山就是金山银山”的生态文明思想和理念，大埔县结合水质自动监测站的文化建设要求，建立了水质自动监测站运行的基础保障和文化宣传机制，制定了相关工作方案和宣传方案。

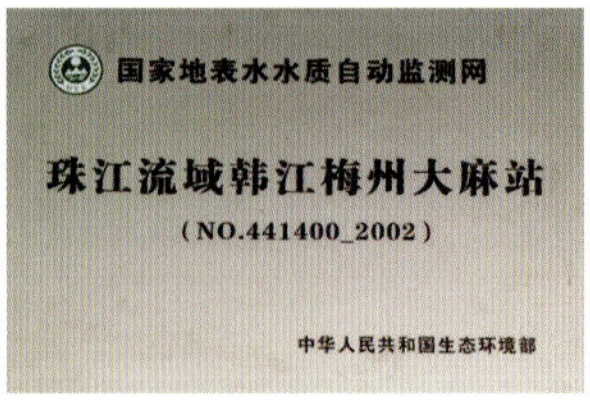

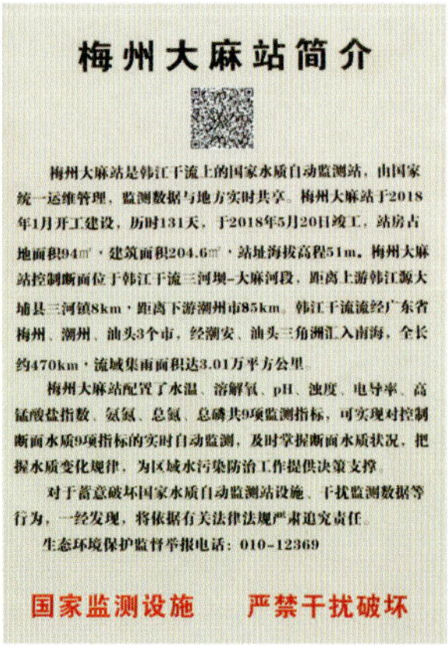

习近平生态文明思想

龙川城铁路桥站

河源市　　115.2543
珠江流域　　24.1249
东江

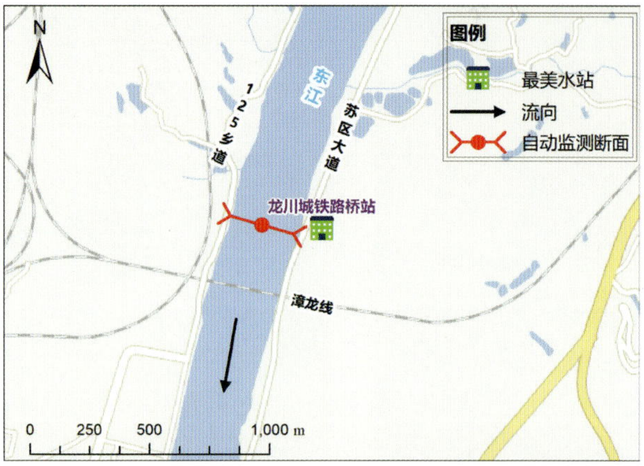

龙川铁路桥站位于广东省河源市龙川县老隆镇沿江东路铁路桥上游 800 米处，站房用地总面积 420 平方米，建筑面积 159 平方米。内设有仪器室、质控室、生活间、厨房、卫生间和会客厅。该站配置有水温、溶解氧、pH、浊度、电导率、高锰酸盐指数、氨氮、总氮、总磷共 9 项监测指标，可实现对控制断面水质 9 项指标的实时自动监测，及时掌控断面水质状况，为区域水污染防治工作提供决策支持。

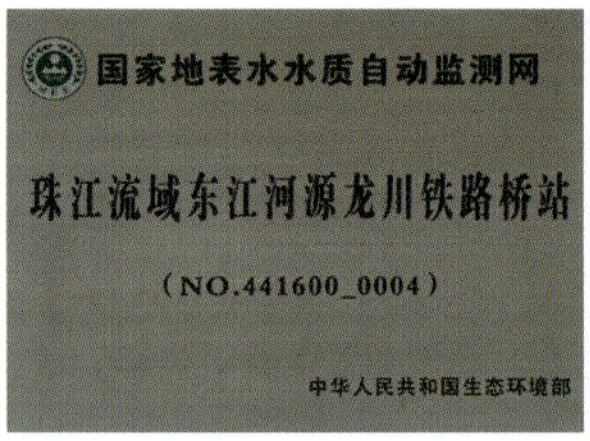

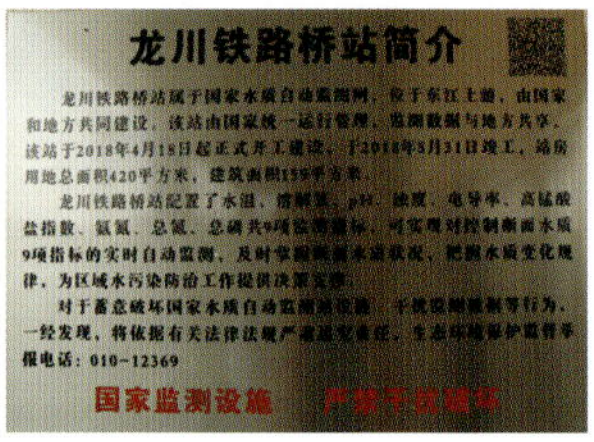

东江河道起点为枫树坝水库，河道止点为龙川县佗城镇胜利村，流经车田、赤光、黎咀、黄石、四都、丰稔、老隆、佗城等乡镇，县内河道长度 60.65 千米，集雨面积 7 698 平方千米，特殊的地理位置决定了建设水站的特殊使命。

警 告
水站采水设施带电，请勿靠近！
龙川铁路桥水站示

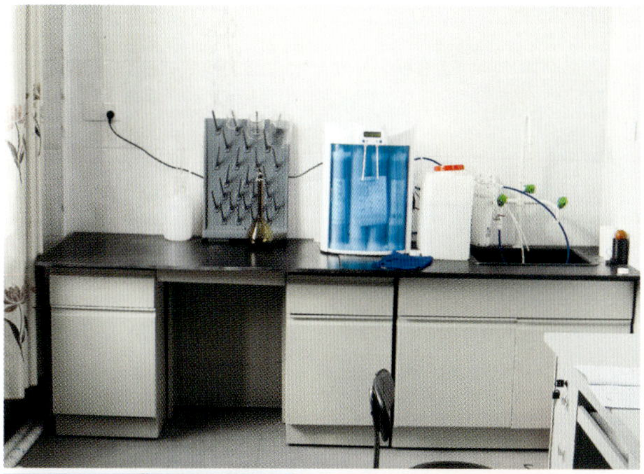

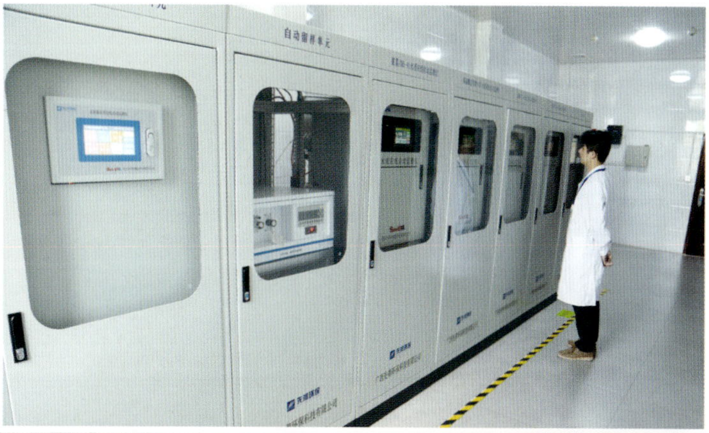
自动留样单元

就是金山银山
连锁
Whirlpool

共建绿色家园

鼍城苍翠护绿水，漠江荡漾绕青山

江城站

阳江市　111.9507
珠江流域　21.8278
漠阳江

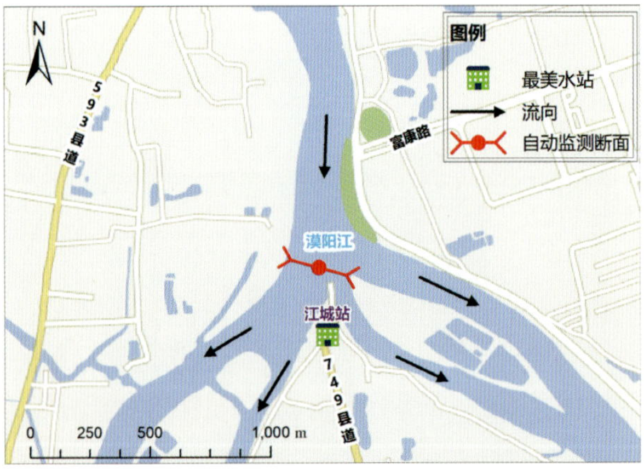

江城站是漠阳江干流上的国家水质自动监测站，由国家统一运维管理，监测数据与地方实时共享。该站于 2018 年 3 月正式开工建设，历时 140 天，7 月中旬竣工，该站总占地面积 320 平方米，站址海拔 3.1 米。该站的控制断面位于漠阳江阳江市区下游三江交汇处。该站内部设有仪器室、质控室和值班室，配置有水温、溶解氧、pH、浊度、电导率、高锰酸盐指数、氨氮、总磷、总氮共 9 项监测指标，可实现对控制断面水质 9 项指标的实时自动监测，及时掌控断面水质状况，为区域水污染防治工作提供决策支撑。

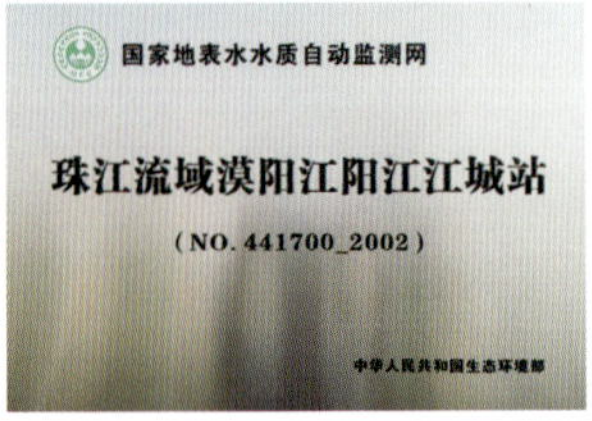

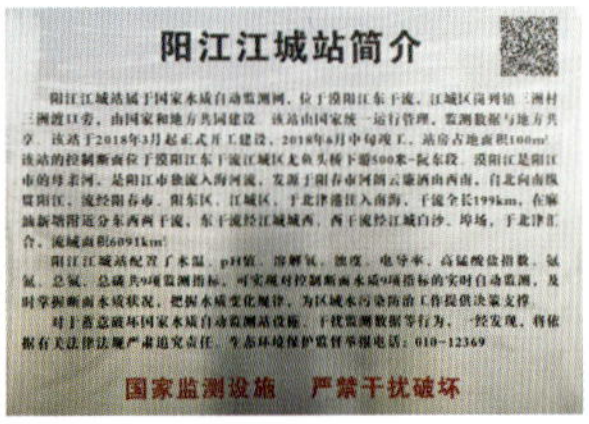

江城站站房设计与周围环境十分协调，既是闹市中一处幽静所在，也和千年古刹石觉寺及占地 2 万多平方米的三廉公园隔江相望，与阳江“老三景”石觉禅林、渔洲晚唱、顿砵霞云交相辉映，静静守护着美丽的漠阳江。

采样器

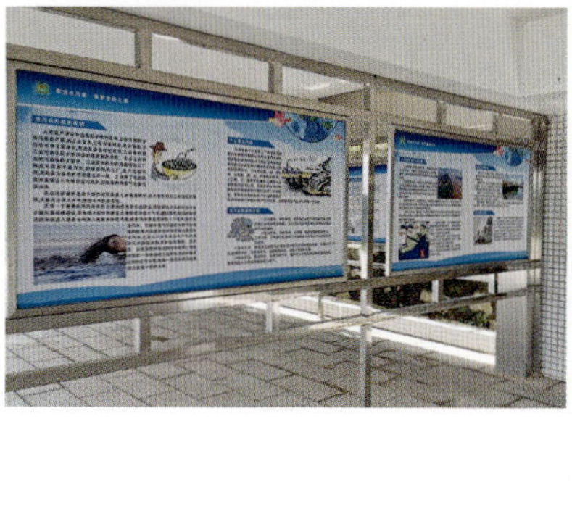

惜水、爱水、节水从我做起

百年商埠，绿城水都，一江净水向东流，山清水秀党旗红

石良角站

梧州市　　111.1825
珠江流域　　23.4266
浔江

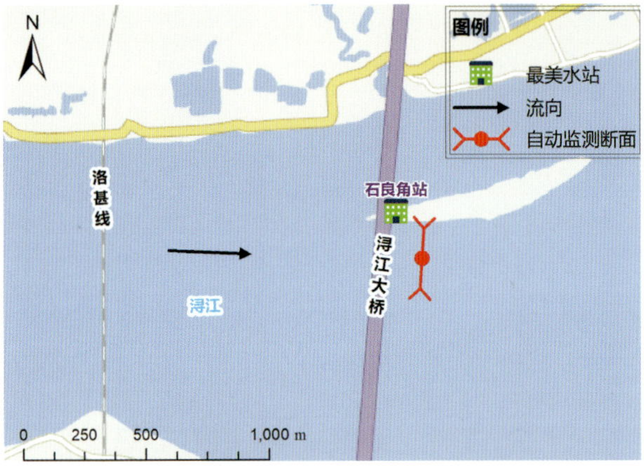

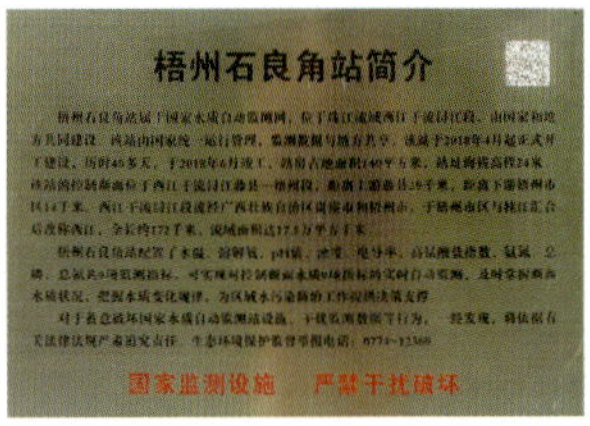

石良角站位于梧州市长洲区长洲镇龙华村泗恩洲洲头，由梧州市环境监测站承建，于 2018 年 4 月开工建设，6 月竣工。该站占地面积 320 平方米，站房面积约为 240 平方米。水站配置有水温、pH、溶解氧、浊度、电导率、高锰酸盐指数、氨氮、总磷、总氮共 9 项监测指标，可实现对控制断面水质 9 项指标的实时自动监测，及时掌握水环境状况和变化趋势，为水环境管理和决策提供依据。

石良角站位于西江干流浔江藤县—梧州段，成为公众了解水质的“晴雨表”和保护下游粤港澳大湾区城市群用水安全的重要屏障，也是梧州“山清水秀党旗红”党建宣传阵地和环保科普教育基地。生态环境部公布 2019 年上半年国家地表水考核断面水环境质量排名，梧州在全国 333 个城市中排名第五。国家考核浔江—石良角断面的水质常年保持 II 类标准，保障了一江净水向东流。

国家生态环境监测
National Ecological And Environmental Monitoring

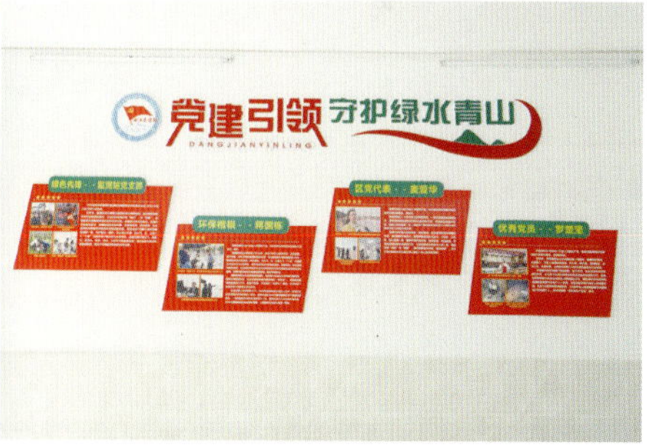
党建引领 守护绿水青山

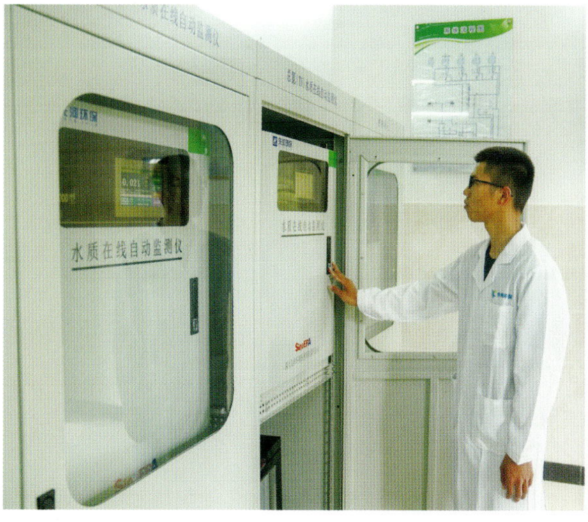
水质在线自动监测仪

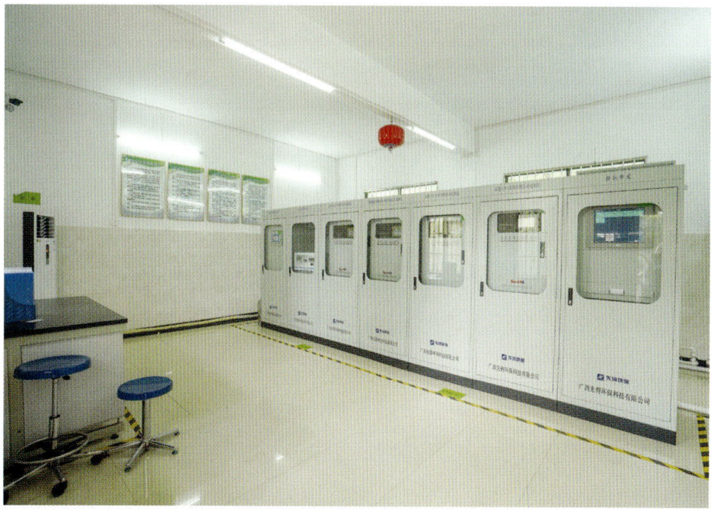

中国糖都，甜蜜崇左，世界遗产，花山岩画，
魅力边城，山水画廊

那弄站

- 崇左市
- 珠江流域
- 明江
- 107.6471
- 22.1179

那弄站位于广西崇左境内明江之畔，直线距离十万大山珠江源约 35 千米，由国家和地方共同建设，该站建设用地总面积约 490 平方米，站房建筑面积为 232.70 平方米，基础设施共投资 90 多万元，于 2018 年 4 月开工建设，历时 60 多天，同年 6 月竣工。站房主体为一栋架空式具有民族特色的二层建筑，内部设有仪器间、质控间和值班室。该站配置有水温、pH、溶解氧、浊度、电导率、高锰酸盐指数、氨氮、总磷、总氮共 9 项监测指标，可实现对控制断面水质 9 项指标的实时自动监测，及时掌握水环境状况和变化趋势，为水环境管理和决策提供依据。

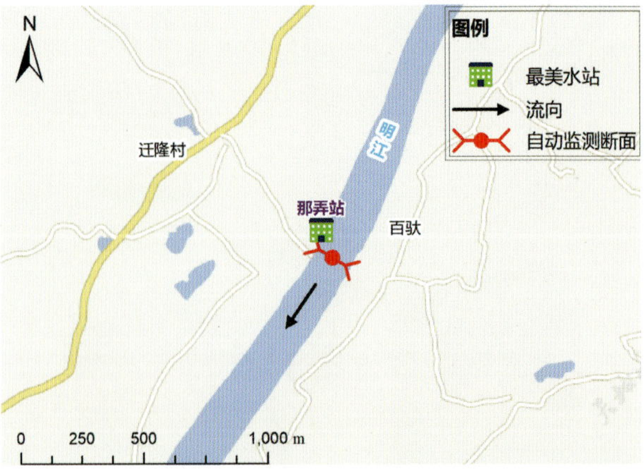

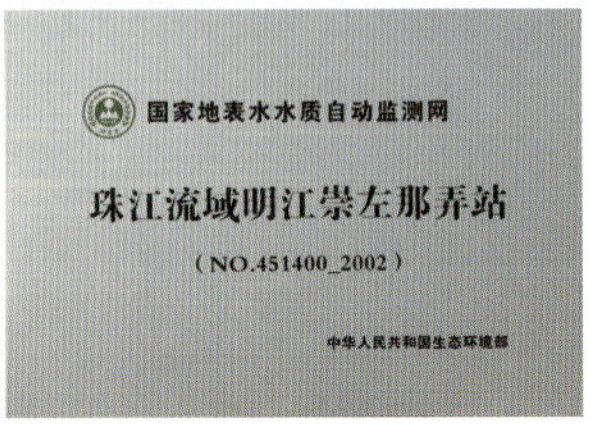

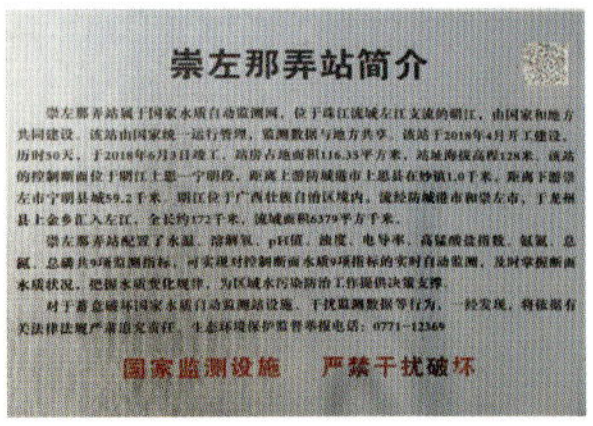

控制单元
预处理单元
采样器

实验台

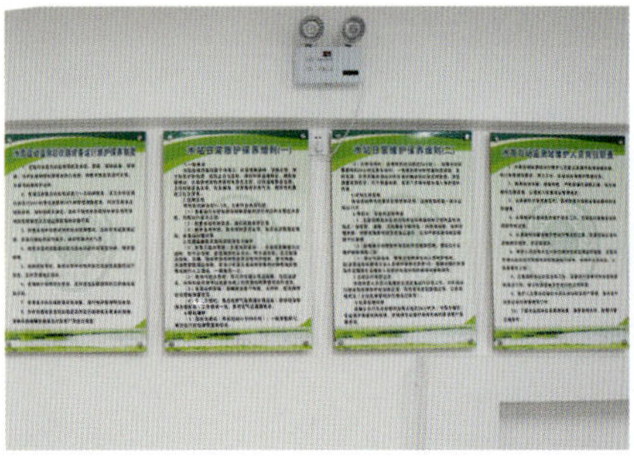

采样

珍珠海岸，美丽陵水，青山绿水，醉美大溪

大溪村站

陵水黎族自治县　　110.0513
珠江流域　　18.4951
陵水河

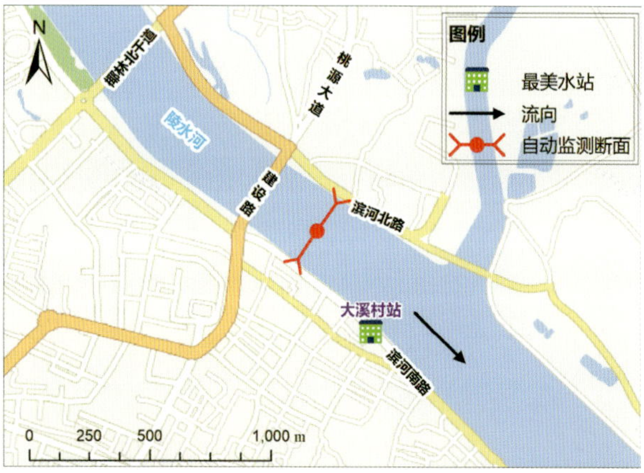

陵水河发源于保亭县贤芳岭，流经群英乡，本号镇、提蒙乡、椰林镇于水口港汇入南海，该站控制的断面位于陵水河下游，陵水河全长 73.5 千米，从县城穿行而过，流入大海，集雨面积 1 131 平方千米。陵水，一块被誉为“珍珠海岸”的土地，这里拥有美丽的海湾，优质的沙滩、葱郁的热带雨林以及丰富的自然资源，而孕育了这块土地的是陵水人的母亲河——陵水河。

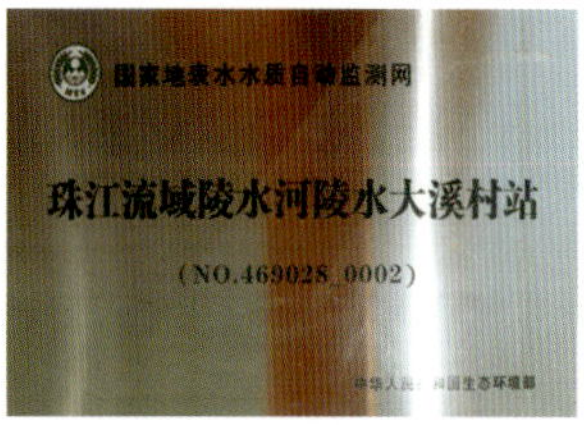

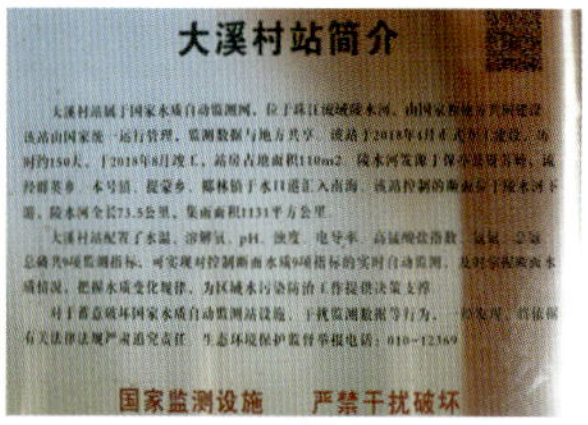

大溪村站位于珠江流域陵水河，由国家和地方共同建设，该站由国家统一运行管理，监测数据与地方共享。该站于 2018 年 4 月正式开工建设，历时约 150 天，8 月竣工，站房占地面积 110 平方米。该站配置了水温、溶解氧、pH、浊度、电导率、高锰酸盐指数、氨氮、总氮、总磷共 9 项监测指标，可实现对控制断面水质 9 项指标的实时自动监测，及时掌握断面水质状况，把握水质变化规律，为区城水污染防治工作提供决策支撑。

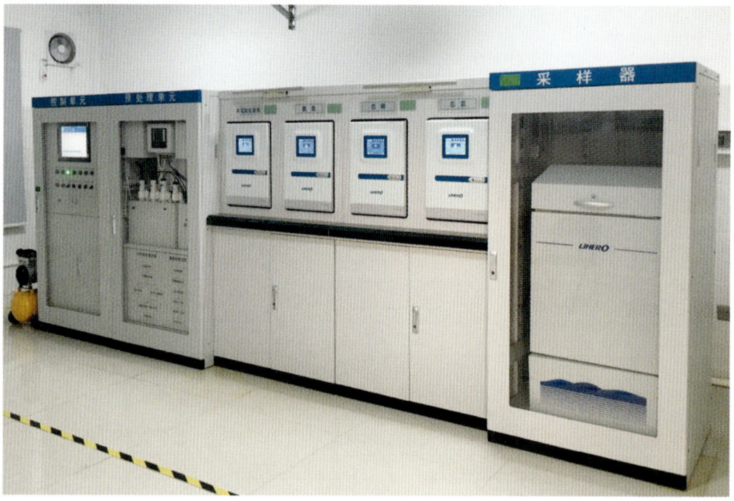
控制单元
预处理单元
采样器
LIHERO

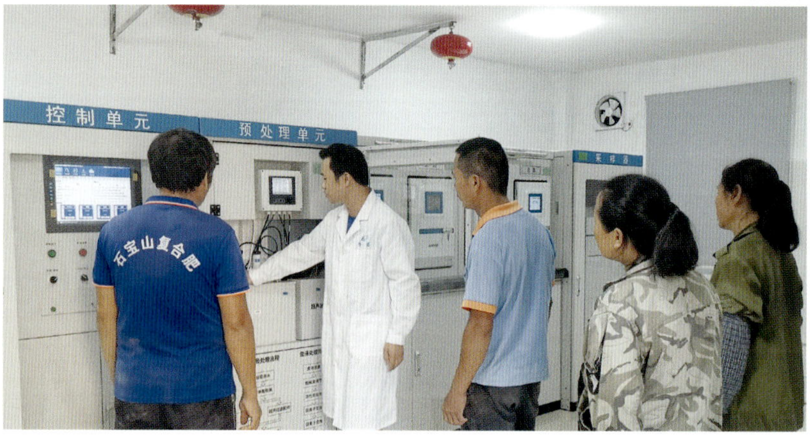
控制单元
预处理单元
石宝山复合肥

西南地区

XINAN REGION

心驰三峡，神往忠县，斗拱飞檐，黛瓦红墙

苏家站

忠县　108.0669

长江流域　30.3124

长江

苏家站是长江干流上的国家水质自动监测站，该站租用了忠县滨江公园业务用房，并按照国家水站建设技术规范要求进行了专业装修改造。改造工程于 2018 年 3 月正式开工，由忠县环境保护局承担建设，历时 92 天，5 月 30 日竣工，站房占地面积 280 平方米，站址海拔 180 米。站房内划分了仪器设备区、质控区等功能区。站内配置了水样自动采集系统、水质 9 参数自动分析仪等仪器设备。苏家站位于忠县滨江公园内，建筑外观与周边自然环境有机融为一体，建筑风格具有典型的巴渝民居特色，并结合借鉴了“世界第八大奇迹”石宝寨的建筑设计元素，斗拱飞檐、黛瓦红墙，个性特点鲜明，独具地域文化特色。水站建成后将结合当地丰富的“忠”文化精神，进一步完善相关文化建设内容，提升水站的公共宣传影响力，使其成为忠县当地重要的环保宣传阵地。

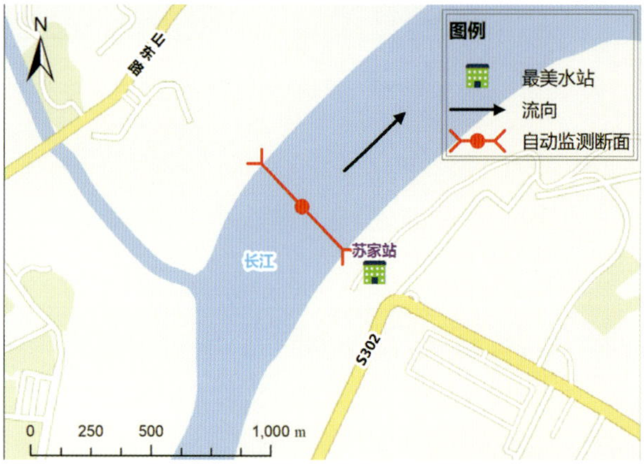

控制单元
采样器

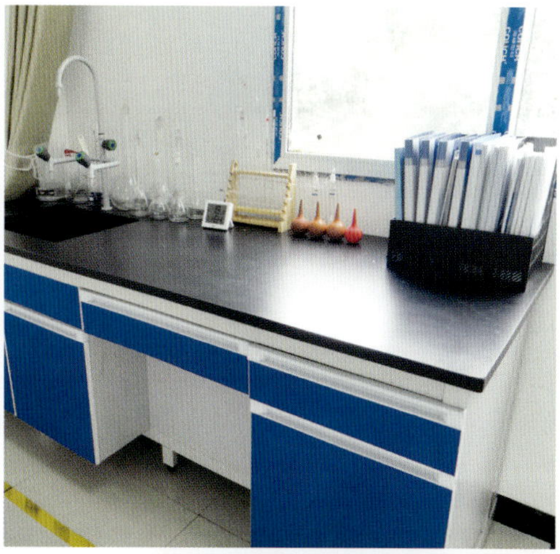

忠县"环保公众开放周"

红色酉阳，世外桃源，显山露水，站景融合

红花村站

- 酉阳土家族苗族自治县
- 长江流域
- 阿蓬江
- 108.4186
- 28.9508

红花村站位于酉阳县龚滩镇罾潭村，占地面积 400 平方米，建筑面积 100 平方米，总投资 130 万元。阿蓬江发源于湖北省恩施土家族苗族自治州利川市，是中国一条由东北向西南流的河流，它经重庆市黔江区到酉阳自治县在龚滩古镇注入乌江，全长 249 千米，为乌江第一大支流。阿蓬江酉阳段为国家级湿地公园，酉阳自治县红花村站就位于阿蓬江旁的罾潭村。红花村站处于酉阳县阿蓬江湿地公园内，建成后做到水站和景区相互衬托，让水站成为景区的一个景点，水站所在断面考核目标为 II 类。

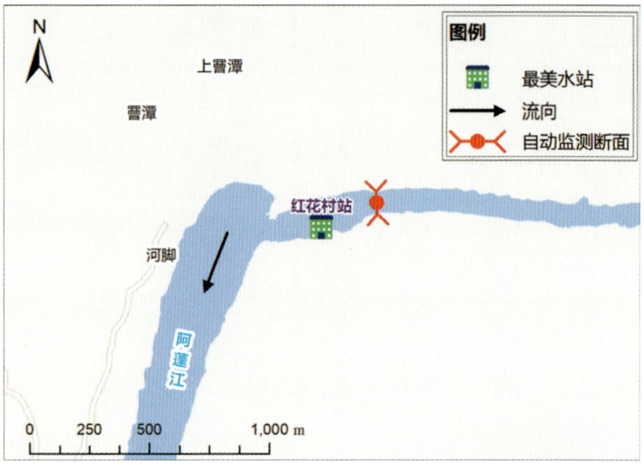

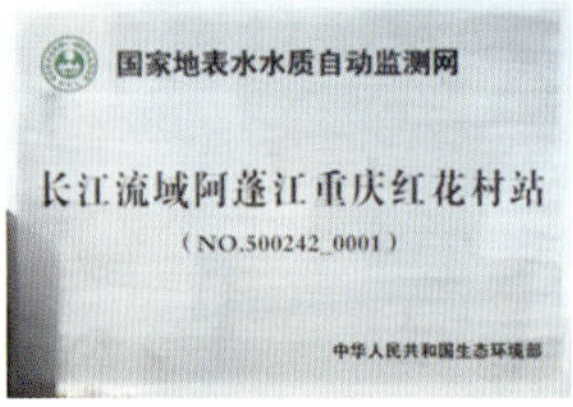

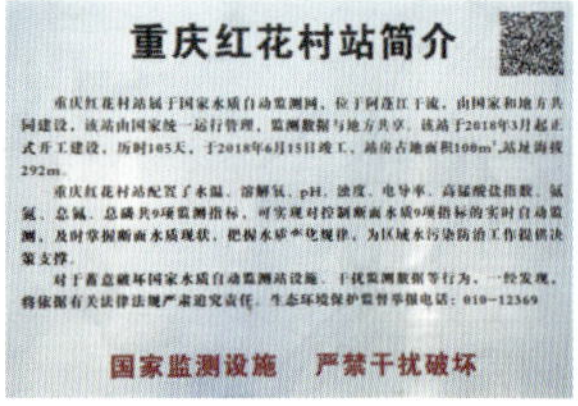

酉阳土家族苗族自治县阿蓬江红花村水质自动监测站
MEE
生态环境宣传教育基地
酉阳土家族苗族自治县生态环境局

控制单元

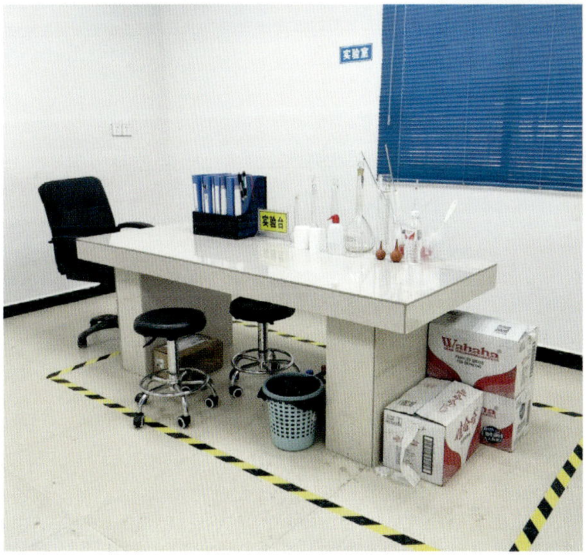
实验室
实验台
Wahaha

总氮
总磷
LIHERO
LIHERO

中国诗城，古郡夔州，诗情白帝，雄奇夔门

白帝城站

奉节县　　109.5593

长江流域　　31.0377

长江

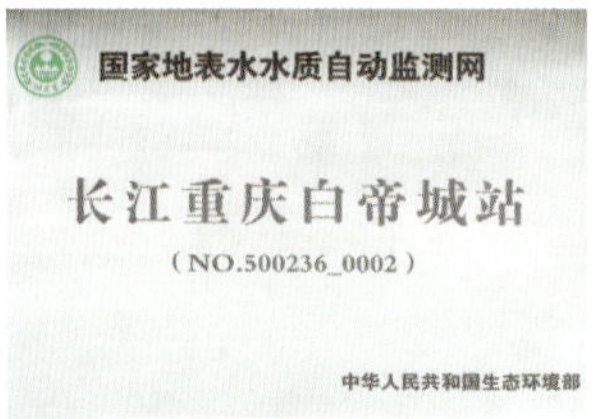

白帝城站位于长江干流，由国家统一运维管理，监测数据与地方共享。该站于 2018 年 3 月正式开工建设，历时 90 天，6 月 13 日竣工，站房占地面积 226 平方米，站址海拔 180 米。该站的控制断面位于长江干流万州晒网坝—奉节白帝城。

白帝城站内部设有仪器间、质控间和值班室，配置有水温、溶解氧、pH、浊度、电导率、高锰酸盐指数、氨氮、总磷、总氮共 9 项监测指标，可实现对控制断面水质 9 项指标的实时自动监测，该水站所在断面考核目标为Ⅲ类。走进站房，会看见一个标牌，上面刻着环保标志，还刻有“国家地表水环境监测”和“白帝城”字样，这就是白帝城水质自动监测站的身份证。信步入内，始见门窗森严、监控环置，诸多现代化仪器护卫着它的安全。站内采水、配水、分析、控制等配套设备完善。

建设"最美水站" 服务"生态奉节"
水站简介
建设过程
内部展示
领导调研

实验台

控制单元

采样器
LIHERO

人间净土，山水诗画，东女故都，醉美金川

马尔邦碉王山庄站

- 阿坝藏族羌族自治州
- 长江流域
- 大金川河
- 109.5593
- 31.0377

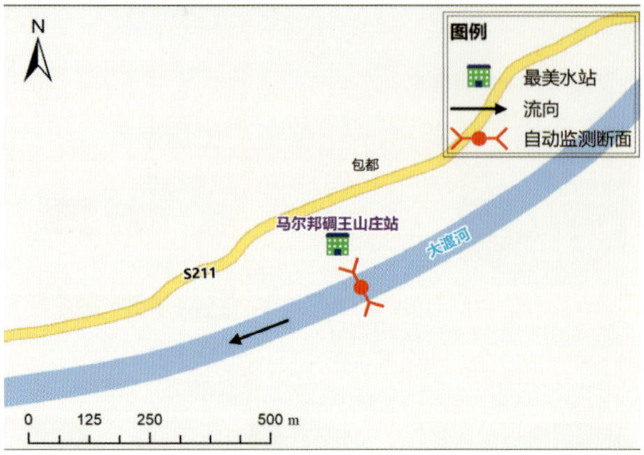

马尔邦碉王山庄站位于马奈乡卡卡足村包都社，站址海拔2 020米，占地面积约630平方米，站房面积115.24平方米。该站由金川县环境资源保护中心承建，分别设计了仪器间、质控间、值班室，总投资130余万元。该站监测系统包括水温、pH、溶解氧、浊度、电导率、高锰酸盐指数、氨氮、总氮、总磷等9项参数。监测数据上传至国家水质自动综合监管平台，可以进行实时监控，及时掌握断面水质状况，加强对各类污染物的监督，确保长江上游生态环境安全，把握水质变化规律，为区域水污染防治工作提供决策支撑。

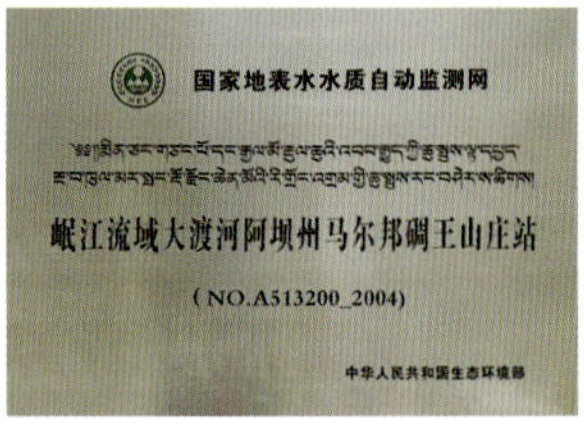

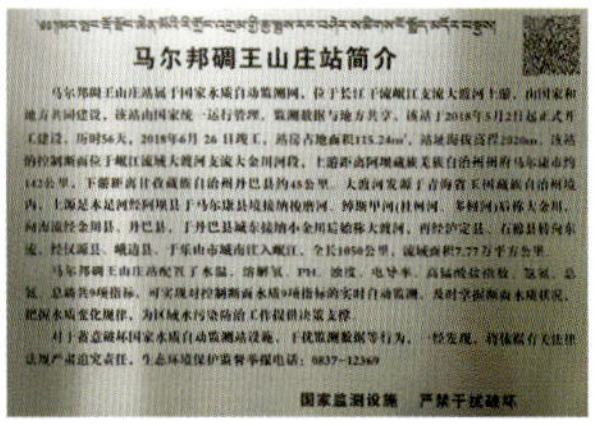

ZTE INSTRUMENTS

生命 环保宣传栏
★★★工作开展掠影★★★

保护河流生态 维护河流的健康生命 环保宣传栏

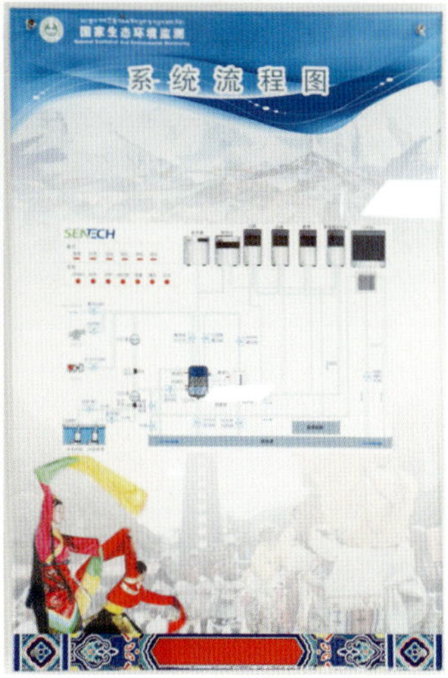
国家生态环境监测
系统流程图

李白故里，九寨门户，蜀道咽喉，华夏诗城

福田坝站

绵阳市　104.7064
长江流域　31.6742
涪江

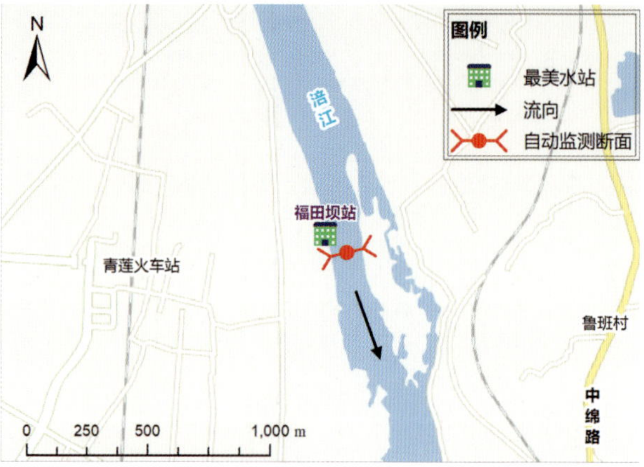

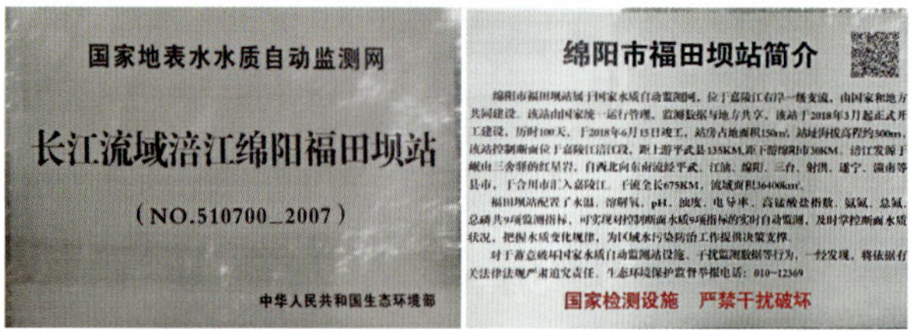

江油是唐代大诗人李白的故乡，一座风景如画的历史文化名城，也是位于成都经济圈北端的一座正在崛起的新兴工业城市、旅游城市，素有“李白故里，九寨门户，蜀道咽喉，华夏诗城”之称。中国改革开放的总设计师邓小平同志为江油亲笔题写“李白故里”，被评为“中国诗歌之乡”。

福田坝站位于美丽的“中国诗歌之乡”江油市青莲镇诗仙村七组，嘉陵江一级支流涪江右岸，距上游平武县 135 千米，距下游绵阳市 30 千米。海拔 500 米，站房占地面积 150 平方米，建筑面积为 42.5 平方米，单层固定式站房，2018 年 3 月底开始开工建设，6 月竣工，历时 100 天。水站由江油市设计院补充设计，四川烨乔建筑工程有限公司承建，房屋内部配有全程监控设备、一体化全自动消防设施、全自动温控设施、一体化操作平台等。该站配置了水温、溶解氧、pH、浊度、电导率、高锰酸盐指数、氨氮、总氮、总磷共 9 项监测指标，可实现对水质 9 项指标的实时自动监测，及时掌控断面水质状况，把握水质变化规律，为区域水污染防治工作提供决策支撑。

ZTE INSTRUMENTS

国家生态环境监测
卞易芬
市民
正在播出

ZTE INSTRUMENTS
ZTE INSTRUMENTS

李家湾站

自贡市　　104.9747

长江流域　　29.1044

沱江

李家湾站建于沱江一级支流釜溪河汇入沱江后的国家水质考核断面，该站位于富顺县兜山镇赵家村丁家渡码头，由国家和地方共同建设，自贡市环境监测中心站负责承建。该站海拔275米，占地面积约450平方米，设置仪器间、质控间、预留间等，建有专用供电线路，采水、消防、安防和恒温恒湿等系统配置齐全。

青苔满径山三叠，绿树千章水一湾。水站建设秉持简朴适用、美观大方的原则，修建过程中充分考虑了日常洗涤废水处理和植被修复，把对原有生态系统的影响降到最低。同时，突出与自然环境相协调的主题，无论是在建筑形态设计，还是在色调选择上，都最大限度彰显“千年盐都”“中国灯城”“恐龙之乡”的独特元素，让历史文化的古韵之美与蜿蜒沱江的自然生态之美生动融合。

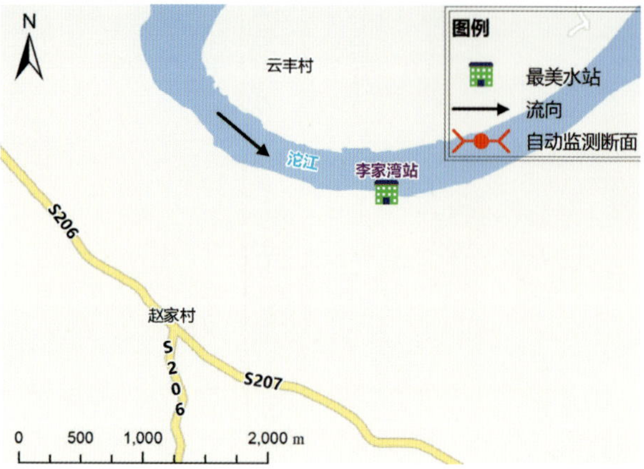

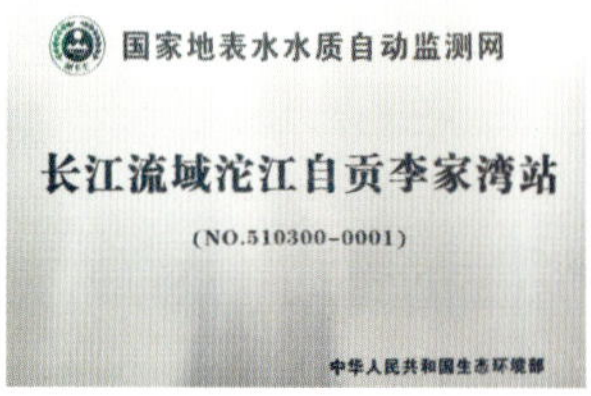

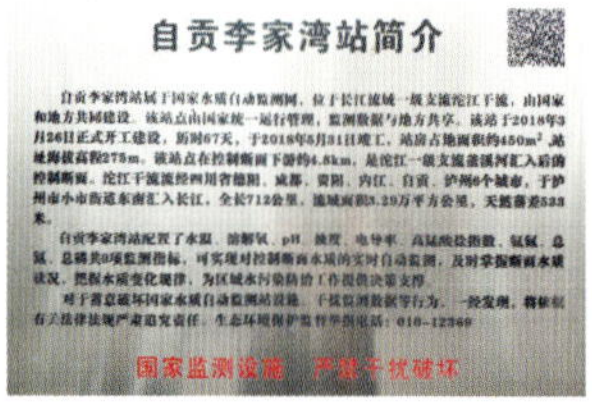

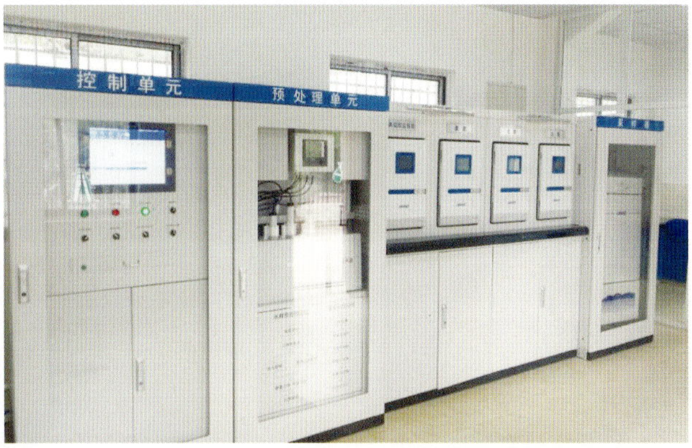
控制单元
预处理单元

图说《公民生态环境行为规范（试行）》

自贡市水环境质量监测情况简介
自贡市水质监测断面示意图

三面江光抱城郭，四围山势锁烟霞，阆苑仙境，风水宝地

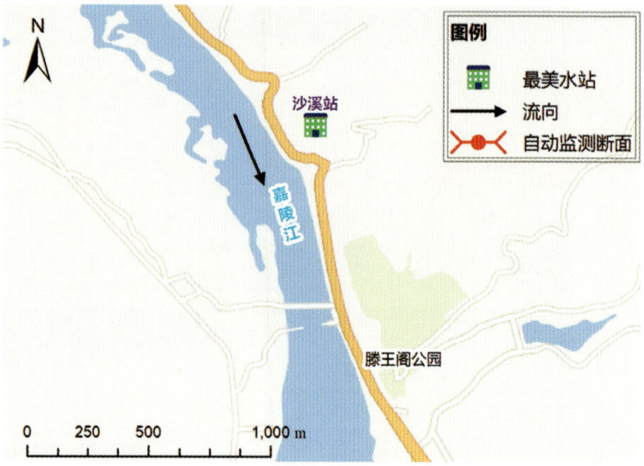

沙溪站

南充市　105.9576
长江流域　31.6178
嘉陵江

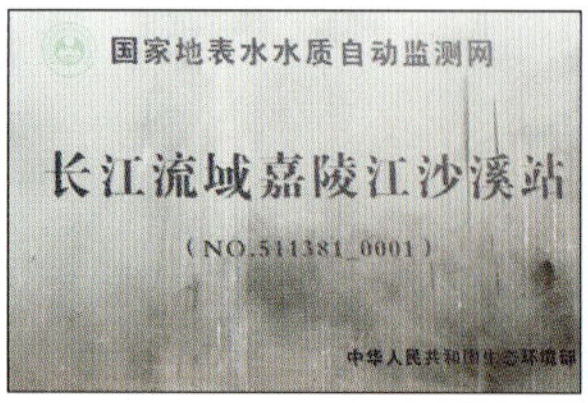

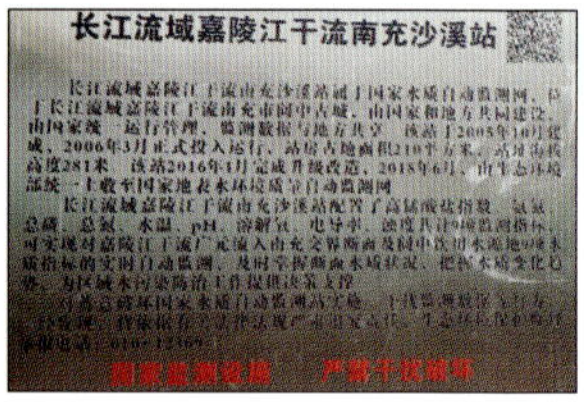

沙溪站是嘉陵江干流上的国家水质自动监测站，由国家统一运维管理，监测数据与地方实时共享。该站于 2005 年 10 月建成，2006 年 3 月正式投入运行，站房占地面积 210 平方米，站址海拔 281 米。该站 2016 年 1 月完成升级改造，2018 年 6 月，由生态环境部统一上收至国家地表水环境质量自动监测网。

沙溪站内部设有仪器间、实验间、储物间和值班室，配置有高锰酸盐指数、氨氮、总磷、总氯、水温、pH、溶解氧、电导率、浊度共 9 项监测指标，可实现对嘉陵江干流广元流入南充交界断面及阆中饮用水水源地 9 项水质指标的实时自动监测，及时掌握断面水质状况，把握变化规律，为区域水污染防治工作提供决策支撑。

張飛故地 蜀漢名郡

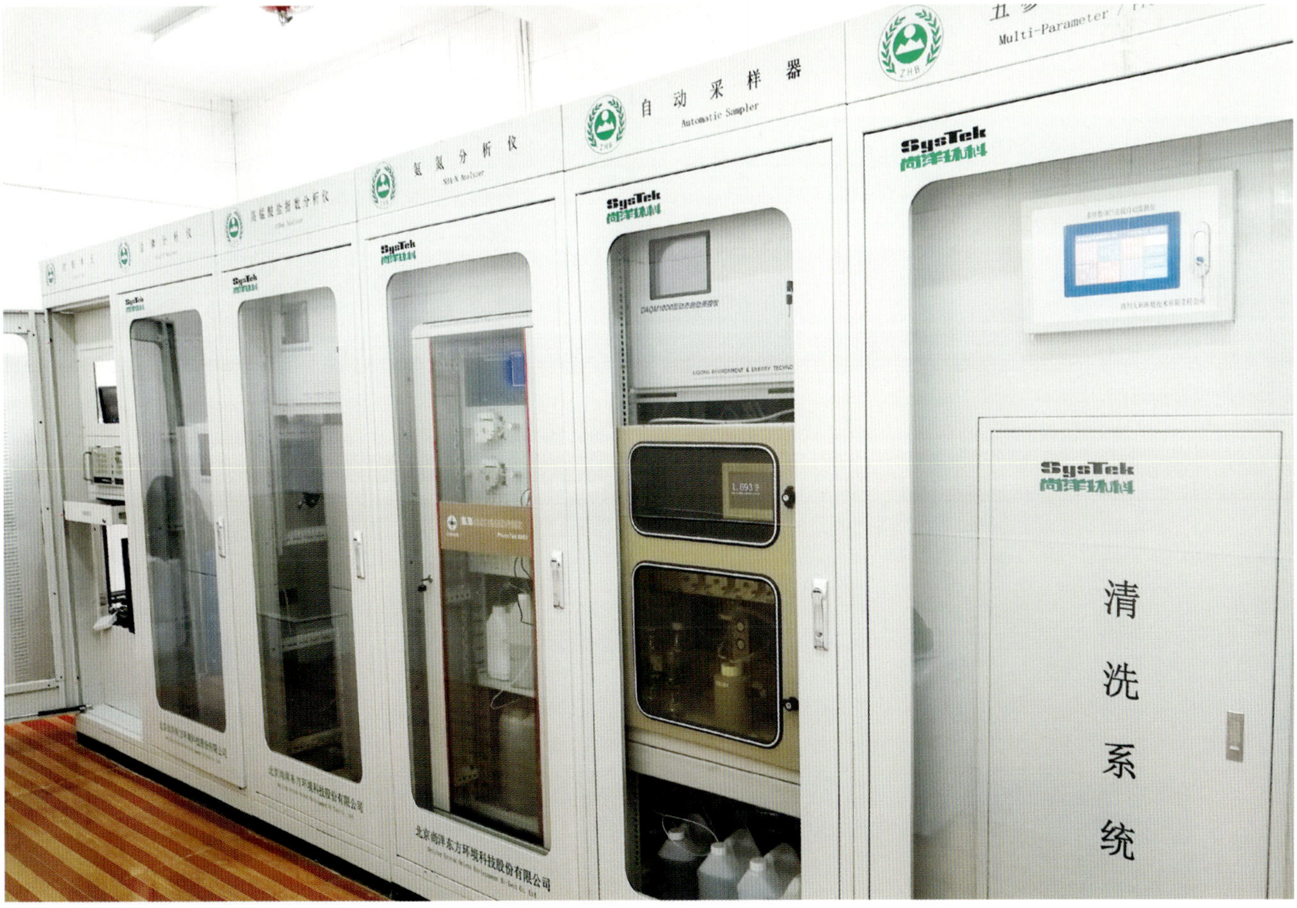
自动采样器
Automatic Sampler
氨氮分析仪
Multi-Parameter
SysTek
清洗系统

中国酒城，醉美泸州，青山作骨，绿水似魂

沱江大桥站

泸州市　105.4291
长江流域　28.8843
沱江

沱江大桥站是沱江干流上的国家水质自动监测站，由国家统一运维管理，监测数据与地方实时共享。该站于 2002 年 4 月正式开工建设，历时 270 天，12 月竣工，站房占地面积 110 平方米，站址海拔 265 米。该站的控制断面位于沱江入长江前 3 000 米。

沱江大桥站内部设有仪器间、实验间、储物间和值班室，配置有水温、溶解氧、pH、浊度、电导率、高锰酸盐指数、氨氮、总磷、总氮、VOCs（18 种挥发性有机物）共 27 项监测指标，可实现对控制断面水质 27 项指标的实时自动监测。

沱江大桥站全年 365 天不停息，24 小时不间断，全力以赴保证监测数据准确有效。

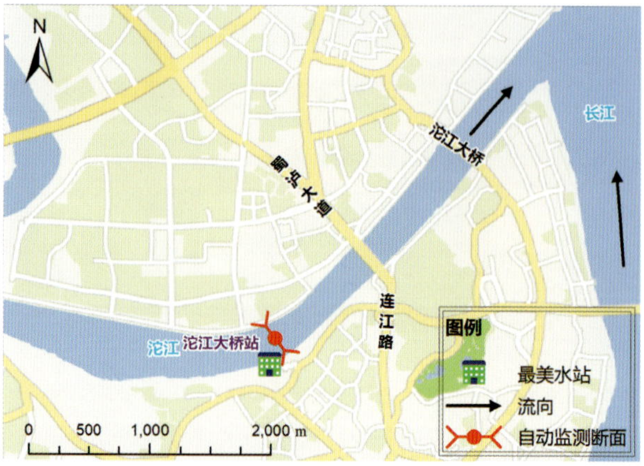

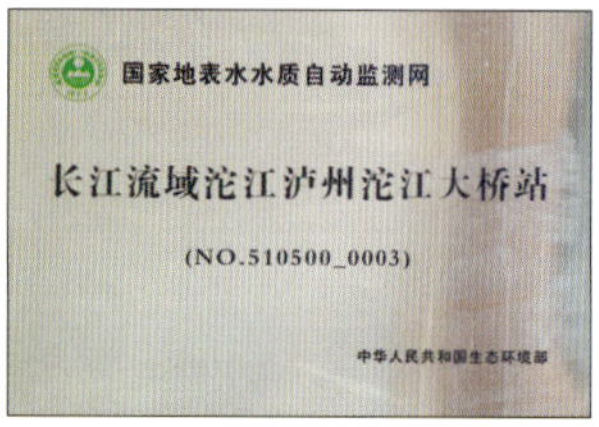

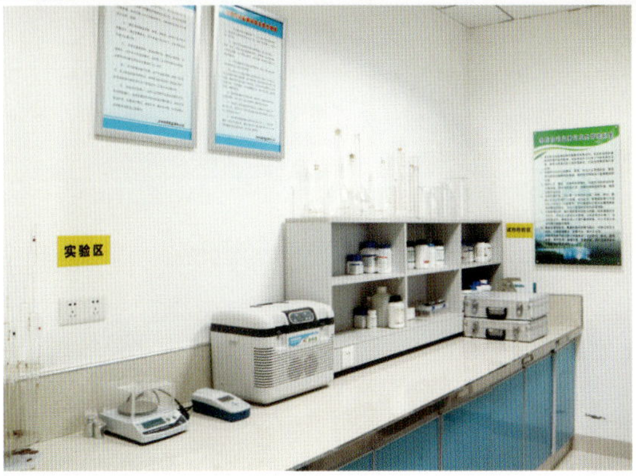
实验区

倮果站

攀枝花市　　101.7906

长江流域　　26.6011

金沙江

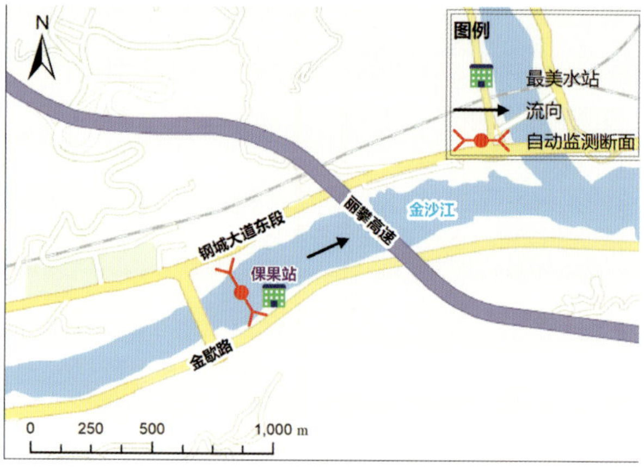

保果站位于攀枝花市东区倮果桥南侧，配置了水温、溶解氧、pH、浊度、电导率、高锰酸盐指数、氨氮、总磷、总氮共 9 项监测指标。该站于 2018 年 4 月开工建设，10 月竣工，属于国家水质自动监测网，由国家统一运行管理，监测数据上传至国家水质自动综合监管平台进行实时监控，实现全天候对金沙江水质 9 项指标的监测，为区域水污染防治、生态保护提供决策支撑和科学依据。

建设过程中倮果站按照生态环境部要求，将文化建设摆在了突出位置。水站四周绿树成荫，由雕刻和喷绘组成的围墙图案，彰显了浓郁的攀枝花特色；室外 LED 实时发布水质和科普信息；统一标志标识美观得体，各式图表简洁大方。

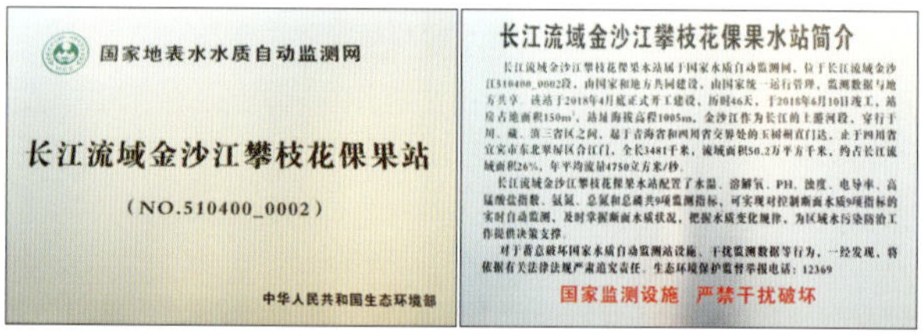

配电柜
UPS控制系统
ZTE INSTRUMENTS

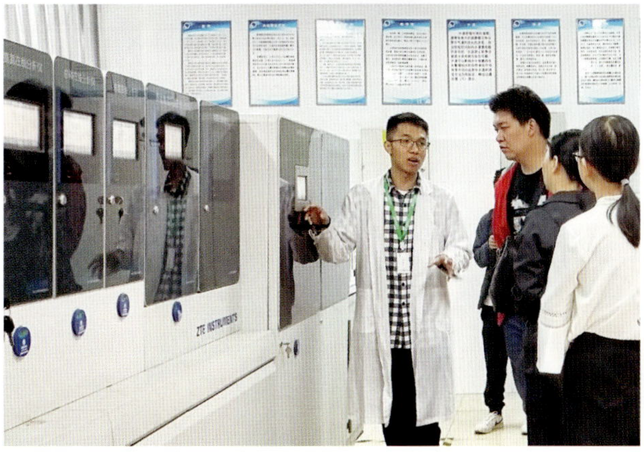
ZTE INSTRUMENTS

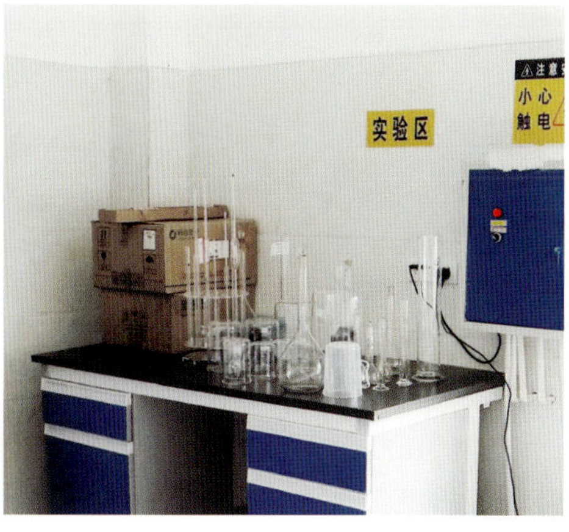
实验区
小心
触电

上接马岭河，下通万峰湖，守青山，护绿水，显最美黔西南

赵家渡站

黔西南布依族苗族自治州　104.9928
珠江流域　25.0464
马别河

赵家渡站由国家和地方共同建设，黔西南州环境保护局组织站房等设施建设，兴义市环境保护局负责承建。该站由国家统一运行管理，监测数据与地方共享。2017 年 12 月 26 日开工建设，2018 年 6 月 30 日竣工，位于黔西南布依族苗族自治州兴义市内，建于马别河下游右岸，占地 120 平方米，海拔 891 米。站内设有仪器间、质控间、办公监控间。配置水温、溶解氧、pH、浊度、电导率、高锰酸盐指数、氨氮、总磷、总氮共 9 项监测指标，可实现对控制断面水质 9 项指标的自动监测，及时掌握断面水质状况，把握水质变化规律，为区域水污染防治工作提供决策支撑。

赵家渡站上游是马岭河峡谷风景名胜区，下游是万峰湖，可实时对黔西南州两大风景名胜区水质状况进行监控。该站建设过程始终考虑地方民族建筑特色，白墙、灰瓦充分考虑布依族民族元素，吊脚楼的建筑结构既减少对原生态的破坏又体现了苗族的特色。马岭河峡谷、万峰湖更赋予了赵家渡站地理位置所特有的文化特色。

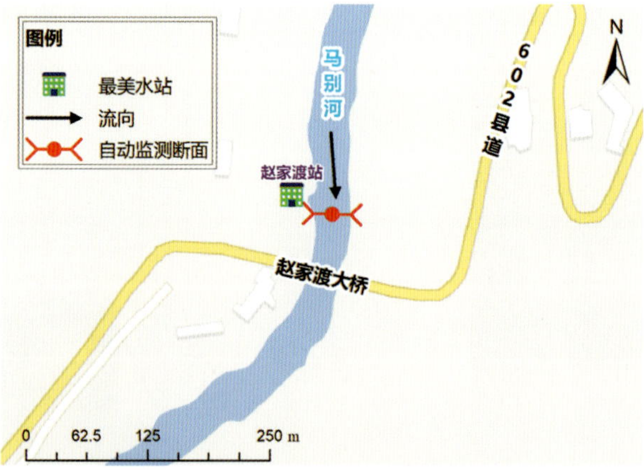

控制单元
预处理单元
高锰酸盐指数
氨氮
总磷
总氮
采样器

三都桥站

黔南布依族苗族自治州　　107.8708
珠江流域　　25.9853
都柳江

三都桥站由国家和地方共同建设，黔南州环境保护局负责指导、三都水族自治县环境保护局负责承建。该站由国家统一运行管理，监测数据与地方共享。三都桥站站房位于三都水族自治县县城区三都桥畔，属于都柳江干流断面，于2018年3月正式开工、6月5日竣工，工程严格按照国家地表水水质自动监测站站房及采水技术要求进行建设，占地面积53平方米，水站为二层砖混结构，一层为仪器间，二层为质控间和值班间，配置了冷暖空调、实验室操作台，安装了防雷、消防及监控等设施。配置水温、溶解氧、pH、浊度、电导率、高锰酸盐指数、氨氮、总磷、总氮共9项监测指标，可实现对控制断面水质9项指标的自动监测，及时掌握断面水质状况，把握水质变化规律，为区域水污染防治工作提供决策支撑。特别是最美水站投票活动，广大群众不仅认识了三都桥水质自动监测站，同时积极主动参与监督该断面水质状况，进一步推动生态环境保护工作。

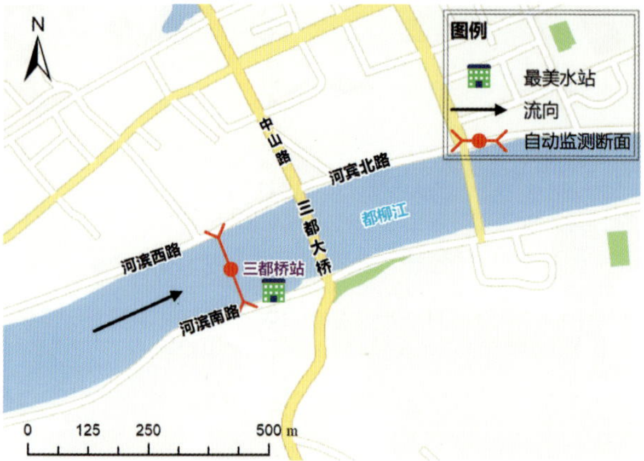

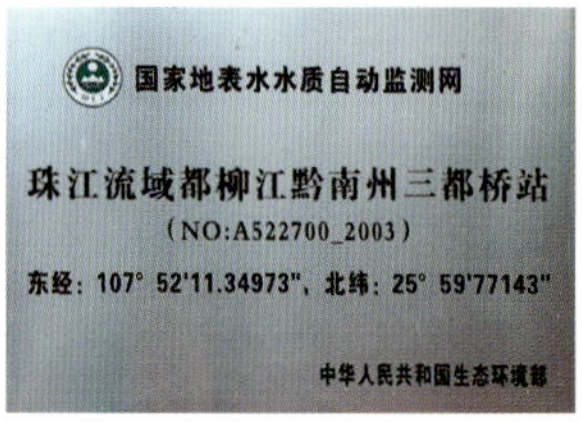

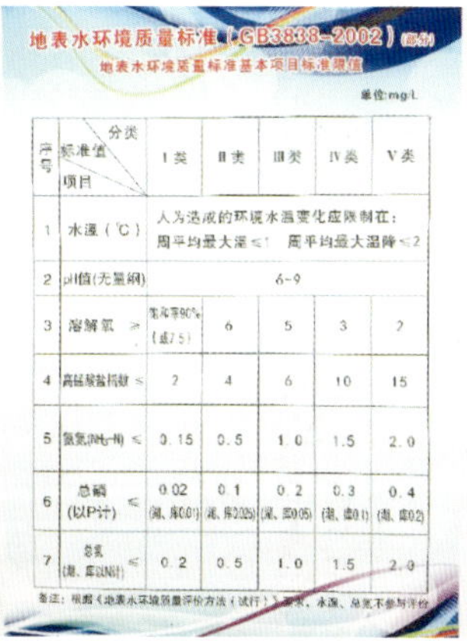
地表水环境质量标准（GB3838—2002）

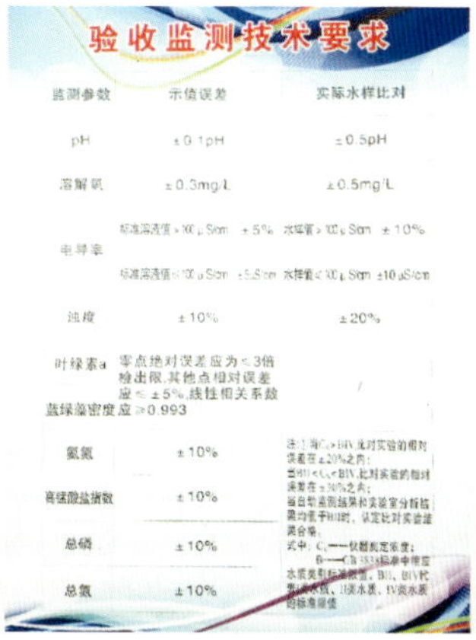
验收监测技术要求

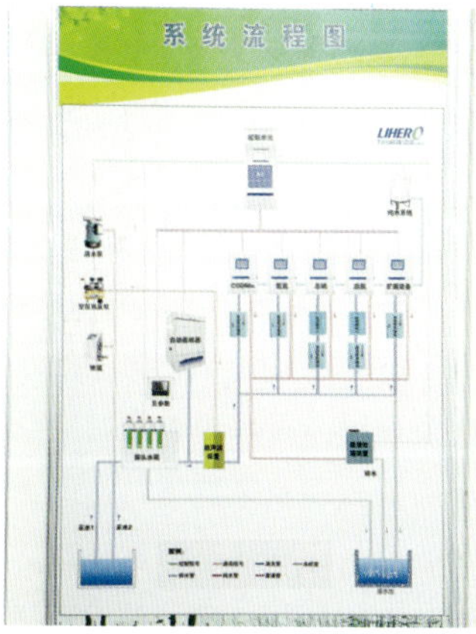
系统流程图

站点流域表征图
黔南州三都桥站

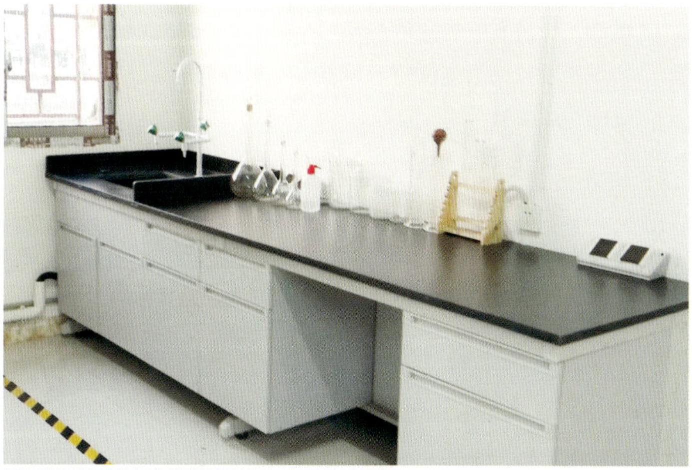

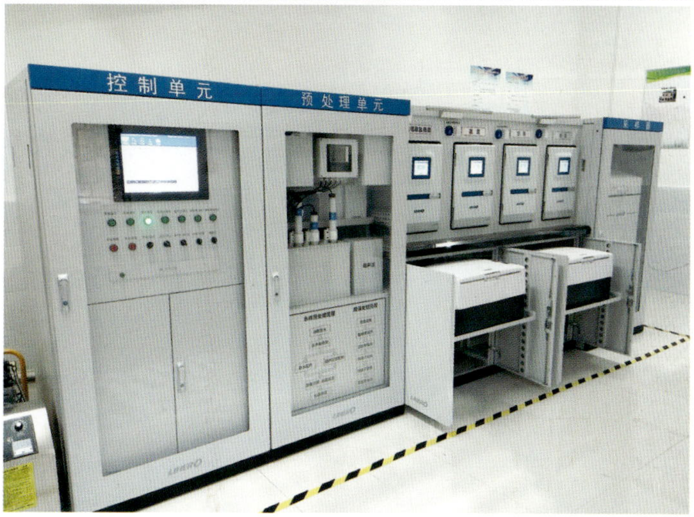
控制单元
预处理单元

清清珠江水，浓浓珠源情，小小花山站，碧水守护神

花山水库出水口站

曲靖市　　103.8991
珠江流域　　25.7647
南盘江

花山水库出水口站位于珠江源头第一市——曲靖市沾益区，是珠江流域水质自动监测第一站，该站于 2018 年 3 月正式开工建设，于 2018 年 5 月 24 日竣工。该水站站房由曲靖市金江建筑建材有限责任公司负责建设、采水设施和站房配套设施建设由云南朝锐仪器设备有限公司负责建设，站房占地面积 450 平方米，按固定式两层砖混标准化站房建设，建筑面积 240 平方米，一楼为机房，二楼为化验室、监控室、科普室。站房装修简朴实用，具备通风、温湿控、排水等功能。站房配备必要的安全设施、防雷设施、门禁装置、感烟感温探测器。室内配有通讯视频监控和办公设施。配置有水温、pH、溶解氧、浊度、电导率、高锰酸盐指数、氨氮、总磷、总氮共 9 项监测指标，可实现对控制断面水质 9 项指标的实时自动监测，及时掌握水环境状况和变化趋势，为水环境管理和决策提供依据。

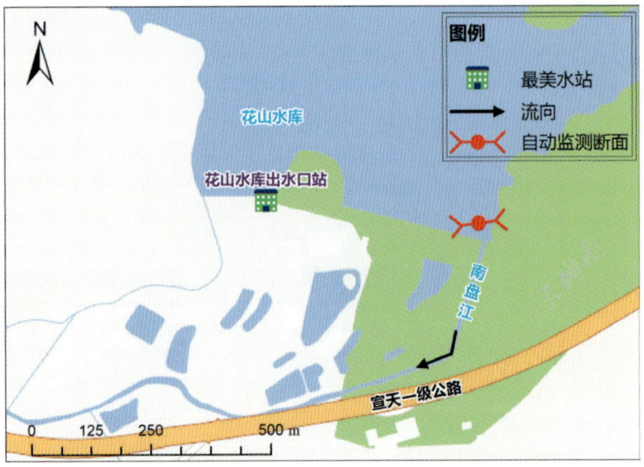

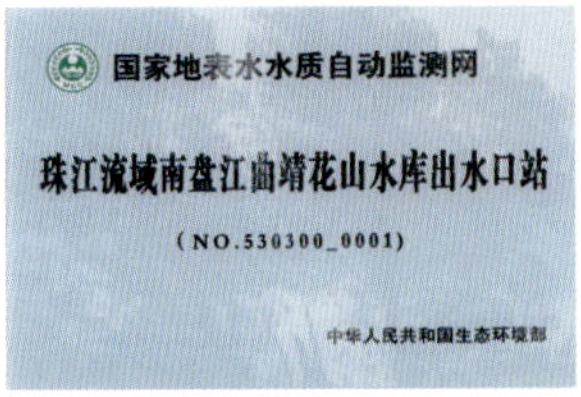

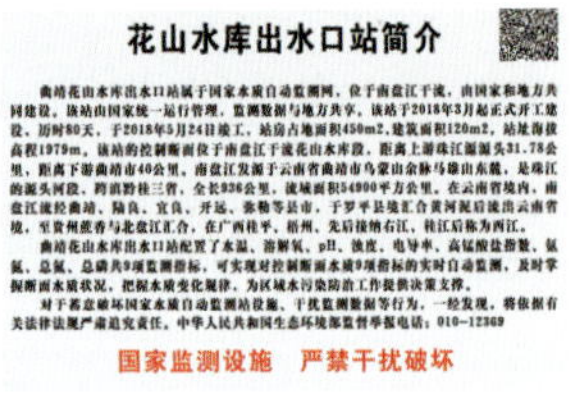

站房建筑和内部装修风格综合考虑周边自然环境、地域特色和民族文化特征等因素，既与周边环境协调，又突出地方文化特色。结合本地实际，采用节能、节水、节材等绿色低碳、环境友好的建筑材料。标志标识安装位置醒目、整体协调美观，站房内部统一设置水站系统流程图、站点流域表征图和运维管理体系图等。

国家生态环境监测
曲靖花山水库出水口站采水点

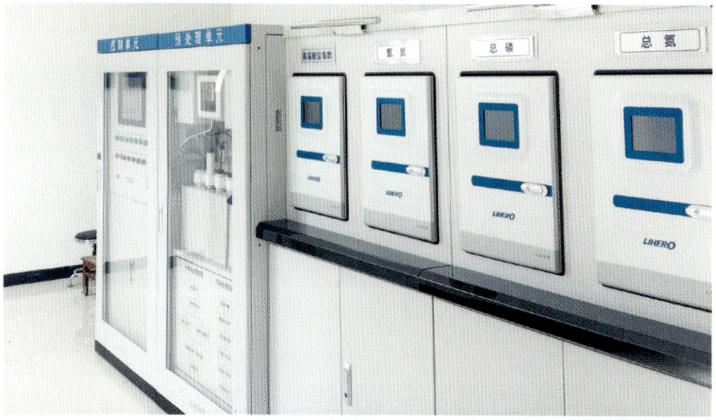
控制单元
预处理单元
氨氮
总磷
总氮
LIHERO

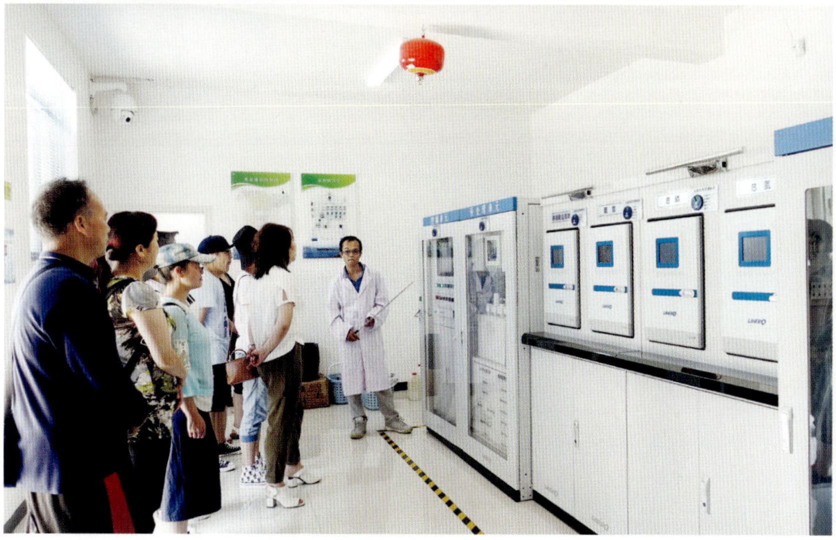

红色故里，风情寻甸，科学监测，绿水栏江

河口象鼻山吊桥站

昆明市　　103.4743
长江流域　　25.6485
牛栏江

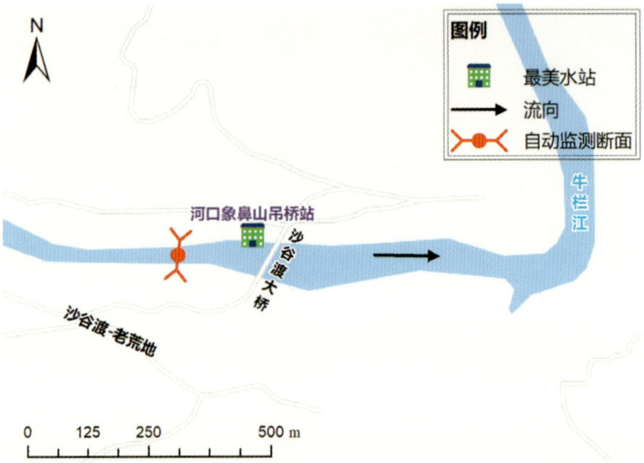

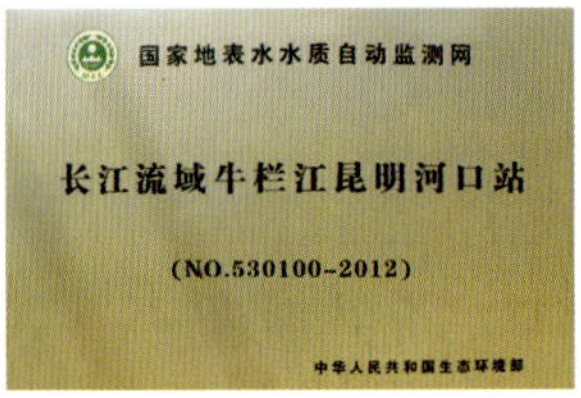

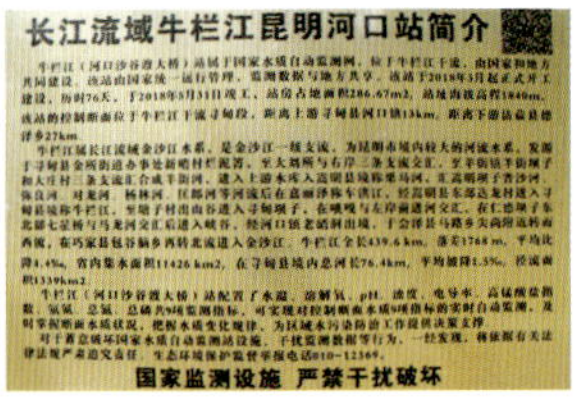

2018 年 5 月 31 日，河口象鼻山吊桥站建成，肩负起监测控制断面水质现状、及时预警潜在环境风险的职责，是守护牛栏江的最重要的监测站之一。该站现已建成标准化运行体系，在站房内部统一悬挂站点流域表征图、运维管理体系图和水站系统流程图。以精细化的管理模式聚焦 9 项监测指标（水温、溶解氧、pH、浊度、电导率、高锰酸盐指数、氨氮、总氮、总磷），彰显“科技之美”。该站已实现对控制断面水质的实时自动监测，可及时掌握水质状况，把握水质变化规律，为区域水污染防治工作提供决策支撑。以监测数据为指导，昆明市积极推进牛栏江保护治理工作，保护牛栏江就是保护长江、就是保护滇池。走在牛栏江畔，清澈的江水仿佛婀娜走来的少数民族姑娘，江水滔滔是她身上银铃的欢唱。江畔星罗棋布的村寨里青瓦伴着修竹，小孩光着脚板正跑去江畔戏水。环绕在云贵高原蓝天绿树之间、倒映在清澈的湖水中，尽显“环境之美”。

2018年牛栏江水质波动原因分析
一是面源污染
二是生活污染
三是突发性事件对水质产生较大影响

采高黎碧罗之绿水，绘边陲泸水之美丽

丙舍桥站

怒江傈僳族自治州

西南诸河

怒江

98.8400

25.8700

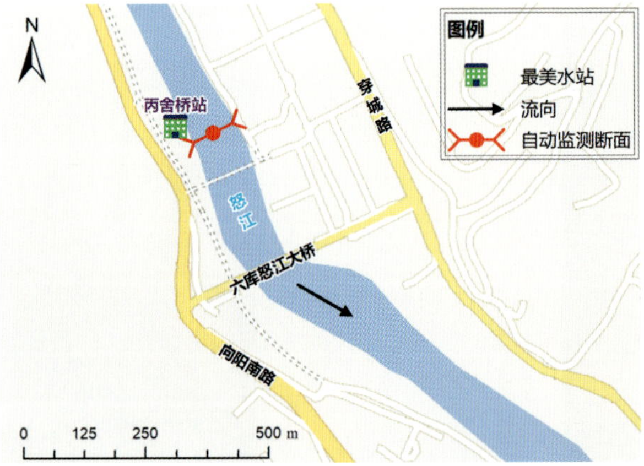

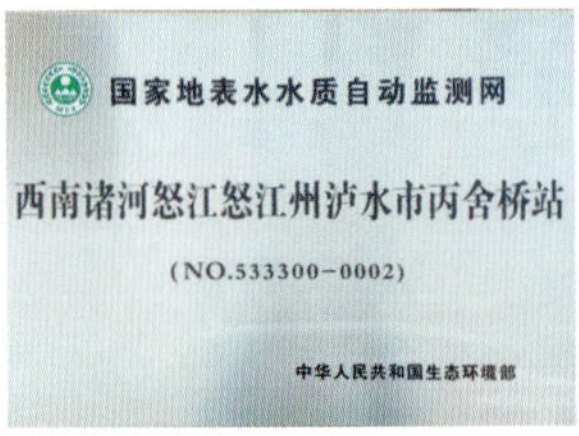

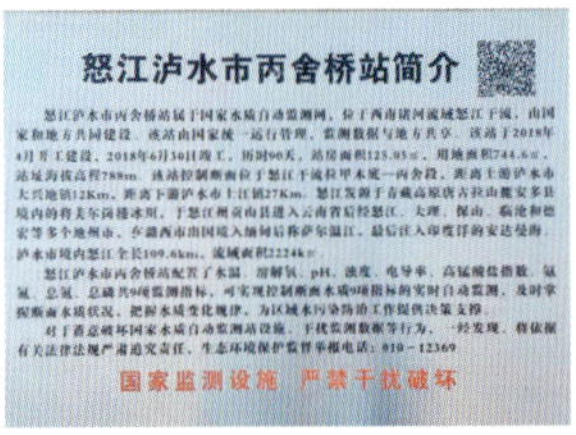

怒江发源于青藏高原的唐古拉山南麓的吉热拍格，在西藏境内称为那曲河，流经神秘的怒江大峡谷，一路向南流入印度洋，在境外称为萨尔温江。怒江大峡谷又称为东方大峡谷，总长约 400 千米，是三江并流世界自然遗产核心区。被称为人类文明处女地、民族文化大观园、生物物种基因库。“生态立州”是怒江州委、州政府长期以来确立的重要发展理念之一，树立了“峡谷怒江·养心天堂”旅游品牌。习近平总书记考察云南时指出：要把云南建成生态文明建设的排头兵，绿水青山就是金山银山。怒江人民用自己的行动保护着这里的绿水青山，守候着这一方净土。

丙舍桥站的建成，促进了怒江水环境管理预警预判、风险防范、水质监控等能力，及时、全面掌握怒江干流水质变化情况，具备氨氮、总氮等 9 项自动监测指标，实现了对断面水质状况的实时监控。该站是生态环境科普教育基地，努力践行生态文明理念，携手共建天蓝、地绿、水清的美丽怒江。

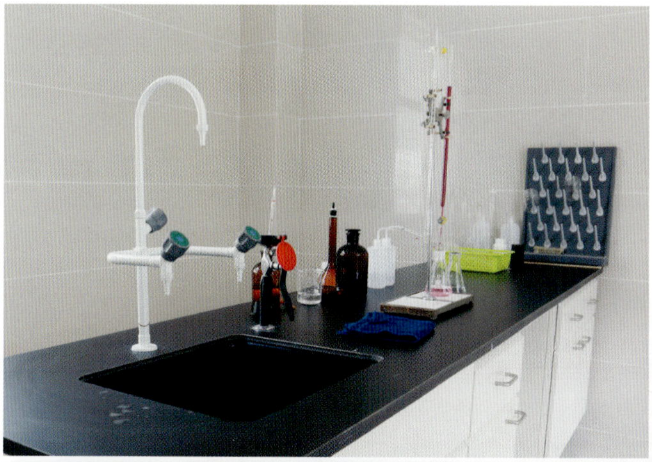

泸水市水质自动监测站建设情况
境内怒江干流水环境质量状况

彩云南现，丝路永昌，幸福隆阳，永保山水

永保桥站

保山市　　99.3395
西南诸河　　25.4313
澜沧江

永保桥站是澜沧江大理与保山交界的国家水质自动监测站，由国家统一运维管理，监测数据与地方实时共享。该站于 2018 年 3 月正式开工建设，历时 70 天，5 月 20 日竣工，占地面积 717 平方米，站房面积 102.31 平方米，站址海拔 1 243.7 米。该站的控制断面为澜沧江，位于澜沧江大理—保山段的永保桥边，永保桥站内部设有仪器室、质控室、值班室，配置有水温、pH、溶解氧、浊度、电导率、高锰酸盐指数、氨氮、总磷、总氮共 9 项监测指标，可实现对控制断面水质 9 项指标的实时自动监测，及时掌握水环境状况和变化趋势，为水环境管理和决策提供依据。

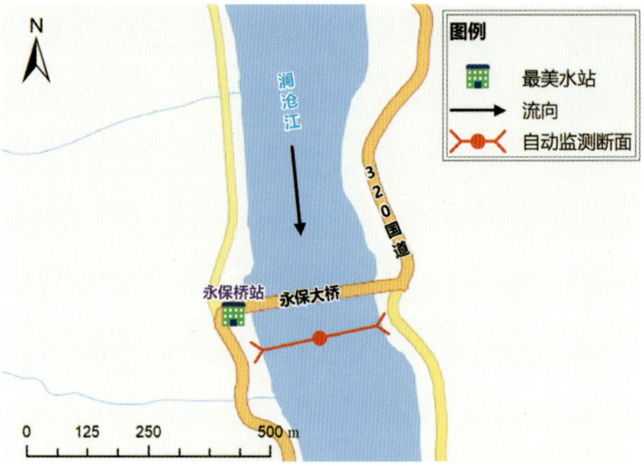

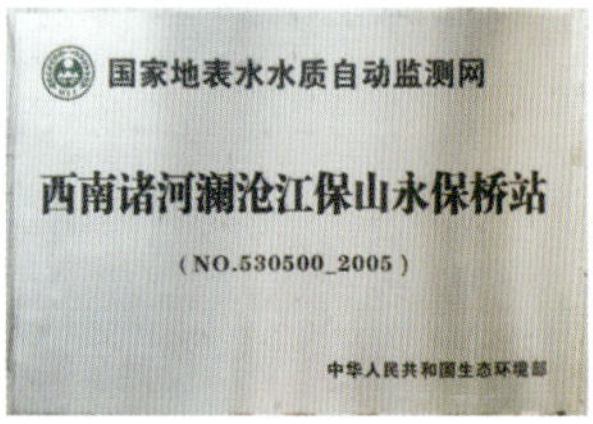

隆阳区将继续践行“绿水青山就是金山银山”的发展理念，争当云南省生态文明建设排头兵。

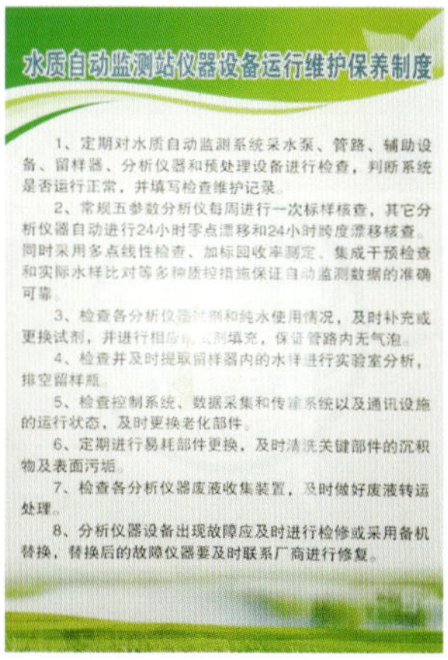
水质自动监测站仪器设备运行维护保养制度
1、定期对水质自动监测系统采水泵、管路、辅助设备、留样器、分析仪器和预处理设备进行检查，判断系统是否运行正常，并填写检查维护记录。
2、常规五参数分析仪每周进行一次标样核查，其它分析仪器自动进行24小时零点漂移和24小时跨度漂移核查。同时采用多点线性检查、加标回收率测定、集成干预检查和实际水样比对等多种质控措施保证自动监测数据的准确可靠。
3、检查各分析仪器试剂和纯水使用情况，及时补充或更换试剂，并进行相应试剂填充，保证管路内无气泡。
4、检查并及时提取留样器内的水样进行实验室分析，排空留样瓶。
5、检查控制系统、数据采集和传输系统以及通讯设施的运行状态，及时更换老化部件。
6、定期进行易耗部件更换，及时清洗关键部件的沉积物及表面污垢。
7、检查各分析仪器废液收集装置，及时做好废液转运处理。
8、分析仪器设备出现故障应及时进行检修或采用备机替换，替换后的故障仪器要及时联系厂商进行修复。

ZTE INSTRUMENTS

黑箐站

临沧市　　100.2178
西南诸河　　24.4649
罗闸河

黑箐站位于罗闸河流域，由国家和地方共同建设，国家统一运行管理，监测数据与地方共享。该站于 2018 年 3 月正式开工建设，历时 62 天，5 月 25 日竣工，站房占地面积 86.31 平方米，站址海拔 942 米。该站配置有水温、pH、溶解氧、浊度、电导率、高锰酸盐指数、氨氮、总磷、总氮共 9 项监测指标，可实现对控制断面水质 9 项指标的实时自动监测，及时掌握水环境状况和变化趋势，为水环境管理和决策提供依据。

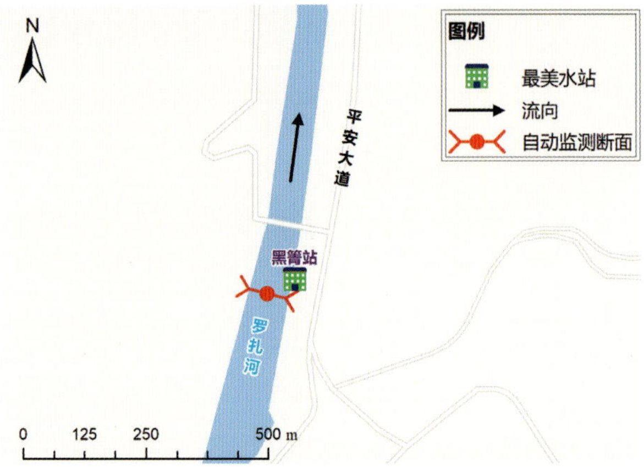

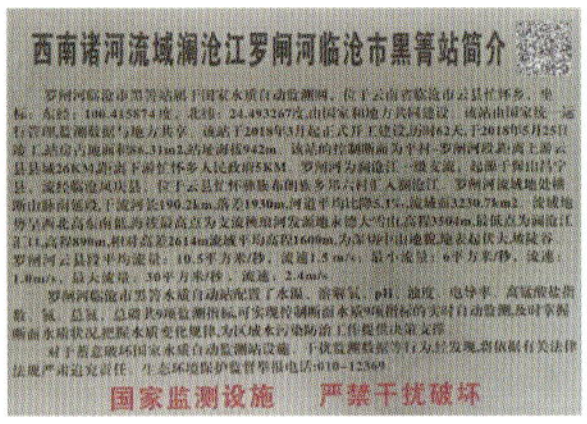

ZTE INSTRUMEN

西北地区

XIBEI REGION

两汉三国，真美汉中，朱鹮之乡，生态洋州
人文悠久，山清水秀

黄金峡站

汉中市
长江流域
汉江
107.8314
33.1931

黄金峡站位于素有“汉江第一峡”之称的黄金峡，该站于 2018 年 4 月 8 日正式开工建设，历时 75 天，6 月 20 日建成竣工。站房为两层半仿古砖混结构，面积 117.76 平方米，站址海拔 452 米，该站设有仪器室、实验室和办公室，配置有水温、溶解氧、pH、浊度、电导率、高锰酸盐指数、氨氮、总氮、总磷共 9 项监测指标，可实现对控制断面水质 9 项指标的实时自动监测，及时掌控断面水质状况，为区域水污染防治工作提供决策支撑。

黄金峡站突出陕南民居建筑风格，注重与地方人文相结合，与周边自然环境相协调，整体设计简朴实用、美观大方。

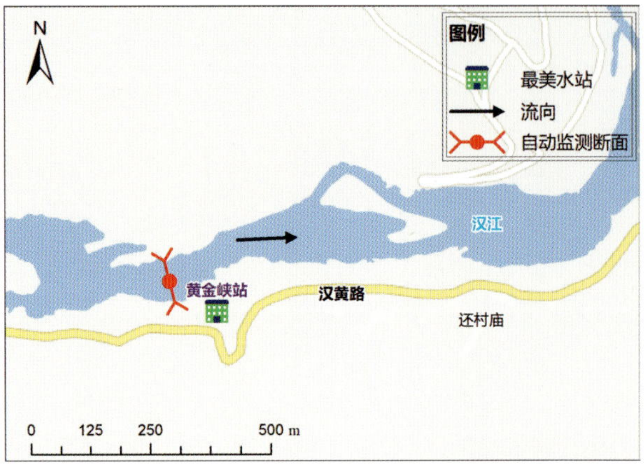

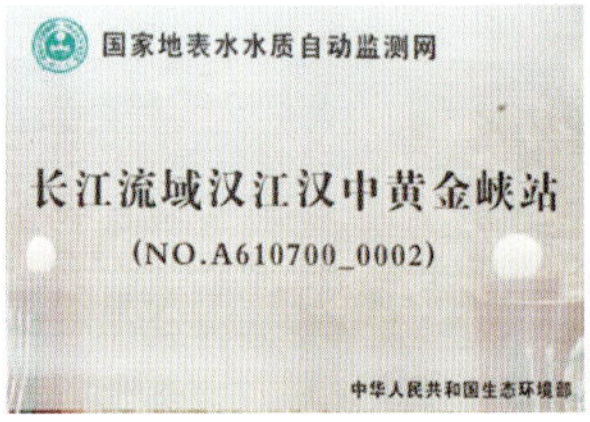

水站持续加强特色文化建设，引导公众积极参与生态环境保护，着力打造融生态环境监测、环境科普宣教、生态文化交流、公众参与监督为一体的国家“最美水站”。

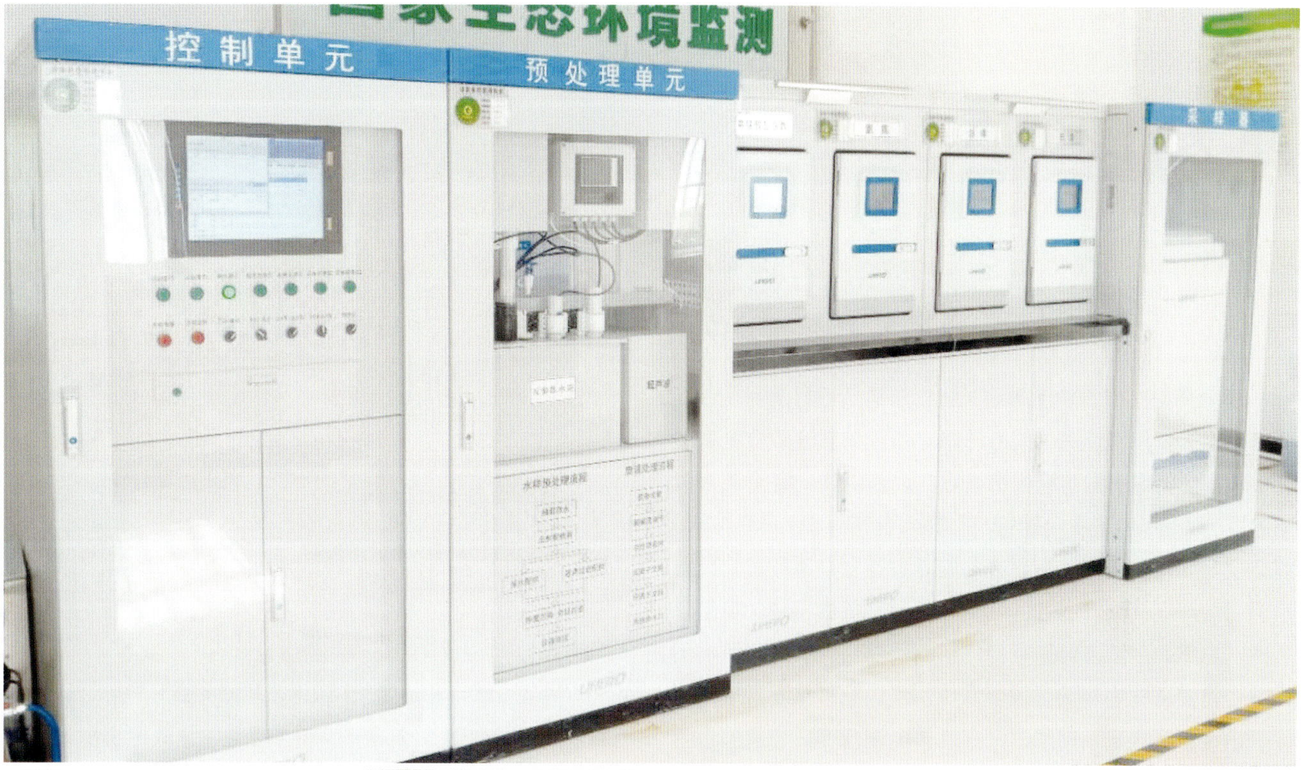
控制单元
预处理单元

采样器

华山风骨，渭水襟怀，山河表里，潼关古渡

潼关吊桥站

渭南市　110.2283
黄河流域　34.6133
渭河

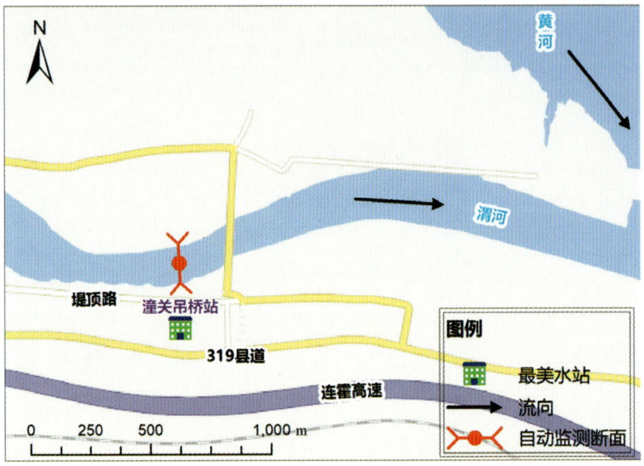

潼关吊桥站位于陕西省潼关县秦东镇四知村渭河干流南岸渡口附近，东距潼关古城6千米，西距杨震廉政教育基地500米。水站属于国家地表水水质自动监测网，是渭河入黄河前控制断面。水站占地1 500平方米，建筑面积223平方米，建有仪器间、质控化验室、应急监测会商室、值班室，配备水温、溶解氧、pH、浊度、电导率、高锰酸盐指数、氨氮、总磷、总氮等9项监测指标自动监测仪器，可实时监测水质状况，室外采样为浮筒式采水系统，河边配备有固定采样船便于运维。多年来水站及时把握水质变化规律，为渭河水污染防治工作提供了翔实、科学的技术支撑。

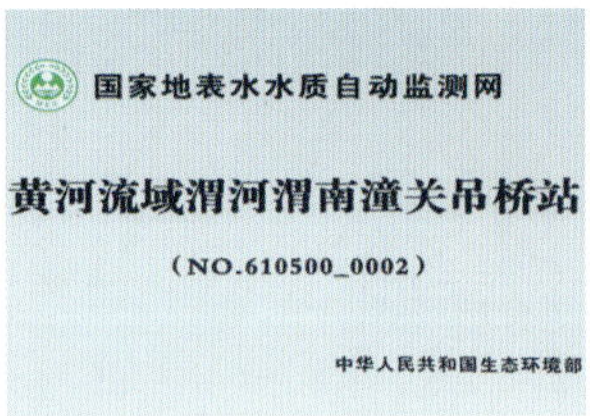

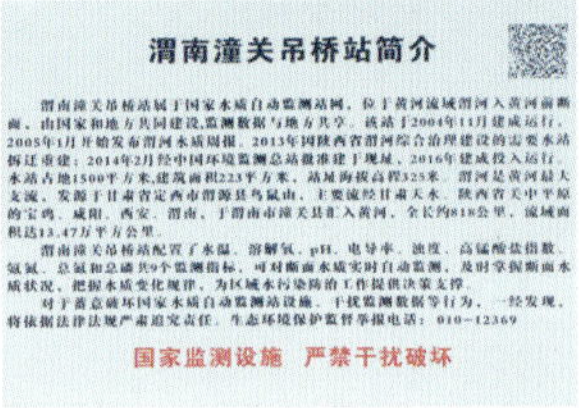

“峰峦如聚，波涛如怒，山河表里潼关路”，进入新时代，随着生态环境监测工作进一步科学规范，潼关吊桥水站必将为渭河水环境治理再立新功。

国控水站 保护环境
后果自负

国家生态环境监测
National Ecological And Environmental Monitoring
MEE
祖国山河美·渭河潼关吊桥水站采风活动

打造生态潼关 建设大美湿地
渭河吊桥水站风采

六坝桥站

张掖市　　99.8302
西北诸河　　39.3881
黑河

六坝桥站位于高台县城北六坝桥东侧，地处黑河湿地自然保护区实验区内，2018 年 3 月正式开工建设，8 月投入试运营。站房占地面积 150 平方米，海拔 1 346 米，全屋外观采用木屋茅草顶设计，站房边界用原木栅栏围建，与黑河湿地自然景观相辅相衬融为一体。

六坝桥站由国家统一运维管理，监测数据与地方实时共享。该站配置有水温、pH、溶解氧、浊度、电导率、高锰酸盐指数、氨氮、总磷、总氮共 9 项监测指标，可实现对控制断面水质 9 项指标的实时自动监测，及时掌握水环境状况和变化趋势，为水环境管理和决策提供依据。

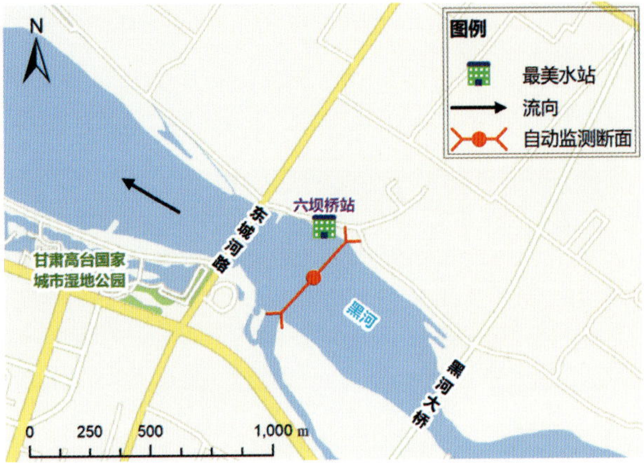

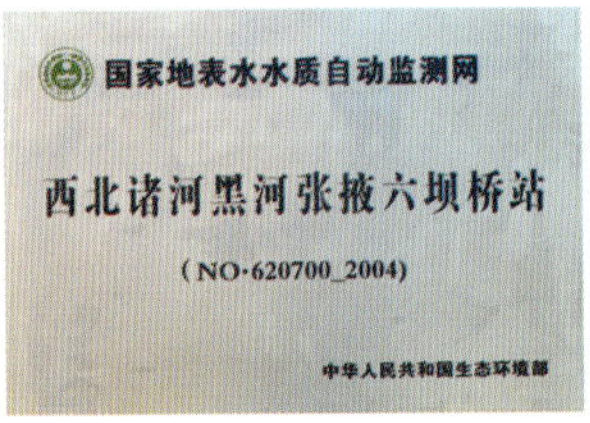

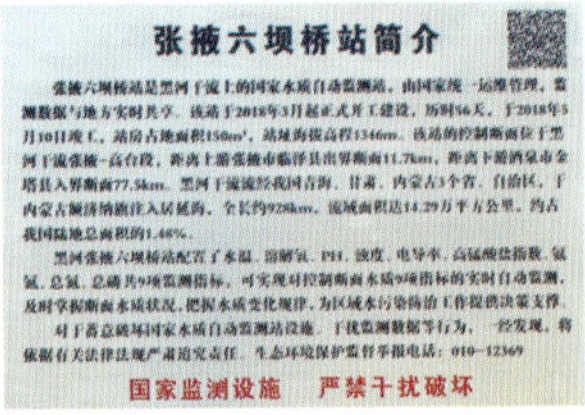

ZTE INSTRUMENTS

实验区域

黄河首曲，中华水塔，倾听格萨尔，守护母亲河

玛曲站

甘南藏族自治州　102.0809
黄河流域　33.9607
黄河

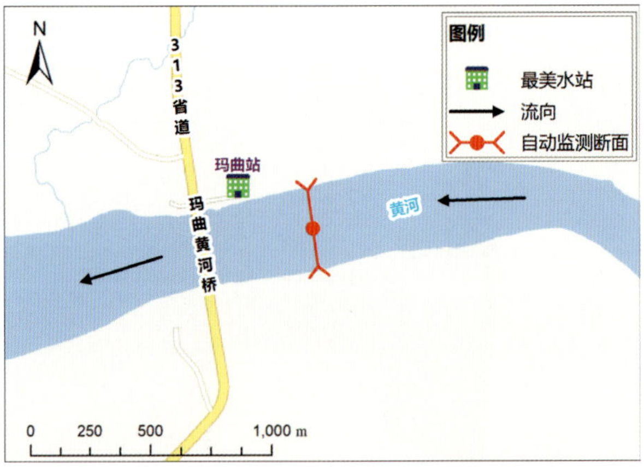

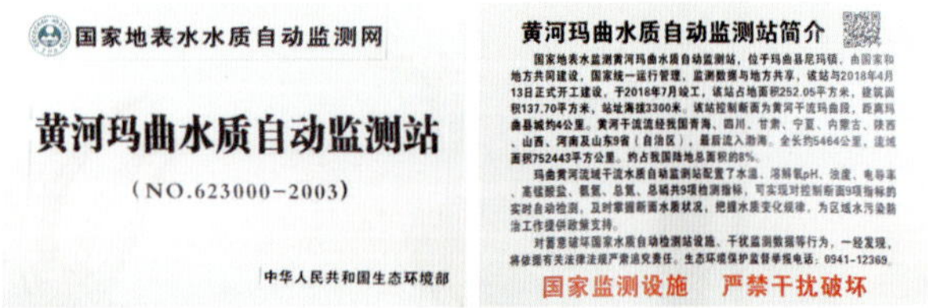

为不断健全完善地表水环境质量监测网络，切实提高水质监测预警能力，确保黄河国控断面水质达到国家 II 类水质标准，保障黄河水环境质量安全。玛曲站于 2018 年 4 月底开工建设，投资约 260 万元，建设工期 3 个月，占地 330 平方米、建筑面积 137.70 平方米，2018 年 8 月 1 日正式联网运行，实现水温、溶解氧、pH、浊度、电导率、高锰酸盐指数、氨氮、总氮、总磷 9 项指标的实时自动监测，及时掌控断面水质状况，为区域水污染防治工作提供决策支撑。

玛曲，系藏语，“黄河”之意，也许出于黄河对这片神奇土地的迷恋，她流经玛曲并形成 180 度的大转弯，把美丽的玛曲拥容在这独特的第一湾里，构成了草原上这一秀丽的风景线——黄河首曲。坐落在青藏高原东端的玛曲县承担着黄河水源涵养补给的重任，黄河干流在玛曲境内流经 433 千米，45% 的水量在这里补给，得天独厚的“造血”和“输血”功能，牵连着黄河中下游的广大地区，也就是说黄河源头水环境质量安全，关乎大半个中国的稳定可持续发展。

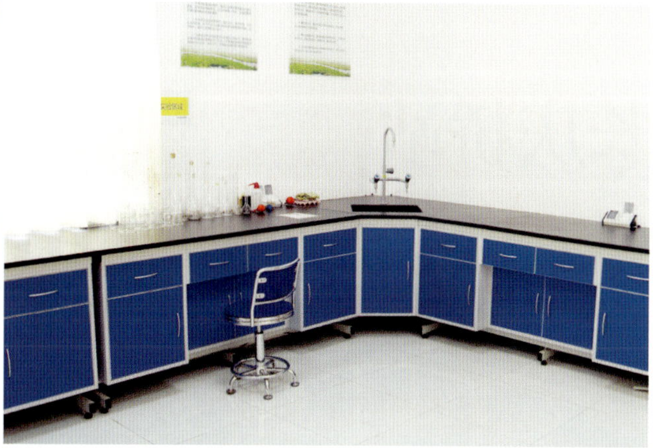

丝路重镇，神奇崆峒，山灵水秀，朝圣问道

长庆桥站

平凉市　　107.7366
黄河流域　　35.3358
泾河

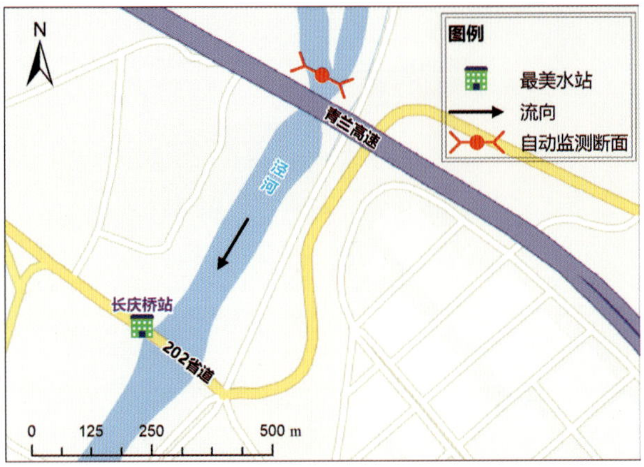

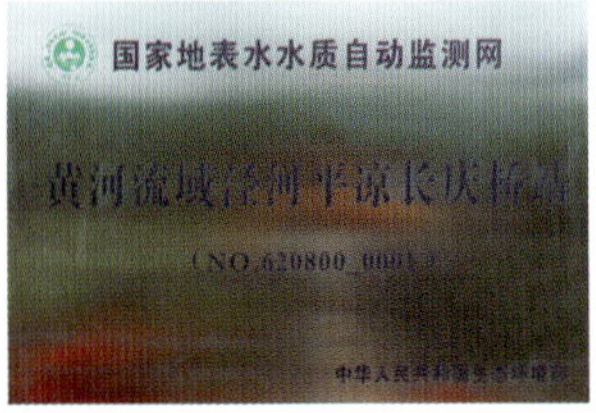

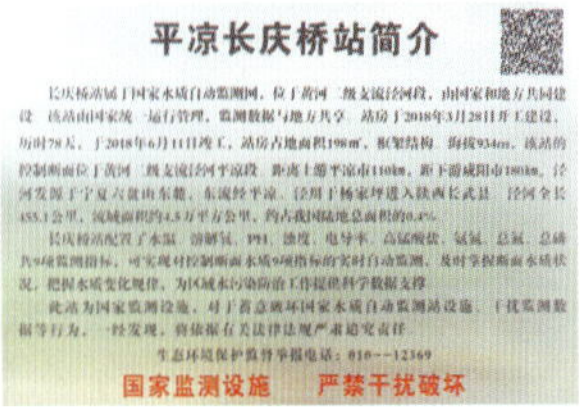

长庆桥站建于平凉市泾川县泾明乡山底下村，由国家和地方共同建设，国家统一运行管理，监测数据与地方共享。该站于 2018 年 3 月 28 日开工建设，历时 78 天，6 月 11 日竣工，是全省唯一一座在满足行洪要求下建于河道之内的水质自动监测站。

长庆桥站采用框架结构，建设水站用房 198 平方米，建成了仪器分析室、简易化验室、会议室、值班室、卫生间等场所。

该站配置了水温、溶解氧、pH、浊度、电导率、高锰酸盐指数、氨氮、总氮、总磷等 9 项自动监测设备，实现了断面水质的实时自动监测分析，为区域水污染防治及水环境保护提供科学高效的数据支撑，也将为平凉青山常在、绿水长流发挥积极的作用！

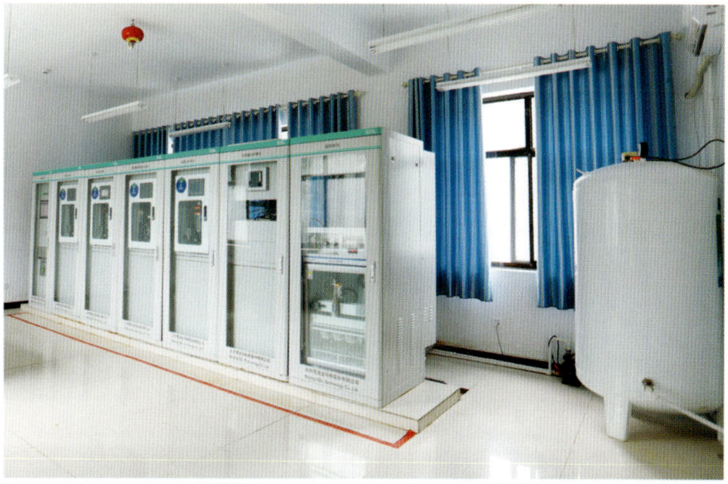

中华水塔，名山之宗，三江之源，圣洁玉树

直门达站

玉树藏族自治州　　97.2388
长江流域　　33.0127
通天河

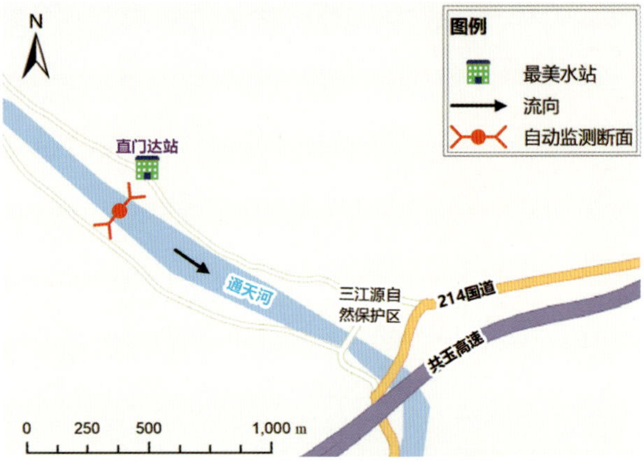

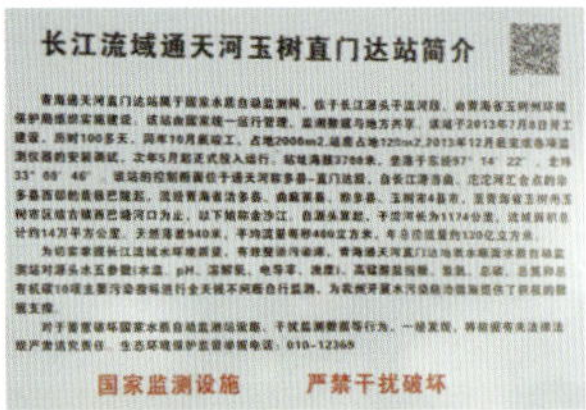

直门达站位于玉树藏族自治州通天河大桥北侧1千米处，该站于2013年7月8日由青海黎明建安工程公司承建开工建设，同年10月底竣工，12月底完成监测仪器的安装调试，次年5月起正式投入运行。项目总占地面积约2 000平方米，站房占地120平方米。站内监测设备包括五参数、高锰酸盐指数、氨氮、总磷总氮和总有机碳分析监测仪，全天候不间断自行监测10项污染物指标，辅助设备包括取水单元、预处理及配水单元、控制单元及单元集成、水质在线监测数据软件、远程监测中心、不间断电源、防雷设施、自动消防设施以及污水处理设施等。

因该站位于我国四大康巴地区之一的玉树藏族自治州，因此站房建筑完全结合当地藏族建筑文化设计，柱头装饰包括柱头、斗拱、大梁等部位的雕刻、彩绘，柱子和横梁上的装饰长方格内绘各种花卉。门框装饰包括门框本身、门楣及门檐、门板等，屋檐上盖青石片和黄土筑成底小头大形状，兼有美观和防水的作用。屋顶挂置经幡，四角搭建五色旗幡动墙垛，象征蓝天、白云、红火、黄土、绿水。外墙门窗上挑出的小檐下悬红、蓝、白三色条形布幔，周围窗套为黑色，屋顶女儿墙垛脚线及其转角部位则是红、白、蓝、黄、绿五色布条形成的“幢”，分别喻示火、云、天、土、水，表达着吉祥的愿望。

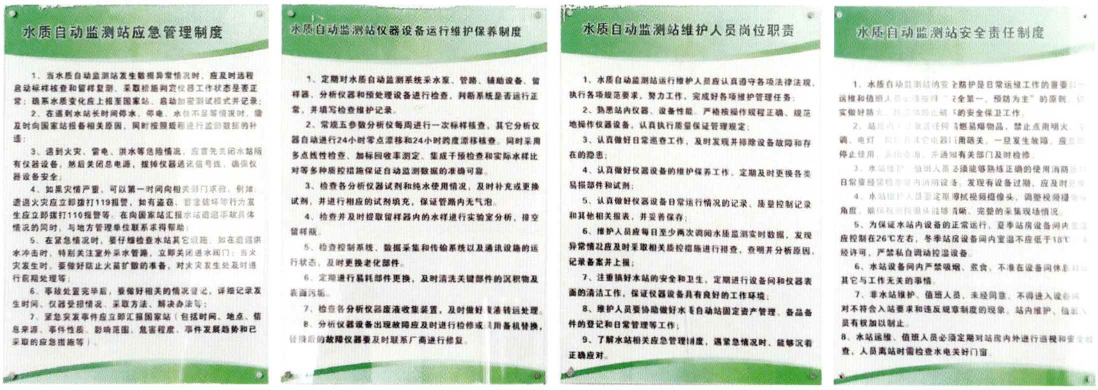
水质自动监测站应急管理制度
1、当水质自动监测站发生数据异常情况时，应及时远程启动标样核查和留样复测，采取措施判定仪器工作状态是否正常；确系水质变化应上报至国家站，启动加密测试模式并记录；
2、在遇到水站长时间停水、停电、水位不足等情况时，需及时向国家站报备相关原因，同时按照规程进行监测数据的补遗；
3、遇到火灾、雷电、洪水等危险情况，应首先关闭水站所有仪器设备，然后关闭总电源，拔掉仪器通讯信号线，确保仪器设备安全；
4、如果灾情严重，可以第一时间向相关部门求救，例如：遭遇火灾应立即拨打119报警，如有盗窃、蓄意破坏等行为发生应立即拨打110报警等。在向国家站汇报水站遭遇事故具体情况的同时，与地方管理单位联系求得帮助；
5、在紧急情况时，要仔细检查水站其它设施，如在遭遇洪水冲击时，特别关注室外采水管路，立即关闭进水阀门；当火灾发生时，要做好防止火苗扩散的准备，对火灾发生处及时进行前期处理等；
6、事故处置完毕后，要做好相关的情况登记，详细记录发生时间、仪器受损情况、采取方法、解决办法等；
7、紧急突发事件应立即汇报国家站（包括时间、地点、信息来源、事件性质、影响范围、危害程度、事件发展趋势和已采取的应急措施等）。
水质自动监测站仪器设备运行维护保养制度
1、定期对水质自动监测系统采水泵、管路、辅助设备、留样器、分析仪器和预处理设备进行检查，判断系统是否运行正常，并填写检查维护记录。
2、常规五参数分析仪每周进行一次标样核查，其它分析仪器自动进行24小时零点漂移和24小时跨度漂移核查。同时采用多点线性检查、加标回收率测定、集成干预检查和实际水样比对等多种质控措施保证自动监测数据的准确可靠。
3、检查各分析仪器试剂和纯水使用情况，及时补充或更换试剂，并进行相应的试剂填充，保证管路内无气泡。
4、检查并及时提取留样器内的水样进行实验室分析，排空留样瓶。
5、检查控制系统、数据采集和传输系统以及通讯设施的运行状态，及时更换老化部件。
6、定期进行易耗部件更换，及时清洗关键部件的沉积物及表面污垢。
7、检查各分析仪器废液收集装置，及时做好废液转运处理。
8、分析仪器设备出现故障应及时进行检修或启用备机替换，替换后的故障仪器要及时联系厂商进行修复。
水质自动监测站维护人员岗位职责
1、水质自动监测站运行维护人员应认真遵守各项法律法规，执行各项规范要求，努力工作，完成好各项维护管理任务；
2、熟悉站内仪器、设备性能，严格按操作规程正确、规范地操作仪器设备，认真执行质量保证管理规定；
3、认真做好日常巡查工作，及时发现并排除设备故障和存在的隐患；
4、认真做好仪器设备的维护保养工作，定期及时更换各类易损部件和试剂；
5、认真做好仪器设备日常运行情况的记录、质量控制记录和其他相关报表，并妥善保存；
6、维护人员应每日至少两次调阅水质监测实时数据，发现异常情况应及时采取相关质控措施进行排查，查明并分析原因，记录备案并上报；
7、注重搞好水站的安全和卫生，定期进行设备间和仪器表面的清洁工作，保证仪器设备具有良好的工作环境；
8、维护人员要协助做好水质自动站固定资产管理、备品备件的登记和日常管理等工作；
9、了解水站相关应急管理制度，遇紧急情况时，能够沉着正确应对。
水质自动监测站安全责任制度
5、为保证水站内设备的正常运行，夏季站房设备间内室温应控制在26℃左右，冬季站房设备间内室温不应低于18℃，未经许可，严禁私自调动控温设备。
6、水站设备间内严禁吸烟、煮食，不准在设备间休息和做其它与工作无关的事情。
7、非水站维护、值班人员，未经同意，不得进入设备间，对不符合入站要求和违反规章制度的现象，站内维护、值班人员有权加以制止。
8、水站运维、值班人员必须定期对站房内外进行巡视和安全检查，人员离站时需检查水电关好门窗。

ZTE INSTRUMENTS
ZTE INSTRUMENTS

涟漪湖水傍沙山，飞鸟芦苇更壮观

沙湖站

石嘴山市　106.3390
黄河流域　38.8166
沙湖

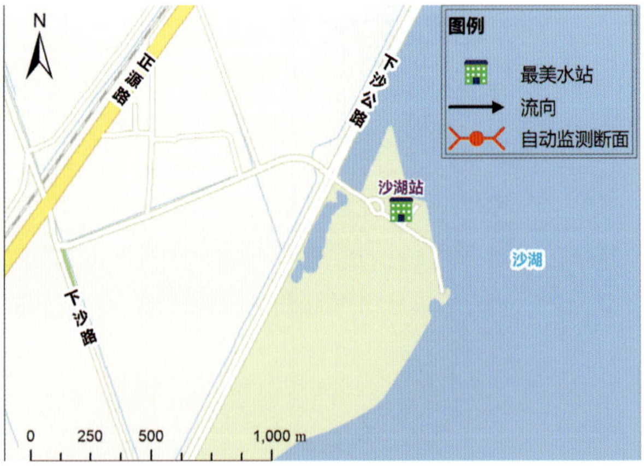

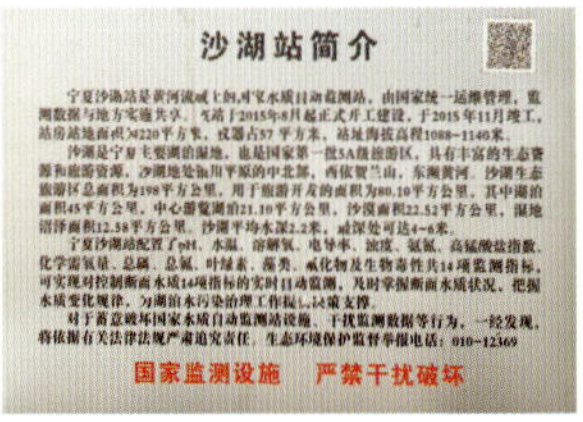

沙湖站是宁夏回族自治区首个湖泊水质自动监测站，由自治区生态环境厅和石嘴山市共同建设，生态环境部统一运维管理。该站位于“荒漠湿地，沙鸟相依”的国家 5A 级景区沙湖旅游区，站房内设仪器室、质控室、生态环境观测室等。水站具备总磷、总氮、氟化物和生物毒性等 14 项水质自动监测能力，通过国家水质自动综合监管平台实现水环境信息实时共享，及时掌控断面水质状况，为区域水污染防治工作提供决策支撑。石嘴山沙湖站的建设，一是填补了沙湖水生态环境自动监测的空白，为沙湖水环境质量的实时监测、监控和监管提供技术支撑；二是提高了沙湖水生态环境预报预警能力，为及时、准确研判沙湖水环境质量变化趋势和水体健康水平提供数据支撑；三是完善了国家黄河流域生态环境监测网络建设，为黄河流域宁夏段水污染防治工作提供重要决策依据。

控制单元
采样器

沙湖水质治
合措施分布图
治理前
治理后
治理前
治理后

保护生态环境就是保护生产力 改善生态环境就是发展生产力

中国绿谷，大美伊犁，青山常在，绿水长流

雅马渡大桥站

伊犁哈萨克自治州
西北诸河
伊犁河
81.788693
43.627025

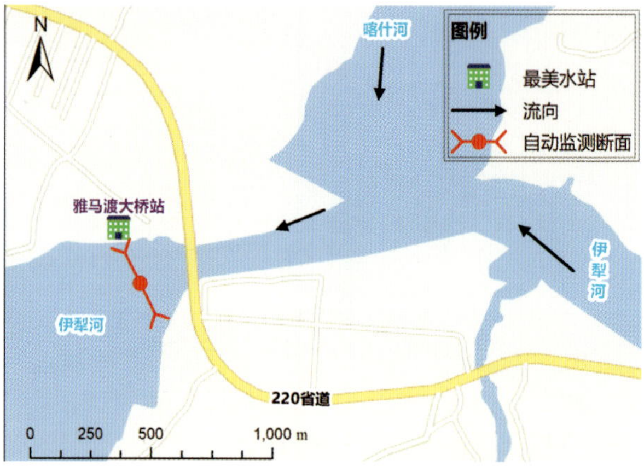

雅马渡大桥站位于新疆伊犁州伊宁县巴依托海镇喀勒其塔木村雅玛渡大桥以西伊犁河北岸约 200 米处，占地面积 2.98 亩，由国家统一管理，监测数据与地方共享。

站房为框架结构，建筑面积 176 平方米，设置有设备间、小型实验室、办公室、值班室、厨房和卫生间等，配有水温、电导率、pH、溶解氧、浊度、高锰酸盐指数、氨氮、总磷、总氮等 9 项监测指标，可对该 9 项指标进行实时监控，能够及时掌握水环境和水质变化趋势，为环境管理提供技术支撑。

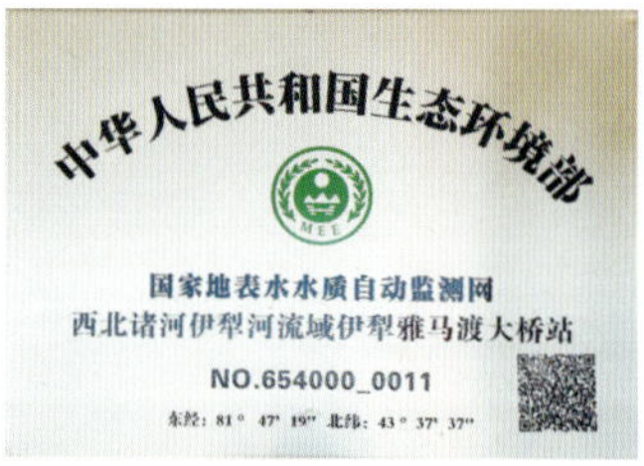

雅马渡大桥站简介

雅马渡大桥站是中哈跨界河流伊犁河上的自动监测站，由国家统一运行管理，监测数据与地方共享。该站于2016年10月起正式开工建设，2017年9月竣工，站房建筑面积176m²，站址海拔高程699米。该站的控制断面位于伊犁河伊宁县境内段，距离伊宁县城63Km。伊犁河为中哈跨界河流，属巴尔喀什湖水系，我国境内河流全长442公里。河流常年流量稳定。河流流经伊犁州5个县市及兵团第四师的10个团场。

雅马渡大桥站配置了水温、pH、溶解氧、浊度、电导率、高锰酸盐指数、氨氮、总氮、总磷共9项监测指标，可实现对控制断面水质9项指标的实时自动监测，及时掌握断面水质状况，把握水质变化规律，为区域水污染防治工作提供决策支撑。

国家监测设施　严禁干扰破坏

雅马渡大桥站作为伊犁河重要的节点的水站，被列为新疆环保设施公众开放站点、“河长制”巡河站点。由于特殊的地理位置，水站院内还建设了伊犁河流域应急物资储备库等环保设施。雅马渡大桥站承担着筑牢伊犁河上游生态屏障，在守护青山绿水、公众宣传教育以及提升应急能力方面起到了重要作用。

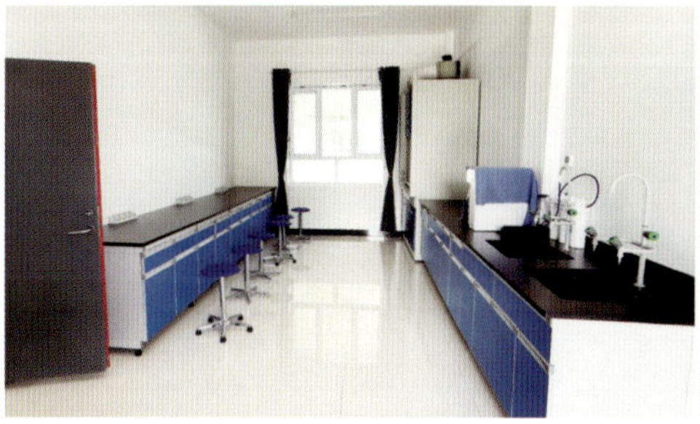

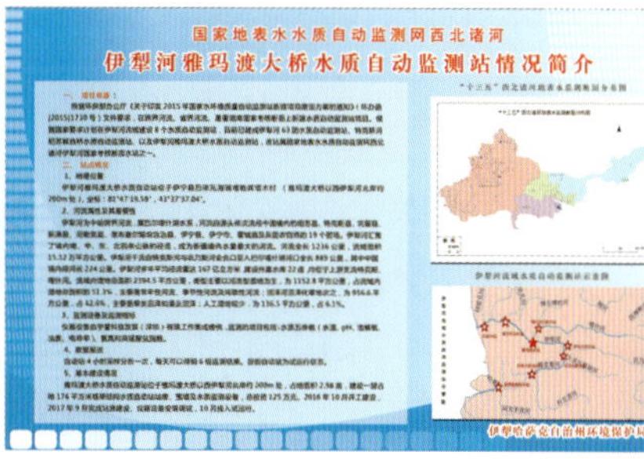
国家地表水水质自动监测网西北诸河
伊犁河雅玛渡大桥水质自动监测站情况简介

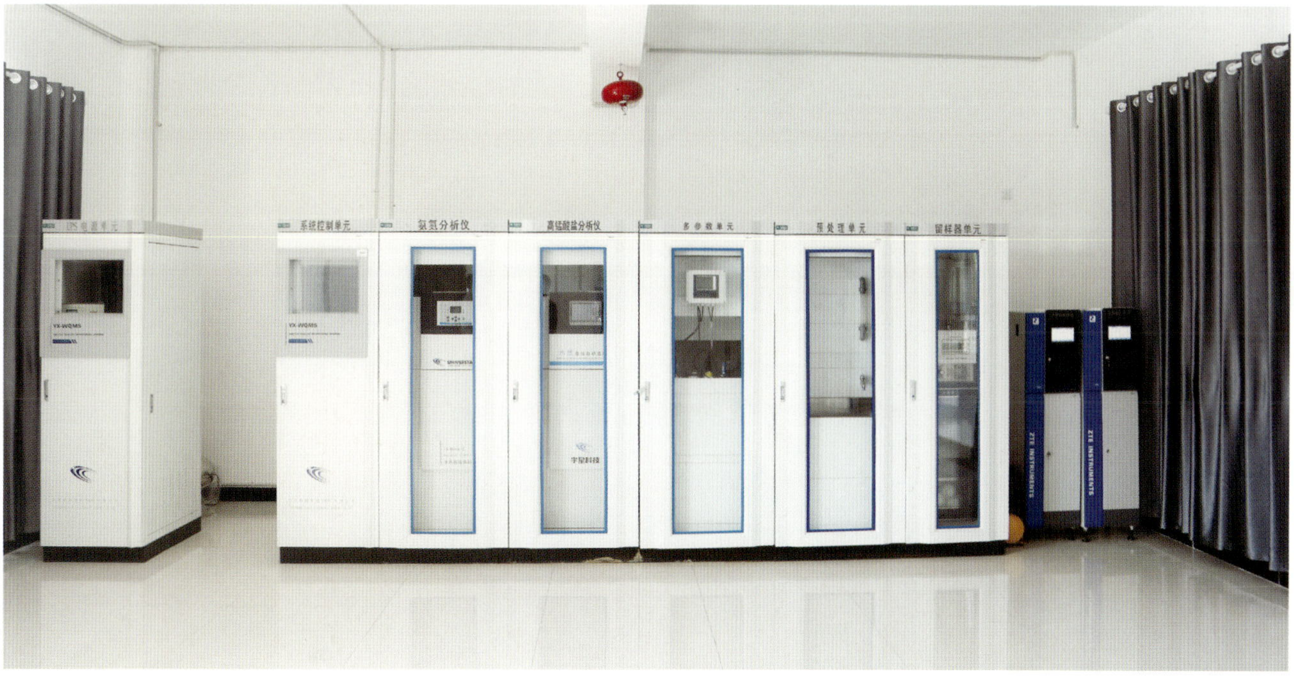
UPS电源单元
系统控制单元
氨氮分析仪
高锰酸盐分析仪
多参数单元
预处理单元
留样器单元

物华天宝，天富蕴藏，青山环绕，绿水相依

富蕴大桥站

- 阿勒泰地区
- 西北诸河
- 额尔齐斯河
- 89.5253
- 46.9997

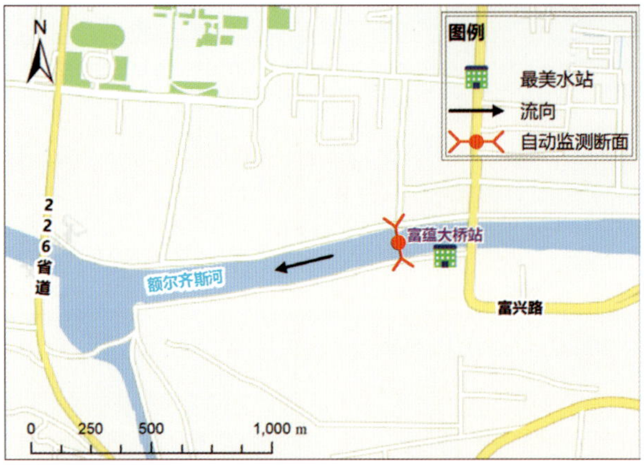

富蕴大桥站由富蕴县人民政府拨付资金，富蕴县环境保护局负责建设，富蕴县宏信建筑有限责任公司承建。2018 年 6 月开工建设，10 月完成站房建设。该站位于额尔齐斯河干流富蕴县城一级水电站下游 200 米处，占地面积 300 平方米，站址海拔 774 米，建设两层 100 平方米钢混结构。站房由设备间、实验室、值班室、储藏室以及卫生间组成，该站配置有水温、pH、溶解氧、浊度、电导率、高锰酸盐指数、氨氮、总磷、总氮共 9 项监测指标，可实现对控制断面水质 9 项指标的实时自动监测，及时掌握水环境状况和变化趋势，为水环境管理和决策提供依据。

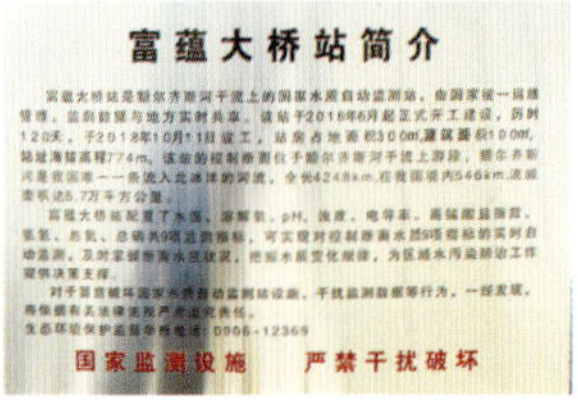

国家生态环境监测
保护水环境从我做起

关于印发《国家地表水水质自动监测站文化建设方案（试行）》的通知

环办监测函〔2018〕215号

各省、自治区、直辖市环境保护厅（局），新疆生产建设兵团环境保护局：

为强化国家地表水水质自动监测站（以下简称水站）公共服务功能，推进水站文化建设，丰富和拓展水站人文内涵，培育生态环境监测文化理念，树立国家生态环境监测品牌，我部制定了《国家地表水水质自动监测站文化建设方案（试行）》（见附件，以下简称《方案》）。请各地按照《方案》要求，结合本地实际抓好落实，全面推进水站文化建设。我部将在水站交接时一并予以验收，并适时组织“最美水站”评比活动。

联系人：生态环境部　张皓　牛海涛

电话：（010）66103117、66103118

附件：

国家地表水水质自动监测站文化建设方案（试行）

生态环境部办公厅

2018年5月2日

附件

国家地表水水质自动监测站文化建设方案

（试　行）

国家地表水水质自动监测站（以下简称水站）是监测地表水水质现状，及时预警潜在环境风险的重要基础，是评估水污染治理成效，打好水污染防治攻坚战的重要支撑，也是监测为民、服务公众的重要平台。为进一步强化水站的公共服务功能，赋予水站人文内涵，丰富和拓展水站文化属性，培育生态环境监测文化理念，引导公众走进生态环境监测，了解生态环境监测，信任生态环境监测，树立国家生态环境监测品牌和权威，制定本方案。

一、指导思想

以习近平新时代中国特色社会主义思想为指导，全面贯彻党的十九大精神，坚持以人民为中心，立足监测为民、监测惠民，在确保监测数据真实、准确、全面的基础上，赋予水站人文内涵和文化属性，着力提升生态环境监测服务功能，树立国家生态环境监测品牌，引导公众积极参与生态环境保护，推动形成崇尚生态文明、共建美丽中国的良好风尚。

二、工作目标

通过推进水站文化建设，赋予水站人文内涵，丰富和拓展水站文化属性，着力把水站打造成生态环境监测知识的传播平台，生态环境科普的宣传基地，生态环境文化的交流窗口，公众参与和监督的重要媒介。

三、基本原则

坚持简朴实用、美观大方，倡导与自然环境相协调、与社会公众良性互动，引导和培育既相对统一又各具特色的水站文化。

注重实用、力戒奢华。以保证水站水质监测功能作为根本需求，确保监测数据真实、准确、全面。结合各地水站建设实际，坚持短期目标与长远规划相结合，简朴实用与美观大方相结合，开展水站站房建设。

统一规范、鼓励创新。国家对水站 LOGO、标志标识及水站内部管理制定统一要求。同时，坚持统一规范与地方特色相结合，各地结合本地实际，采用绿色低碳、环境友好的建设模式，本着与当地建筑风格和周边环境协调的原则，开展水站外观和格局的设计建设。

科普教育、公众参与。坚持静态展示与互动交流相结合，国家统一设计并持续优化水站公众号和 APP 应用，满足公众的环境信息需求。同时，鼓励各地选择位于城市市区、公园、风景名胜地等人流密度较大区域的水站，坚持专业信息与科普文化相结合，监测数据与百姓生活相结合，着力打造“环境科普文化宣传小站”，讲好生态环境监测故事。

全面推进，持续完善。鼓励各地在统一规范要求的基础上，结合本地实际，开展水站文化建设。国家和地方持续完善水站作为科普基地、宣教窗口和展示平台所需的软硬件建设。

四、主要内容

（一）统一标志标识

水站（包括本次国家地表水监测事权上收涉及的所有新建和已建水站）站房外部应统一设置水站标志牌、简介牌和LOGO，各地按照生态环境部统一要求自行组织制作，并悬挂于指定位置。具体要求如下：

1. 水站标志牌

悬挂于水站站房正门右侧（或左侧）醒目位置，标志牌下沿距离地面1.8米。具体材质及工艺、样式字体、外形尺寸及安装方式等技术要求详见附1。

2. 水站简介牌

悬挂于水站站房正门左侧（或右侧）醒目位置，上沿与水站标志牌同高，下沿距离地面1.8米。上嵌二维码标识，方便公众获取信息。简介内容应包括水站建设历程、河流（湖库）概况及历史沿革、生态环境保护监督举报电话、安全警示标语（有条件的水站可同时设计制作安全警示牌，安装在水站站房外和采水口处醒目位置，安全警示牌标语应与水站简介牌上的标语保持一致）等。具体材质及工艺、样式字体、外形尺寸及安装方式等技术要求详见附2。

3. 水站LOGO

水站LOGO由生态环境保护徽（下端“MEE”为生态环境部英文缩写）和“国家生态环境监测”字样组合而成，左侧为生态环境保护徽、右侧为文字。水站LOGO可根据站房实际情况，分为箱体式和标牌式两种，其中箱体式LOGO主要安装在固定站或简易站主体建筑顶层醒目位置，标牌式LOGO主要安装在小型站或浮船站外侧醒目位置。具体材质及工艺、样式字体、外形尺寸及安装方式等技术要求详见附3。

（二）内部展示基本要求

水站（包括本次国家地表水监测事权上收涉及的所有新建和已建水站）站房内部应统一设置站点流域表征图、运维管理体系图、水站系统流程图，其中，流域表征图和运维管理体系图由中国环境监测总站（以下简称监测总站）提供基础素材，水站系统流程图由中标的第三方运维公司提供基础素材，各地根据基础素材，结合站房内部装修布局，自行设计、制作、悬挂。

1. 水站系统流程图

水站系统流程图要简明形象，应包括采配水单元、检测单元、数据采集与传输单元、控制单元等所有关键模块，并突出系统整体运行流程。具体要求见附4。

2. 站点流域表征图

站点流域表征图应清晰反映流域站点布设情况，重点突出该水站在流域中的空间位置。具体要求见附5。

3. 运维管理体系图

运维管理体系图包括岗位责任制度图、安全责任制度图、应急管理制度图、维护保养制度图等。每张图的内容都应简明扼要，明确要求、职责即可。具体要求见附6。

（三）鼓励地方创新设计

在水站站房设计、建设和内部装修中，在满足国家对面积、标识等统一要求的基础上，鼓励各地结合本地实际，采用绿色低碳、环境友好的建设模式，同时综合考虑周边自然环境、地域特色和民族文化特征等因素自主选择设计方案，突出地方特色，打造既相对统一又各具特色的水站设计精品。

（四）充分应用新媒体

丰富水站二维码信息。使用手机扫描水站二维码，可获取水站相关信息（如水站简介、水质信息、考核目标、监测指标解析、仪器原理及工艺、运行方式及流程等）和水站建设历程影像资料。通过向公众宣传水站相关信息和历史影像资料，普及生态环境监测和保护知识，讲述生态环境监测发展历程，增强公众对生态环境监测的了解和信任。

服务公众需求。使用手机扫描水站二维码，可获取水站 APP 应用下载端口，通过下载安装应用，可实现对水站及水质相关信息的自助查询、浏览及意见反馈。公众可根据需求通过水站 APP 自助查询站点水质实时监测结果等信息，并通过留言窗口反馈建议和意见。同时，监测总站将通过后台定期统计公众查询信息情况和反馈意见，并结合统计结果，在充分考虑信息安全的基础上，不断优化和完善 APP 应用程序，实时更新发布信息内容，满足公众的知情权，引导公众参与环境保护。

（五）强化水站多重功能

在保证水质监测正常开展的情况下，根据水站面积、位置、周边环境情况，对位于市区、公园、风景名胜区等人口流动性较大地区的水站，强化水站多重功能。把水站打造为本地区的“科普小站”，通过设立参观区域、开辟科普文化专栏，在室外悬挂电子屏幕实时发布水质和科普信息，承担生态环境监测和生态环境保护的科普功能；选择有条件的水站作为对公众开放的环境监测设施，结合本地实际，有序向公众开放，引导公众走进监测，了解监测，信任监测；定期组织生态环境宣传活动，宣传生态保护理念，传播生态文明思想，把水站打造为本地区的环境宣传教育基地。

五、组织实施

（一）加强组织领导

生态环境部负责统筹协调水站文化建设工作，监测总站负责具体组织实施。地方各级环保部门可根据本方案，制定符合本地实际的地方水站文化建设方案，分级分层，全面推动水站文化建设工作。

（二）适时组织开展最美水站评比

为了更好地激发各地参与水站文化建设热情，将适时组织开展“最美水站”评比活动。由各省份结合本地实际对本地区水站进行初评，按一定比例推荐“最美水站”候选名单，由生态环境部组织专家进行最终评选，选出 100 个左右（约占全部水站数量的 5%）既满足国家统一规范要求又充分展示地方特色的水站作为“最美水站”，向社会公开，并通过生态环境部微信微博平台和生态环境部官网、中国环境报等进行公开宣传。

（三）加强互动交流

建立水站文化建设工作学习交流机制，鼓励互动交流，分享科普教育宣传工作经验，不断提升各地水站文化建设管理水平。

附：

1. 水站标志牌技术要求
2. 水站简介牌技术要求
3. 水站 LOGO 技术要求
4. 水站系统流程图技术要求
5. 站点流域表征图技术要求
6. 运维管理体系图技术要求

附 1

水站标志牌技术要求

水站标志牌由各地参照本技术要求制作，制作完成后应安装在水站站房正门处醒目位置。

一、材质及工艺

水站标志牌采用 304#（或更高标准级别）不锈钢制作，钢材厚度不低于 2 毫米，表面采用亚光拉丝工艺处理，加装镜面边条。

二、样式与字体

标志牌上所有字体均采用激光雕刻，并以黑色漆喷涂，喷涂颜色的 RGB 值为（0，0，0）。

标志牌上除“国家地表水水质自动监测网”和“中华人民共和国生态环境部”字样为方正大黑简体外，其余字样均为方正大标宋简体。

字体规格要求：

（一）“国家地表水水质自动监测网”为 81 磅。

（二）水站名称（水站命名规则详见环办监测函〔2017〕1762 号文件）为 130 磅（可根据字数多少适当调整大小）。

（三）断面编码为 81 磅。

（四）“中华人民共和国生态环境部”为 50 磅。

标识要求：

标志牌上的生态环境保护徽为圆形，直径为 6.5 厘米，采用激光雕刻，并以绿色和白色漆喷涂，喷涂颜色的 RGB 值分别为（0，154，68）和（255，255，255）。

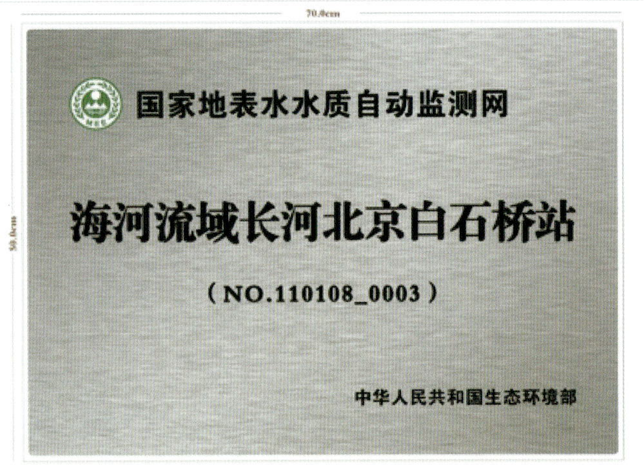

图 1　水站标志牌参考效果

三、外形与尺寸

水站标志牌外形采用不锈钢长方体，在正面四边直角处倒角，形成立体效果。

水站标志牌尺寸为宽 70 厘米 × 高 50 厘米 × 厚 4 厘米。

四、水站标识牌安装

（一）标志牌应根据水站站房设计建造情况，悬挂于正门的右侧（或左侧）醒目位置（浮船站或小型站如无悬挂条件，可直接制作成标志牌安装固定在船体或站房外一侧），下沿距离地面 1.8 米。

（二）根据站房的类型选择合适的安装方式，安装位置明显，安装方式牢固并考虑防盗设置。

附 2

水站简介牌技术要求

水站简介牌由各地参照本技术要求制作，制作完成后应安装在水站站房正门处醒目位置。

一、材质及工艺

水站简介牌采用 304#（或更高标准级别）不锈钢制作，钢材厚度不低于 2 毫米，表面采用亚光拉丝工艺处理，加装镜面边条。

二、样式与字体

简介牌中所有字体均采用激光雕刻，其中“国家监测设施 严禁干扰破坏”字样以红色漆喷涂，喷涂颜色的 RGB 值为（255，0，0），其余字样均以黑色漆喷涂，喷涂颜色的 RGB 值为（0，0，0）。

简介牌上除“××××站简介”和“国家监测设施 严禁干扰破坏”字样为方正大黑简体外，其余字样均为方正大标宋简体。

字体规格要求：

（一）“××××站简介”为 120 磅。

（二）“国家监测设施 严禁干扰破坏”为 80 磅。

（三）其余字体均为 45 磅（字体规格仅供参考，各地可根据每个站点简介内容多少适当调节字体大小和行间距）。

二维码规格要求：

简介牌上的二维码为正方形，尺寸为宽 6.8 厘米 × 高 6.8 厘米，采用激光雕刻，并以黑色漆喷涂，喷涂颜色的 RGB 值为（0，0，0）。

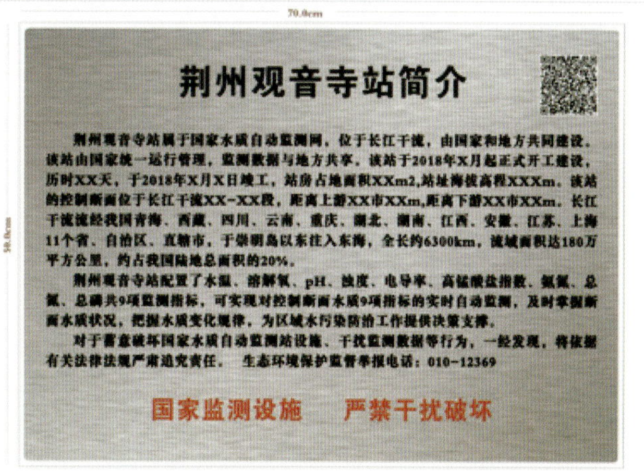

图 1　水站简介牌参考效果

三、外形与尺寸

水站简介牌外形采用不锈钢长方体，在正面四边直角处倒角，形成立体效果。

水站简介牌尺寸为宽 70 厘米 × 高 50 厘米 × 厚 4 厘米。

四、水站简介牌安装

（一）简介牌应根据水站站房设计建造情况，悬挂于正门的左侧（或右侧）醒目位置（浮船站或小型站如无悬挂条件，可直接制作成标志牌安装固定在船体或站房外一侧），上沿与水站标志牌同高，下沿距离地面 1.8 米。

（二）根据站房的类型选择合适的安装方式，安装位置明显，安装方式牢固并考虑防盗设置，有条件的水站可同时设计制作安全警示牌，安装在水站站房外和采水口处醒目位置，安全警示牌标语应与水站简介牌上的标语保持一致。

附 3

水站 LOGO 技术要求

水站 LOGO 主体由生态环境保护徽（下端“MEE”为生态环境部英文缩写）和“国家生态环境监测”字样组合而成，左侧为生态环境保护徽、右侧为文字。由各地参照本技术要求制作，制作完成后安装在水站站房主体建筑顶层醒目位置。

一、材质及工艺

水站 LOGO 可根据站房实际情况，分为箱体式和标牌式两种，其中箱体式 LOGO 采用亚克力板作为表面材料，加装不锈钢框架，内部结构采用不锈钢管为加强材料，亚克力板表面采用丝印或喷砂等工艺；标牌式 LOGO 采用 304#（或更高标准级别）不锈钢制作，表面采用激光雕刻工艺处理。

二、样式与字体

水站 LOGO 底色采用蓝色喷涂，喷涂颜色的 RGB 值为（0，71，157）。

水站 LOGO 所有字样均为方正大黑简体，以白色喷涂，喷涂颜色的 RGB 值为（255，255，255）。

字体规格要求：

（一）“国家生态环境监测”为 820 磅。

（二）英文为 300 磅。

水站 LOGO 上的生态环境保护徽为圆形，直径为 80 厘米，以绿色和白色喷涂，喷涂颜色的 RGB 值分别为（0，154，68）和（255，255，255）。

以上字体和生态环境保护徽的尺寸和字体规格均为参考，各地应根据水站 LOGO 的实际大小，设计合理的尺寸和字体规格，以达到最佳展示效果。

图 1　水站 LOGO 参考效果

三、外形与尺寸

箱体式 LOGO 采用圆柱体和长方体不锈钢框架结构交叉连接而成，形成立体效果；尺寸为宽 600 厘米 × 高 60 厘米 × 厚 40 厘米。

标牌式 LOGO 采用不锈钢长方体，在正面四边直角处倒角，形成立体效果；尺寸为宽 600 厘米 × 高 60 厘米 × 厚 4 厘米。

以上外形尺寸均为参考，考虑到水站站房类型多样，各地应充分结合实际，根据站房类型和样式，设计合理的尺寸，以达到最佳展示效果。

四、水站 LOGO 安装

（一）箱体式 LOGO 主要安装在固定站或简易站主体建筑顶层醒目位置，标牌式 LOGO 主要安装小型站或浮船站外侧醒目位置。

（二）根据站房的类型选择合适的安装方式，安装位置明显，安装方式牢固，有条件的水站可以考虑在箱体式 LOGO 内设置 LED 灯，并接通站房电源，以提升夜间展示效果。

图 2　水站 LOGO 安装后效果

附 4

水站系统流程图技术要求

水站系统流程图的基本素材由中标的第三方运维公司提供，各地根据第三方运维公司提供的基础素材，自行设计制作水站系统流程图，制作完成后安装在水站站房内醒目位置。

一、材质及工艺

水站系统流程图采用 PP 纸制作，加装亚克力框架。

二、样式与字体

水站系统流程图标题栏底色的主色调为深绿色，呈现渐变式变化，主色调 RGB 值为（61，172，44）；正文栏底色为浅绿色，底色 RGB 值为（235，245，236）。

水站系统流程图中所有字样均为方正大黑简体。其中，“系统流程图”字样为墨绿色，RGB 值为（0，92，95），4 毫米白色描边，描边色 RGB 值为（255，255，255）；其余字样均为灰黑色，RGB 值为（37，31，33）。

字体规格要求：

（一）“系统流程图”为 100 磅。

（二）其他字体为 50 磅（仅供参考，各地可根据中标运维公司提供的素材尺寸大小和内容多少确定合适的字体大小）。

水站系统流程图的底色及装饰图案仅供参考，各地可根据本地实际，结合地域特色和民族文化特征，自行设计。

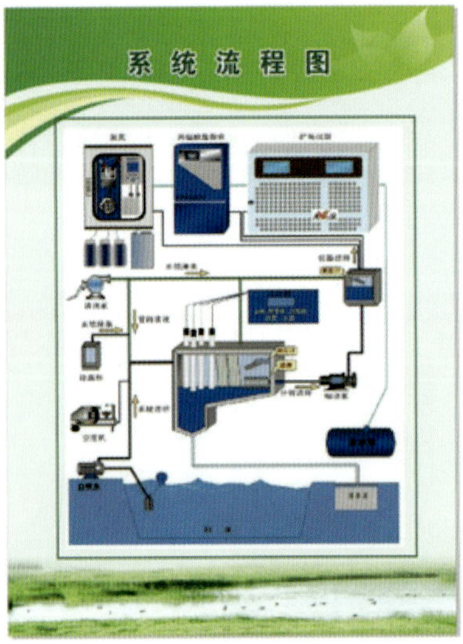

图 1　水站系统流程图参考效果

三、外形与尺寸

水站系统流程图外形采用长方体。

PP 纸板尺寸为宽 58 厘米 × 高 88 厘米 × 厚 3 毫米。

亚克力外框尺寸为宽 60 厘米 × 高 90 厘米 × 厚 5 毫米。

四、水站系统流程图安装

（一）水站系统流程图应根据水站站房内部面积和装修布局情况，安装在水站站房内醒目位置。

（二）根据站房的类型选择合适的安装方式，安装位置明显，安装方式牢固。

附 5

站点流域表征图技术要求

水站站点流域表征图的基本素材（包括流域水系、行政边界、流域内所有站点经纬度信息等基础地理信息）由中国环境监测总站（以下简称监测总站）提供，各地根据监测总站提供的基础素材，自行设计制作站点流域表征图，应做到既能清晰反映流域站点布设情况，又重点突出该水站在流域中的空间位置。水站站点流域表征图制作完成后安装在水站站房内醒目位置。

一、材质及工艺

站点流域表征图采用 PP 纸制作，加装亚克力框架。

二、样式与字体

站点流域表征图标题栏底色的主色调为深绿色，呈现渐变式变化，主色调 RGB 值为（61，172，44）；正文栏底色为浅绿色，底色 RGB 值为（235，245，236）。

站点流域表征图中所有字样均为方正大黑简体。其中，“站点流域表征图”字样为墨绿色，RGB 值为（0，92，95），外加 4 毫米白色描边，描边色 RGB 值为（255，255，255）；其余字样均为灰黑色，RGB 值为（37，31，33）。

字体规格要求：

（一）“站点流域表征图”为 100 磅。

（二）其他字体为 60 磅（仅供参考，各地可根据监测总站提供的基础素材内容多少确定合适的字体大小）。

站点流域表征图的底色及装饰图案仅供参考，各地可根据本地实际，结合地域特色和民族文化特征，自行设计。

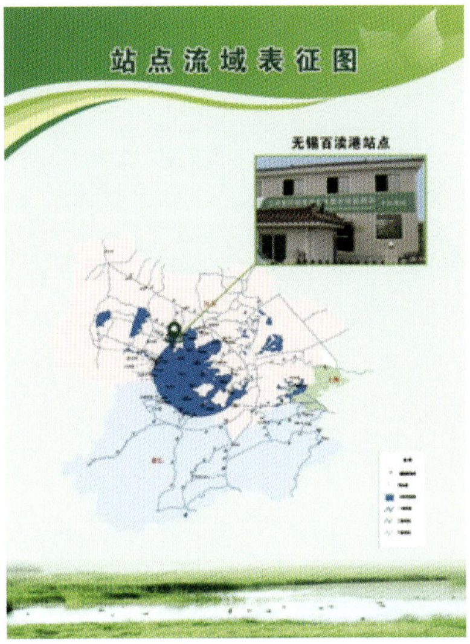

图 1　水站站点流域表征图参考效果

三、外形与尺寸

站点流域表征图外形采用长方体。

PP 纸板尺寸为宽 58 厘米 × 高 88 厘米 × 厚 3 毫米。

亚克力外框尺寸为宽 60 厘米 × 高 90 厘米 × 厚 5 毫米。

上述尺寸仅供参考，可根据每个站点所处流域底图的大小合理设计尺寸，确保站房内所有挂图尺寸协调美观。

四、水站站点流域表征图安装

（一）站点流域表征图应根据水站站房内部面积和装修布局情况，安装在水站站房内醒目位置。

（二）根据站房的类型选择合适的安装方式，安装位置明显，安装方式牢固。

运维管理体系图技术要求

水站运维管理体系图包括岗位责任制度图、安全责任制度图、应急管理制度图、维护保养制度图等，各图的基本素材由中国环境监测总站（以下简称监测总站）负责提供，各地根据监测总站提供的基础素材，自行设计制作运维管理体系图，制作完成后安装在水站站房内醒目位置。

一、材质及工艺

运维管理体系图均采用 PP 纸制作，加装亚克力框架。

二、样式与字体

运维管理体系图标题栏底色的主色调为深绿色，呈现渐变式变化，主色调 RGB 值为（61，172，44）；正文栏底色为浅绿色，同时配有生态环境保护徽水印（水印为圆形，直径为 35 厘米），底色 RGB 值为（235，245，236）。

运维管理体系图中所有字样均为方正大黑简体，其中，标题字样为墨绿色，RGB 值为（0，92，95），外加 4 毫米白色描边，描边色 RGB 值为（255，255，255）；其余字样均为灰黑色，RGB 值为（37，31，33）。

字体规格要求：

（一）标题字体为 100 磅。

（二）其他字体为 50 ~ 80 磅（仅供参考，各地可根据每张图内文字的数量确定合适的字体大小和行距）。

运维管理体系图的底色及装饰图案仅供参考，各地可根据本地实际，结合地域特色和民族文化特征，自行设计。

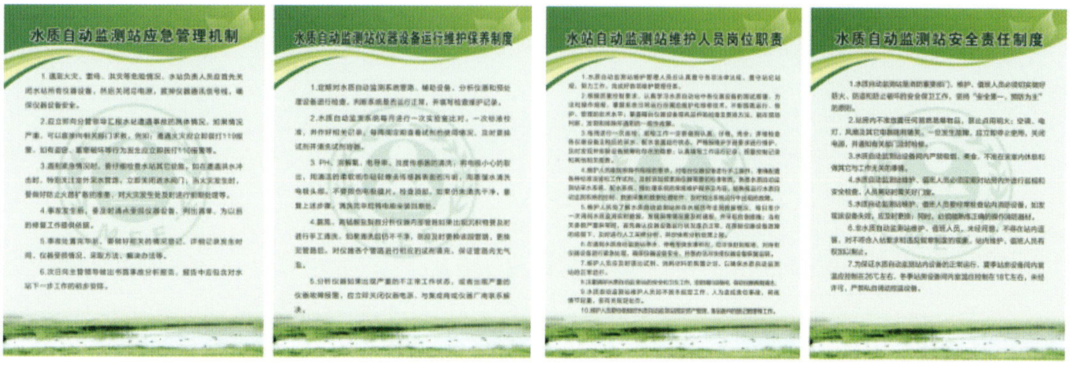

图 1　水站运维管理体系图参考效果

三、外形与尺寸

水站运维管理体系图外形采用长方体。

PP 纸板尺寸均为宽 58 厘米 × 高 88 厘米 × 厚 3 毫米。

亚克力外框尺寸均为宽 60 厘米 × 高 90 厘米 × 厚 5 毫米。

上述尺寸仅供参考，各地可根据每个站点站房类型及内部空间，合理设计水站运维管理体系图尺寸，但要确保站房内所有挂图尺寸协调美观。

四、水站运维管理体系图安装

（一）水站运维管理体系图应根据水站站房内部面积和装修布局情况，安装在水站站房内醒目位置。

（二）根据站房的类型选择合适的安装方式，安装位置明显，安装方式牢固。

关于印发《“最美水站”推选活动方案》的通知

环办监测函〔2018〕1112号

北京、天津、河北、山西、内蒙古、辽宁、吉林、黑龙江、上海、江苏、浙江、安徽、福建、江西、山东、河南、湖北、湖南、广东、广西、重庆、四川、贵州、云南、陕西、甘肃、宁夏、新疆、青海省（区、市）环境保护厅（局），海南省生态环境保护厅：

为进一步强化国家地表水水质自动监测站（以下简称水站）公共服务功能，丰富和拓展水站文化属性，充分发挥优秀水站的示范与带头作用，根据《国家地表水水质自动监测站文化建设方案（试行）》要求，我部将组织开展第一批“最美水站”推选活动。现将《“最美水站”推选活动方案》（见附件，以下简称《方案》）印发给你们，请按照《方案》要求，结合本地工作实际，认真组织实施。

联系人：生态环境部　张璘　赵加正
电话：（010）67175015

附件：“最美水站”推选活动方案

生态环境部办公厅
2018年10月10日

附件

“最美水站”推选活动方案

国家地表水水质自动监测站（以下简称水站）是监测地表水水质现状，及时预警潜在环境风险的重要基础，是评估水污染治理成效，打好水污染防治攻坚战的重要支撑，也是监测为民、服务公众的重要平台。2018 年 5 月，生态环境部印发《国家地表水水质自动监测站文化建设方案（试行）》（以下简称《方案（试行）》），推进水站文化建设工作，为各地水站文化建设明确了指导思想、确立了基本原则。根据《方案（试行）》要求，现组织开展第一批“最美水站”推选活动，并将活动具体事项通知如下：

一、目的意义

水站文化建设工作启动以来，全国各地积极响应，全力推进，取得了显著成效。一些水站在传播生态环境监测知识、交流生态环境文化、推进公众参与和监督方面的创新做法值得肯定。为进一步激发各地参与水站文化建设的热情，发挥优秀水站的示范与带头作用，引导公众走进、了解、信任生态环境监测，促进公众积极参与生态环境保护，落实环境监测为民服务功能，树立国家生态环境监测品牌和权威，不断健全生态环境监测文化体系，组织开展本活动。

二、活动内容

（一）推选范围

参加本次活动的水站原则上包括 2050 个国家地表水水质自动监测站中已建成并联网运行的所有水站。活动最终将推选出 100 个“最美水站”（约占全部水站数量的 5%）。

（二）推选方式

由各省（区、市）结合本地实际对本地区水站进行初评，按照各省（区、市）所有已建成水站数量的 10% 先行推荐出“最美水站”候选名单（各省份可推荐水站数量参见附 1），再由生态环境部通过网上公开投票与专家评审相结合的方式，最终推选确定 100 个“最美水站”。

（三）推选标准

推选采用网上投票结果（占 60%）和专业评估结果（占 40%）相结合的方式（评分标准详见附 2）。其中，网上投票评分采用百分制换算法，根据排名结果对名次进行百分制换算后确定得分；专业评估采用综合评分法，评分标准由基础项（包括基础建设、文化建设和制度建设）和加分项（包括设计创新和功能拓展）组成。

（四）推选流程

推选活动从 2018 年 10 月开始至 2019 年 3 月结束，共分为各省（区、市）初选、确定候选名单、网上投票、专家评审、结果公示、通报表扬等六个阶段。具体推选流程见下图：

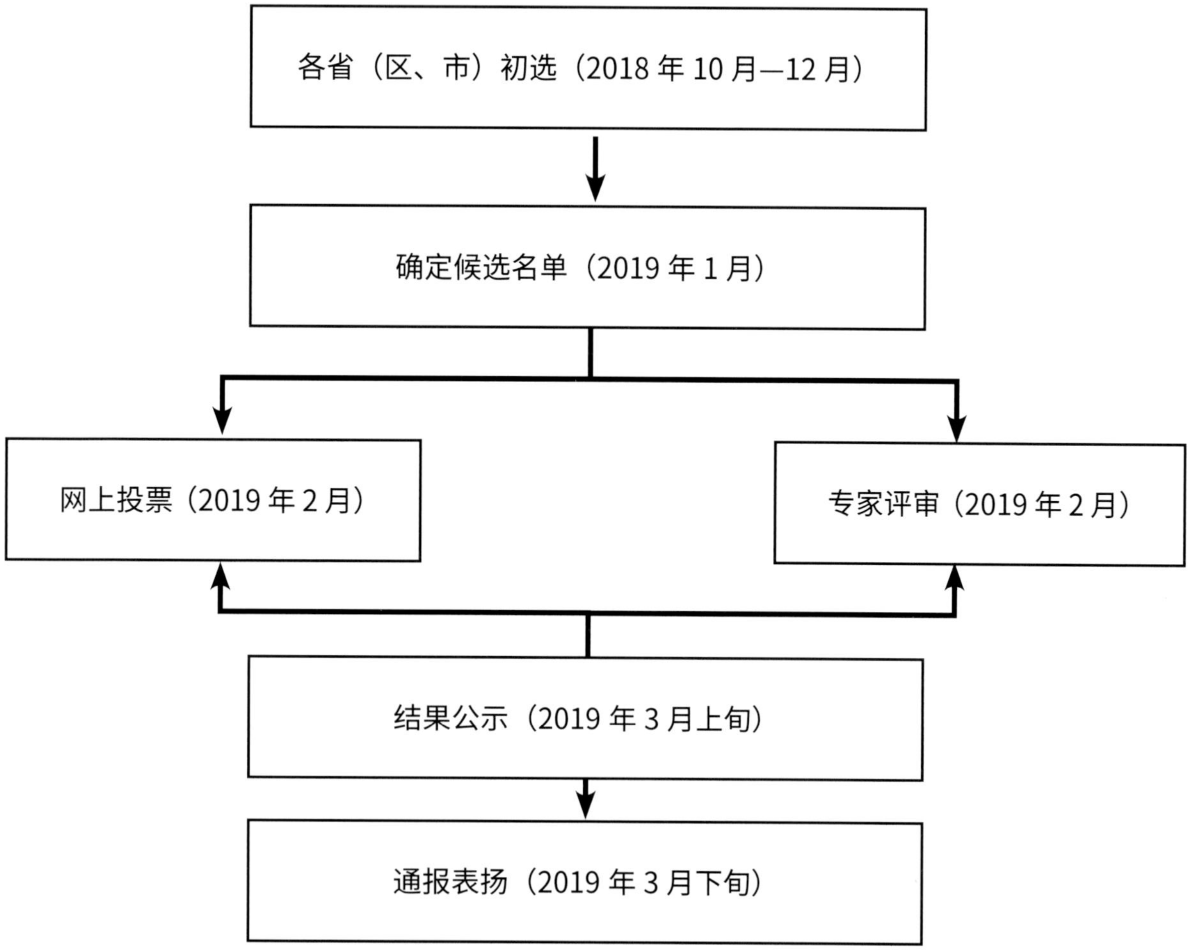

（五）实施安排

1. 各省（区、市）初选（2018 年 10 月 –12 月）

各省（区、市）生态环境部门结合推选要求和本地实际，进行水站初步推选，12 月 31 日前确定并上报“最美水站”候选名单。各省上报的水站推选材料应包括三方面内容：一张图片、一段文字和一段视频（以下简称“三个一”），并以电子件形式统一报送至生态环境部（报送要求详见附 3）。

2. 确定候选名单（2019 年 1 月）

中国环境报社根据各省（区、市）上报的候选名单，对水站相关资料进行初步筛选，经过整理编辑、统一格式后，将各候选水站材料上传、录入至投票系统及网站后台。同时，同步开展水站建设成果展示，通过中国环境报、中国环境网、生态环境部官网等渠道，对候选水站按省份进行集中宣传和展示，增加社会关注度，提高活动影响力。

3. 网上投票（2019 年 2 月）

通过中国环境网、中国环境新闻微信公众号、中国环境 APP 三个平台，开放网民投票端口，并及时汇总统计网上投票结果。

4. 专家评审（2019 年 2 月）

由生态环境部组织专家评审委员会（委员会原则上由生态环境监测系统专家、地方选派专家代表、文化传播相关专家、媒体代表等组成），对进入候选名单的“最美水站”进行专业评估，并汇总统计专业评估结果。

5. 结果公示（2019 年 3 月上旬）

经过网上投票和专家评审，将最终得分前 100 名的“最美水站”在中国环境报、中国环境网进行公示，接受监督，公示期一周。

6. 通报表扬（2019 年 3 月中下旬）

生态环境部对公示无异议的 100 个“最美水站”予以通报表扬。

三、活动宣传

（一）前期宣传

活动开始前，生态环境部组织新闻通稿，统一向媒体和社会发布。中国环境报社、宣传教育中心积极策划组织相关社会宣传活动，为推选活动造势。

（二）中期宣传

活动期间，中国环境报将在相关版面和新媒体各平台开设“最美水站”推选栏目，以“三个一”的形式，集中展示水站建设成果。生态环境部协调媒体同步跟进报道，进一步扩大影响力。

依托环保系统微博微信平台，组织各级生态环境部门及时跟踪报道“最美水站”推选活动的开展情况，同时，鼓励地方优先推荐“最美水站”纳入“全国环保设施和城市污水垃圾处理设施向公众开放名单”。鼓励有条件的地方先行组织学校学生、社区居民等参观水站，提高公众参与度，保持“最美水站”宣传热度。

（三）后期宣传

对最终入选的 100 个“最美水站”，以中国环境网、中国环境 APP 为官方宣传平台，设立专题页面，展播水站图文消息，调动公众关注身边的水站并参与监督。中国环境报“环境管理－水版”开设专栏，进行集中宣传报道，宣传教育中心组织拍摄相关专题片，以短视频形式宣传水站建设过程中表现突出的集体和个人，弘扬环境监测人特别能吃苦、特别能战斗、特别能奉献的崇高精神。推选活动相关图文、视频资料可通过生态环境部官网、生态环境部微博微信平台、中国环境报、媒体记者微信群和新媒体矩阵等平台对外宣传发布。同时，制作“最美水站”画册，打造生态环境监测文化宣传精品，并向社会出版发行。

四、保障措施

（一）加强组织领导

生态环境部负责统筹组织本次“最美水站”推选活动，中国环境报社负责具体实施。各省级生态环境部门应根据本方案要求，结合各地实际，认真组织开展“最美水站”初选，做好相关参评材料的准备工作；同时，配合做好“最美水站”推选活动宣传工作，有条件的地区可采取多种方式，不断拓展和丰富水站参观、科普和教育等功能，向社会公开展示和宣传水站建设成果，积极营造全民参与的良好氛围。

（二）实行动态管理

“最美水站”管理将建立动态调整机制，对不符合“最美水站”标准的水站，实行公开退出。

五、纪律要求

各省（区、市）提交材料、推荐水站需符合本地实际情况，实事求是。推选过程中凡存在弄虚作假、上报材料不真实的，将取消推选资格，并予以通报批评。

附 1

各省（区、市）推荐参选水站数量清单

各省（区、市）可参考评分细则的要求，从本行政区域内水站中推荐符合要求的水站参与“最美水站”推选，推荐数量不得超过下表规定。如无符合要求的水站，可不推荐。

省　份	推荐水站数量（个）
北京市	2
天津市	3
河北省	6
山西省	6
内蒙古自治区	3
辽宁省	10
吉林省	5
黑龙江省	6
上海市	2
江苏省	13
浙江省	12
安徽省	10
福建省	6

江西省	11
山东省	10
河南省	10
湖北省	13
湖南省	8
广东省	10
广西壮族自治区	6
海南省	3
重庆市	5
四川省	10
贵州省	6
云南省	10
陕西省	5
甘肃省	3
青海省	2
宁夏回族自治区	2
新疆维吾尔自治区	2
总　计	200

附 2

“最美水站”评分细则

本次“最美水站”推选采用网上投票结果（占 60%）和专业评估结果（占 40%）相结合的方式，以最终得分前 100 名，确定 100 个“最美水站”。评分细则如下：

一、基础条件

参加推选的水站必须具备以下两项基础条件：

（一）基础建设部分（包括站房、采水、文化建设及四通一平）完成且联网运行。

（二）仪器设备运行稳定，监测数据真实准确。

二、评分细则

（一）网上投票评分

根据网上投票结果，对候选水站进行排名，根据排名名次进行百分制换算，换算公式如下：

$$网上投票得分 =（200- 排名名次 +1）/200 \times 100$$

（二）专业评估评分

专业评估评分采用综合评分法，每个水站的最终得分为所有专家对其评分的算术平均值。所有评分项均需提供相应的证明材料（包括文字说明、图片、视频等）。

专业评分项目包括：

评分因素		分值分配
基础项	基础建设	30 分
	文化建设	40 分
	制度建设	10 分
加分项	设计创新	10 分
	功能拓展	10 分
合　计		100 分

专业评分细则如下：

基础项			
基础建设（30分）	站房质量	10分	①站房主体工程质量合格，面积符合规范要求。②“四通一平”（通水、通电、通讯、通路和土地平整）符合规范要求。③站房装修简朴实用，具备通风、温湿控、排水等功能。④站房的防雷、抗震、防洪功能符合规范要求。⑤站房周边路面做硬化处理，并适当绿化。少一项扣2分，扣完为止。
	配套功能	10分	①站房外设有院墙或一定的防护设施。②站房配备必要的安全设施，大门设置门禁装置，门窗加装防盗网或红外报警系统。③站房设有感烟或感温探测器，配备火灾自动报警及自动灭火装置，灭火范围可以覆盖所有设备。④站房主体功能齐全，照明、供电等满足仪器设备运行和质控实验操作要求。⑤站房办公设施齐全，可以满足值班人员工作期间正常的工作需求。少一项扣2分，扣完为止。
	采水系统	10分	采水泵、采水管道、清洗配套装置、防堵塞装置和保温配套装置等齐全且满足技术要求。少一项扣2分，扣完为止。
文化建设（40分）	标志标识	10分	①站房外部统一设置水站标志牌、简介牌和LOGO。②标志标识材质、工艺、样式、外形、安装方式等应满足文化建设方案要求。③标志标识安装位置醒目、整体协调美观。少一项扣4分，扣完为止。
	内部展示	10分	①站房内部统一设置水站系统流程图、站点流域表征图和运维管理体系图等。②内部展示的材质、工艺、样式、外形、安装方式等满足文化建设方案要求。③内部展示的安装位置醒目，与站房内部装修风格一致。少一项扣4分，扣完为止。
	文化宣传	20分	①公众使用手机扫描水站二维码，可以获取水站相关信息（包括水站简介、水质信息、考核目标、监测指标解析、仪器原理及工艺、运行方式及流程等）。上述信息包含一项得2分，满分10分。②采用传统媒体和新媒体相结合的方式，先期组织开展水站文化宣传活动。开展一次得4分，满分10分。

项　目		满分	评审标准
制度建设（10分）	保障机制	5分	①建立水站运行的基础保障长效机制，结合实际制定工作方案。无工作方案扣3分。②水站正常运行所必需的用水、用电、网络通讯、道路、安全等基础条件完善。少一项扣1分，扣完为止。
	宣传机制	5分	①建立宣传机制，并结合本地环境监测工作制定系统的宣传方案。②定期做好水站文化宣传相关资料的收集整理工作，包括收集整理和制作视频、图片等影像资料。少一项扣3分，扣完为止。
加 分 项			
设计创新（10分）		10分	①站房建筑和内部装修风格综合考虑周边自然环境、地域特色和民族文化特征等因素，既与周边环境协调，又突出地方文化特色。②结合本地实际，采用节能、节水、节材等绿色低碳、环境友好的建筑材料。③引入节能概念，站房采用光电、风电等新能源设施。完成一项加5分，满分10分。
功能拓展（10分）		10分	①通过设立参观区域、开辟科普文化专栏、室外悬挂电子屏幕实时发布水质和科普信息等方式，将水站打造成“科普小站”。②将水站作为对公众开放的环境监测设施和环境宣传教育基地，定期向公众开放，并积极组织开展多样式的生态环境文化宣传活动。③积极与不同行业、不同地区科普教育宣传的先进单位交流互动，分享科普教育宣传工作经验。完成一项加5分，满分10分。

附3

“最美水站”推选提交材料要求

各省（区、市）应参照评分细则要求推荐参评水站，填写《“最美水站”推选活动推荐表》，并整理提交相关材料。材料均以电子件形式（涉及盖章的文件应扫描成pdf格式的电子件）发送至生态环境部邮箱（jcyc@mee.gov.cn）。

具体报送要求如下：

一、水站形象展示

1．一张图片。提交一张展现水站与周边环境的全景图片，画质清晰，尽量使用专业相机拍摄，格式为jpg，图片命名为“水站名称”，如××水站。

2．一段文字。对参评水站进行推荐性介绍（内容包括水站的基本情况、特色特点等），文字要求简洁精练，不超过500字。

3．一段视频。主要展示水站特色、建设历程、文化建设等情况，时间不超过2分钟。尽量使用专业摄像设备，格式为mp4，视频命名为“水站名称”，如××水站。

二、评分证明材料

根据评分细则要求逐项提供相应的证明材料（包括文字说明、图片、视频等）。证明材料要以评分项目命名并按照评分要素分类整理后，以水站为单位形成压缩文件上报。

三、《“最美水站”推选活动推荐表》

填报格式如下：

<table>
<tr><th colspan="4">“最美水站”推选活动推荐表</th></tr>
<tr><td>水站名称</td><td colspan="3"></td></tr>
<tr><td>所属省份</td><td></td><td>所属地市</td><td></td></tr>
<tr><td>所属流域</td><td></td><td>所在河流
（湖库）</td><td></td></tr>
<tr><td>联系人</td><td></td><td>联系方式</td><td></td></tr>
<tr><td>水站建设简介</td><td colspan="3">（应包括建设时间、承建部门、站房面积、内部布局、仪器配置，字数应不超过300字。）</td></tr>
<tr><td>水站文化简介</td><td colspan="3">（可包括建筑设计的文化由来，水站建设历程，建设及运行期间的文化故事或感人事迹，字数应不超过1500字。可配以影像资料，文件格式为mp4，可使用专业摄像设备或智能手机横屏拍摄。）</td></tr>
<tr><td colspan="4">省级生态环境部门推荐意见

盖章　　　　　　年　月　日</td></tr>
</table>

关于生态环境部首批“最美水站”推选结果的函

环办监测函〔2019〕758号

各省、自治区、直辖市生态环境厅（局），新疆生产建设兵团生态环境局：

为贯彻落实《生态环境监测网络建设方案》（国办发〔2015〕56号）和《国家生态环境质量监测事权上收实施方案》（环发〔2015〕176号），我部积极推进国家地表水环境质量监测事权上收工作。

全国生态环境系统干部职工齐心协力、攻坚克难、全力以赴，全面完成国家地表水水质自动监测站（以下简称水站）建设任务。同时，强化水站文化建设，加强公共服务功能，打造监测为民、服务公众的窗口，丰富了水站人文内涵和文化属性，树立了国家生态环境监测品牌和权威。

为集中展现水站文化建设成效，发挥优秀水站的示范引领作用，按照《“最美水站”推选活动方案》要求，经地方推荐、网上投票、专家评审和结果公示等环节，推选出100个“最美水站”。经研究，现将生态环境部首批“最美水站”推选结果予以公布。

请继续加强水站文化建设，方便公众走近监测、了解监测、信任监测，引导公众参与生态环境保护。同时，做好水站运行保障，确保稳定运行，为打好污染防治攻坚战提供有力支撑。

附件：生态环境部首批“最美水站”推选结果

生态环境部办公厅

2019年9月23日

附件

生态环境部首批"最美水站"推选结果

序号	省份	所在地区	流域	河流	水站名称
1	北京	石景山区	海河流域	永定河	南大荒桥
2	天津	西青区	海河流域	南水北调天津段	曹庄
3	河北	衡水市	海河流域	滏阳河	小范桥
4	河北	邢台市	海河流域	滏阳河	艾辛庄
5	山西	忻州市	海河流域	滹沱河	定襄桥
6	山西	晋中市	海河流域	松溪河	王寨村
7	山西	长治市	黄河流域	沁河	龙头
8	内蒙古	巴彦淖尔市	黄河流域	黄河	三盛公
9	辽宁	大连市	辽河流域	英那河	万泰
10	辽宁	沈阳市	辽河流域	蒲河	兴国桥
11	吉林	辽源市	辽河流域	东辽河	河清
12	吉林	延边朝鲜族自治州	松花江流域	嘎呀河	西崴子
13	黑龙江	牡丹江市	松花江流域	海浪河	海浪河口内
14	黑龙江	佳木斯市	松花江流域	汤旺河	汤旺河口内
15	上海	静安区	长江流域	苏州河	浙江路桥
16	江苏	无锡市	太湖流域	梁溪河	蠡桥
17	江苏	苏州市	太湖流域	太浦河	汾湖大桥
18	江苏	镇江市	太湖流域	丹金溧漕河	黄埝桥
19	江苏	常州市	太湖流域	胥河	落蓬湾
20	江苏	连云港市	淮河流域	盐河	盐河桥
21	江苏	盐城市	淮河流域	射阳河	射阳河闸
22	江苏	徐州市	淮河流域	京杭大运河（中运河段）	张楼
23	江苏	南京市	长江流域	滁河	陈浅
24	浙江	台州市	浙闽片河流	始丰溪	沙段

序号	省份	所在地区	流域	河流	水站名称
25	浙江	金华市	浙闽片河流	北江	塔下洲
26	浙江	宁波市	浙闽片河流	东钱湖	北湖中心
27	浙江	衢州市	浙闽片河流	江山港	双港口
28	浙江	丽水市	浙闽片河流	龙泉溪	均溪
29	浙江	温州市	浙闽片河流	大荆溪	大荆
30	安徽	宣城市	长江流域	水阳江	汪溪
31	安徽	安庆市	长江流域	潜水	水厂取水口
32	安徽	合肥市	巢湖流域	南淝河	施口
33	安徽	六安市	淮河流域	西淠河	响洪甸水库出水口
34	安徽	滁州市	淮河流域	池河	公路桥
35	安徽	阜阳市	淮河流域	颍河	阜阳段下
36	福建	泉州市	浙闽片河流	山美水库	山美水库库心
37	福建	莆田市	浙闽片河流	木兰溪	园头桥
38	福建	宁德市	浙闽片河流	霍童溪	八都
39	福建	福州市	浙闽片河流	闽江	闽安
40	江西	上饶市	长江流域	信江	铅山
41	江西	宜春市	长江流域	修河	港口
42	江西	南昌市	长江流域	抚河东支	塔城
43	江西	吉安市	长江流域	禾水	禾水河口
44	江西	景德镇市	长江流域	昌江	鲇鱼山
45	江西	赣州市	长江流域	贡江	赣县梅林
46	江西	新余市	长江流域	仙女湖	湖心岛
47	山东	烟台市	淮河流域	大沽夹河	新夹河大桥
48	山东	济宁市	淮河流域	新薛河	新薛河入湖口
49	山东	临沂市	淮河流域	沂河	临沂北大桥
50	河南	济源市	黄河流域	小浪底水库	南山
51	河南	焦作市	黄河流域	沁河	武陟渠首

序号	省份	所在地区	流域	河流	水站名称
52	河南	安阳市	海河流域	露水河	南谷洞水库
53	河南	郑州市	淮河流域	贾鲁河	尖岗水库
54	河南	南阳市	长江流域	丹江口水库	陶岔
55	湖北	荆门市	长江流域	漳河水库	漳河水库库心
56	湖北	黄石市	长江流域	富水	富池闸
57	湖北	宜昌市	长江流域	隔河岩水库	隔河岩水库坝上
58	湖北	咸宁市	长江流域	陆水河	陆溪口
59	湖北	十堰市	长江流域	汉江	陈家坡
60	湖北	荆州市	长江流域	松滋河	杨家垱
61	湖南	湘西土家族苗族自治州	长江流域	酉水	江口
62	湖南	衡阳市	长江流域	蒸水	蒸水入湘江口
63	湖南	永州市	长江流域	潇水	双牌水库
64	湖南	长沙市	长江流域	浏阳河	三角洲
65	湖南	邵阳市	长江流域	邵水	邵水入河口
66	广东	深圳市	珠江流域	茅洲河	共和村
67	广东	惠州市	珠江流域	东江	博罗城下
68	广东	中山市	珠江流域	横门水道	中山港码头
69	广东	广州市	珠江流域	珠江广州段	鸦岗
70	广东	梅州市	珠江流域	韩江	大麻
71	广东	河源市	珠江流域	东江	龙川城铁路桥
72	广东	阳江市	珠江流域	漠阳江	江城
73	广西	梧州市	珠江流域	浔江	石良角
74	广西	崇左市	珠江流域	明江	那弄
75	海南	陵水黎族自治县	珠江流域	陵水河	大溪村
76	重庆	忠县	长江流域	长江	苏家
77	重庆	酉阳土家族苗族自治县	长江流域	阿蓬江	红花村

序号	省份	所在地区	流域	河流	水站名称
78	重庆	奉节县	长江流域	长江	白帝城
79	四川	阿坝藏族羌族自治州	长江流域	大金川河	马尔邦碉王山庄
80	四川	绵阳市	长江流域	涪江	福田坝
81	四川	自贡市	长江流域	沱江	李家湾
82	四川	南充市	长江流域	嘉陵江	沙溪
83	四川	泸州市	长江流域	沱江	沱江大桥
84	四川	攀枝花市	长江流域	金沙江	倮果
85	贵州	黔西南布依族苗族自治州	珠江流域	马别河	赵家渡
86	贵州	黔南布依族苗族自治州	珠江流域	都柳江	三都桥
87	云南	曲靖市	珠江流域	南盘江	花山水库出水口
88	云南	昆明市	长江流域	牛栏江	河口象鼻山吊桥
89	云南	怒江傈僳族自治州	西南诸河	怒江	丙舍桥
90	云南	保山市	西南诸河	澜沧江	永保桥
91	云南	临沧市	西南诸河	罗闸河	黑箐
92	陕西	汉中市	长江流域	汉江	黄金峡
93	陕西	渭南市	黄河流域	渭河	潼关吊桥
94	甘肃	张掖市	西北诸河	黑河	六坝桥
95	甘肃	甘南藏族自治州	黄河流域	黄河	玛曲
96	甘肃	平凉市	黄河流域	泾河	长庆桥
97	青海	玉树藏族自治州	长江流域	通天河	直门达
98	宁夏	石嘴山市	黄河流域	沙湖	沙湖
99	新疆	伊犁哈萨克自治州	西北诸河	伊犁河	雅马渡大桥
100	新疆	阿勒泰地区	西北诸河	额尔齐斯河	富蕴大桥